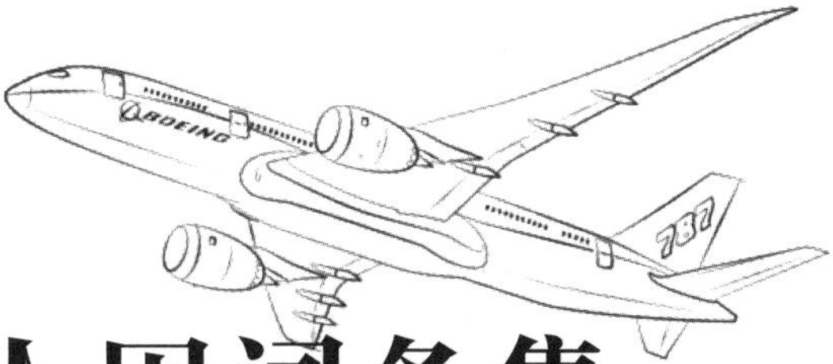

航空人因词条集

罗渝川　罗晓利　李海燕 ◎ 编著

西南交通大学出版社
·成　都·

图书在版编目（CIP）数据

航空人因词条集 / 罗渝川，罗晓利，李海燕编著
．—成都：西南交通大学出版社，2021.8
ISBN 978-7-5643-8153-0

Ⅰ．①航… Ⅱ．①罗… ②罗… ③李… Ⅲ．①民用飞
机 - 人为因素 - 词典 Ⅳ．①V271-61

中国版本图书馆 CIP 数据核字（2021）第 153511 号

Hangkong Renyin Citiaoji
航空人因词条集

罗渝川　罗晓利　李海燕　编著

责任编辑	刘　昕
封面设计	原谋书装
出版发行	西南交通大学出版社 （四川省成都市金牛区二环路北一段 111 号 西南交通大学创新大厦 21 楼）
发行部电话	028-87600564　028-87600533
邮政编码	610031
网址	http://www.xnjdcbs.com
印刷	四川煤田地质制图印刷厂
成品尺寸	170 mm × 230 mm
印张	18.75
字数	259 千
版次	2021 年 8 月第 1 版
印次	2021 年 8 月第 1 次
书号	ISBN 978-7-5643-8153-0
定价	78.00 元

前　言
PREFACE

航空技术的发展已经极大地提高了当今民用喷气飞机的安全性，与此同时，“人”之于飞行运行安全的重要性更加突显。相关数据表明，飞行运行中大约有 80%的事故是由人的因素直接或间接引发，因此，如何认识“人”、如何理解“人”、如何管理“人”和如何使用“人”是航空研究中的一个重要问题。

“飞行中人的因素”课程在 1996 年由罗晓利、谭鑫等在国内首创，迄今已为我国民航培养了数万名飞行员，并以此课程为基础衍生出了“空中交通管理中人的因素”“机务维修中人的因素”等课程，为中国民航的安全运行做出了重要贡献。编写小组在总结了 20 多年关于人的因素相关教学、科研基础上完成了本书的编写，以期为飞行学生、民航飞行爱好者、航空人因研究者以及相关专业研究人员提供参考。

本书是在各级领导的支持下编写完成。参加执笔的有中国民用航空飞行学院罗渝川、罗晓利、李海燕，同时韩新营、唐迎曦、刘玉婷、詹玉、马莉娜、杨茂林、景朋、周思雨等也在英汉名词编排整理、语法修订、文字检查等方面进行了大量细致而烦琐的工作。在编写过程中，我们还得到了其他有关单位和同志们的积极帮助，也参考了国内外的大量资料，这里一并表示感谢。

近年来，航空人因工程学的发展很快，鉴于编者水平有限，书中难免有疏漏和不当之处，恳请读者批评指正。

编　者

2021.01

目录
CONTENTS

A

安全（safety）

一种状态，即通过持续的危险识别和风险管理过程，将人员伤害或财产损失的风险降低并保持在可接受的水平或其以下。对民航而言，安全是一个系统的结果。如图 A-1 所示，常态下的安全是灰色的，是相对的，即介乎黑色（发生事故）与白色（绝对安全）之间的中间状态，不同航空承运人之间，只是灰色度不同而已。

图 A-1　安全灰度

安全窗口（safety window）

以机场跑道为中心，从地面至 600 m 高度的空间范围。飞行事故统计资料表明，大多数事故都发生在起飞和着陆有关的相当短暂的一段时间内，即安全窗口内。其具有 4 个显著的特点：① 传统涡浆或涡喷飞机飞行时间为 6 ~ 8 min；② 职业飞行员约 80%的事故发生在此范围内；③ 多数为普通类事故，即事故原因并不专属于特定机型；④ 在此范围内，工作负荷达到峰值。

安全楷模（safety model）

指在民航安全生产中涌现出来的有着优秀安全业绩、代表先进的民航安全文化、为民航从业人员高度认同并堪为表率的人物。

安全评价（safety evaluation）

亦称“危险评价”“风险评价”。探明系统危险、寻求安全对策的一种方法和技术。安全系统工程的一个重要组成部分。旨在建立必要的安全措施前，掌握系统内可能的危险种类、危险程度和危险后果，并对其进行定量、定性的分析，从而提出有效的危险控制措施。可用事故率评价指标，也可用工效学方法评价，如通过业务分析、实验方法、模拟法、可靠性测定和动作时间研究等进行评价。

安全事件分析法（Safety Occurrence Analysis Methodology，SOAM）

一种事故调查方法，其理论基础是 Reason 的瑞士奶酪事故模型。Reason（1990）认为事故是 4 个核心系统层崩溃的结果，这 4 个核心系统层是不安全的行动、不安全行动的前提条件、不安全的监管以及组织影响。该理论假设：事故的因果关系可从能够直接观察到的身体动作追溯到系统中的组织问题（如资源分配）。开发 SOAM 的动因是寻求事故分析的工具，并以标准化的格式来呈现分析的结果。它的目的是将注意力从人的错误中转移到系统中的失败，它使用 Reason 的术语将分析的重心从凸显的激活性失效转移到隐性的潜伏性条件。使用 SOAM 时涉及在 4 个层面识别原因因素：失效的屏障、人的参与、背景条件及组织因素。

安全文化（safety culture）

指存在于组织和个人中的素质和态度的总和。企业安全文化为企业在生产、生活、生存活动提供安全生产的保证。安全文化是在人类生存、繁衍和发展的历程中，在其从事生产、生活乃至实践的一切领域内，为保障人类身心安全（含健康）并使其能安全、舒适、高效地从事一切活动，预防、避免、控制和消除意外事故和灾害（自然的、人为的或天灾人祸的）；为建立起安全、可靠、和谐、协调的环境和匹配运行的安全体系；为使人类变得更加安全、康乐、长寿，使世界变得友爱、和平、繁荣而创造的安全物质财富和精神财富的总和。

安全无意识时间（Time of Safe Unconsciousness，TSU）

在客舱失压出现缺氧的情况下，大脑未受损害的无意识时间，约为 2 min。这短时间对于客舱急性失压情况下的自救有重要意义。乘客应留意空乘人员的简令，及时使用储藏箱内的氧气罩。由于在失压状况下，客舱会出现噪声、冲击及视野下降，为防患于未然，乘客登机后，便应留意空乘人员的安全演示。

安全心理学（safety psychology）

心理学分支学科，研究事故发生过程中人的心理活动特点和规律。主要的研究内容：人的认知、能力、人格、经验、特点、年龄、反应模式等主体因素和工作环境条件等物理因素与事故的关系；人为差错的类型和原因分析；安全训练和教育等。主要研究方法有观察法、调查法、实验法、事故统计和事故分析等。

安全行为（safe behavior）

指民航从业人员在安全生产中所采取的保护自己和他人生命财产以及设施设备安全的一切行动。民航从业人员在安全生产中，不仅要着眼于航空运输生产任务的完成，使生产经营能正常地进行；而且应认识到安全是航空运输生产的前提和基础，着力消除不安全因素、保证生产安全，这就产生了一系列具体的安全行为。

暗舱飞行（hooded flight）

为使飞行学员掌握仪表飞行技能，所采取的一种仪表飞行训练手段。具体做法：用暗舱罩将飞机风挡玻璃遮严，使学员只能借助飞行仪表完成飞行训练任务。如果暗舱罩未遮严，光线从一侧缝隙中射入，飞行学员出于“上明下暗”的定向习惯，则会把亮侧与天空联系起来，认为明亮侧为上；把暗侧与地面联系起来，认为黑暗侧为下，进而将平行的飞机误认为向暗侧倾斜。

暗视觉（scotopic vision）

亦称杆体细胞视觉，指在弱光条件下，对光具有高度敏感性的杆体细胞获得的视觉。因杆体细胞主要分布于视网膜的边缘，故暗视觉主要是边缘视觉。因此，在晚上看星星时，把目标集中在视觉注视中心，倒不如将其放置于视野边缘观察更清晰。暗视觉感受性高，对 510 nm 左右波长的单色光（光谱上蓝绿部分）最敏感，如图 A-2 所示。但暗视觉视敏度低，不能分辨物体的细节；同时，暗视觉情况下人眼看不到光谱上的各种颜色，整个光谱将表现为一条不同明暗的灰带。

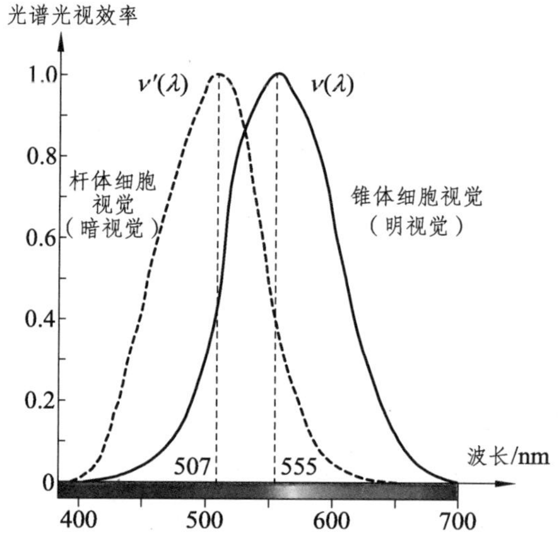

图 A-2　明视觉与暗视觉的光谱光视效率曲线

暗适应（dark adaptation）

指外部环境由明到暗变化时，人眼开始视物不清，经过一段时间后，视觉才逐渐恢复的现象。它是由于光刺激由强到弱变化，人眼的感受性也由低到高变化的适应现象。完全的暗适应需经历的时间较长，可达 40 min 以上。

暗适应曲线（dark adaptation curve）

描述暗适应过程中光刺激阈变化的曲线，即暗适应过程中，依据眼睛对光的感觉阈限值随时间延长而提高这一过程所描绘的曲线。其测定方式：先将被试的眼睛暴露于强光下，然后使眼睛处于全暗环境中。在暗适应过程中，不时测定对一短暂闪光的阈值，所得结果即可绘成曲线。曲线纵坐标为闪光亮数对数值，横坐标为暗适应时间。其特点可分为两个阶段：在最初几分钟阈值迅速下降，然后趋于平稳；过几分钟，阈值再度下降，逐渐接近更低的平台，约在 40 min 达到最终水平，即所谓绝对阈。曲线第一段表明在暗环境中，明视觉系统敏感性增强；第二段表明暗视觉系统敏感性增强。在第一平台段测试时，光谱敏感性峰值接近 555 nm，为明视系统所特有。在曲线低平台段测试时，光谱敏感性峰值为 500 nm，这与视杆细胞所含的光敏色素——视紫红质匹配。如图 A-3 所示为以暗适应的时间为横坐标，以测得阈限值的倒数（即感受性）为纵坐标绘出的暗适应曲线。图中两条曲线是暗适应的标准曲线。曲线（A）表明视杆细胞暗适应的过程；曲线（B）则是视杆细胞和视锥细胞这两种细胞暗适应的过程。如图 A-4 所示为对明度为 11 000 lx 的光刺激适应后测得的暗适应阈限值。图中黑点表示用只对视锥细胞起作用的红刺激测得的结果；圆圈则是对视杆细胞起作用的白光刺激测得的结果。黑点组成的曲线是只在视锥细胞起作用的情况下的暗适应过程。从图中可以清楚地看出视杆细胞起作用的转折点在 5 ~ 7 min 处，之前曲线急速下降，15 min 后渐趋平缓，30 ~ 40 min 时稳定下来，60 ~ 80 min 以后基本不变。简单来说暗适应速度先快后慢，10 min 内即能完成大约 60%；完全完成则需 40 min 以上，完全完成后人的视觉会变得非常敏感，甚至可看见仅含 100 个光量子的闪光。

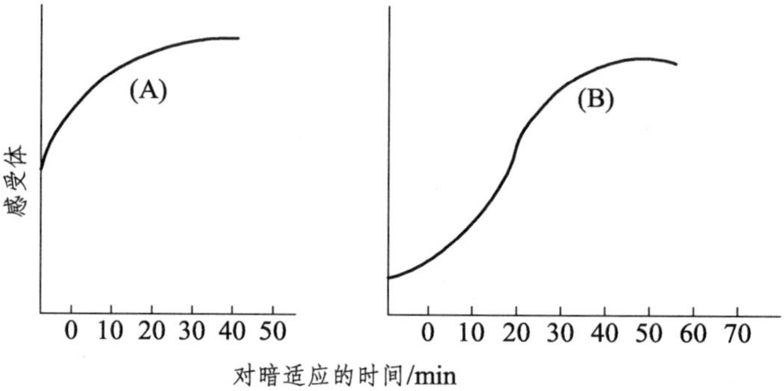

图 A-3 暗适应标准曲线

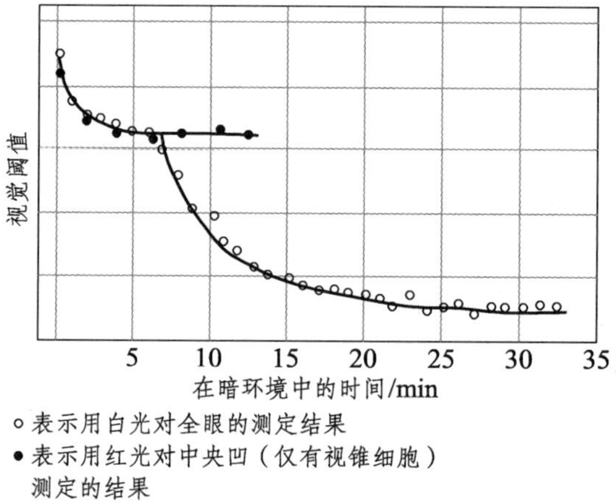

图 A-4 暗适应曲线

B

白洞效应（“white hole” effect）

指跑道周围被白雪覆盖，飞行员在进近过程中无参照物可循，导致其难以发现跑道或主观感觉进场偏高的错觉。若飞行员按此错觉操纵飞机，则可能使飞机出现进场偏低，提前接地的后果。如图 B-1 所示。

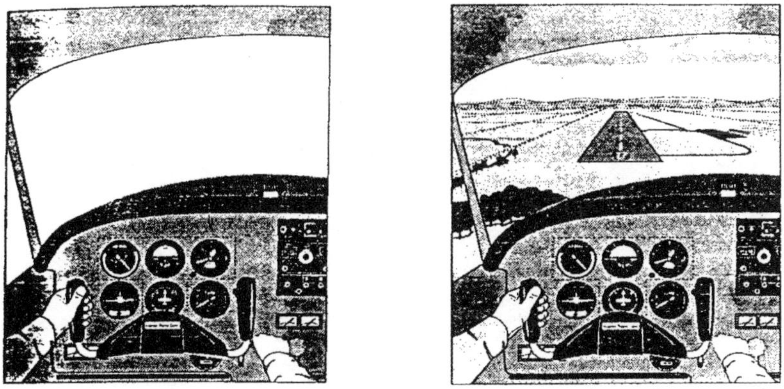

（a）白雪限制了视觉信息　　（b）无白雪的正常视觉线索

图 B-1　白洞效应

白内障（cataract）

一种可由老化、遗传、局部营养障碍、免疫与代谢异常、外伤和辐射等多种原因引起的晶状体代谢紊乱，使晶状体蛋白质发生浑浊，从而降低视力，严重可导致失明的眼部疾病。飞行员群体中引发白内障的因素大致可以分为以下几种情况：① 年龄。老年性白内障是最常见的情况。该类型的白内障见于 40 岁以上人群，且随着年龄的增加发病人数增加。② 外伤。在我国 1990 年，就曾经出现过一名 A320 副驾驶右眼不慎被气枪子弹击伤，最终引发白内障的情况。③ 放射线。人眼吸收了大量的 X 射线、γ 射线、p 射线和中子辐射情况下引发的白内障称为放射性白内障。飞行员长时间在高空飞行，眼睛可能会吸收过量来自太阳的微波，而微波会让晶状体变得浑浊，最终发展为全白内障。因此，对紫外线阻断能力合格的墨镜对飞行员来说是必不可少的。

白细胞（white blood cell）

无色有核的球形细胞，体积比红细胞大，能做变形运动，具有防御和免疫功能，产生抗体抵抗疾病。

班组（team）

指现场协同工作关系高度密切的作业人员所组成的团队。班组是由两个及以上成员构成的团队，这些成员有特定的角色、职能和责任，并且相互作用和依赖。数人或数十人都可以构成适当的班组，班组具体人数取决于现场作业的专业需求和作业规模。

班组资源管理（Team Resource Management，TRM）

有效地利用所有可以利用的资源（信息、设备和人）以便达到安全高效的空中交通管理的过程。TRM 目前研究的重点在于通过改变个体和班组的态度和行为，以提高空中交通管制团队的绩效，最终提高空管服务的安全和效率。

包容差错（inclusion error）

亦称“容错”，是指系统在不出现严重后果的前提下承受差错的能力。即在差错发生后，有能力制止其产生更严重的后果，以消除或减轻差错的负面影响。譬如，在航空器上设置多余液压和电气系统等皆是增加航空器的系统容错能力。

饱和效应（saturation effect）

持续使用同一刺激材料导致刺激效果递减的心理现象。其基础是适应水平效应，即人的神经系统会适应某一特定的强度的刺激，一定时间后继续重复这种强度的刺激，只会使刺激效果越来越小；要维持最初的高水平刺激效果，须不断增强刺激物的刺激强度。

暴发性高空缺氧（fulminating altitude hypoxia）

指发展速度非常迅速、程度又极其严重的高空缺氧。人对这种缺氧只能坚持数秒。在高空飞行期间，因密封增压座舱迅速减压，舱内人员突然暴露于高空低气压环境所引起的极端严重缺氧即属于此种类型。当人被突然暴露在这样的高空环境中时，肺泡内氧分压立即降至非常低的水平，导致静脉血液通过肺毛细血管时，不仅无法获取氧气，反而还要丧失血液中所储存的少量氧。此种情况下，仅通过几次呼吸，便会导致意识丧失。但如能立即供氧，使肺泡气氧分压恢复正常水平，意识可重新恢复，且不遗留任何后遗症状。在地面条件下，可用低压舱进行迅速减压实验或者短时间内大量吸入纯惰性气体（如氮气）等方法模拟此种高空缺氧。

不合群人格（asocial personality）

非社会化人格。其表现：不喜欢人际交往，尽量避免各种社交活动，较孤僻，不愿与他人进行感情交流，也不愿意接受别人的帮助和指导。有时被认为自我意识过强、自以为是、性格怪异。虽不会对社会造成危害，但不利于群体目标的实现且具有排他性。有时，这种人格的人参与创造性的革新、发明，能够获得成功。

部分任务训练（part-task training）

为帮助飞行学员全面、准确掌握复杂飞行技能，降低学习和训练难度，分阶段、分课目、分任务的一种训练方法。一般分为模拟器训练、初教机训练、全任务模拟机训练以及高教机训练 4 个阶段。每一阶段都有特定的飞行课目和任务：模拟器飞行训练阶段的主要任务是熟悉座舱仪表和基本操作程序，以便为初教机训练奠定基础。初教机训练阶段的主要任务是通过起落航线飞行和目视、仪表飞行等课目，使学员逐渐掌握飞行的基本技能（包括目视飞行技能和仪表飞行技能）。全任务模拟机训练的主要目的是为高教机训练奠定基础，需完成常规飞行（目视与仪表）和特情处置等课目。由于全任务模拟机具有视景逼真和运动系统，许多在真飞机上无法完成或在真飞机上训练不能保证安全的训练课目，都可以在全任务模拟机上进行。通过全任务模拟机的训练，可以大大节约在真飞机上的训练时间。高教机训练阶段的主要任务是熟悉航线及航线飞行程序，掌握机组协调与配合等技能。训练必须以技能的迁移规律为指导。

部分学习（part learning）

亦称“分段学习”。学习方式的一种，与“整体学习”相对。将所学材料分为若干部分，逐个学习。有 3 种形式：① 纯粹式部分学习，先把课题的各部分逐个练习到一定水平，再将各部分归总在一起学习；② 渐进式部分学习，先分别学好第一部分和第二部分，再将两部分合在一起进行学习，使之成为一个小整体，然后再学第三部分。将第一、二部分构成的小整体与第三部分结合，再进行学习。以此类推，通过逐步归入各部分来学完全部内容；③ 反复式部分学习，学完第一部分后，再将第一、二部分合在一起学，之后再把第一、二、三部分合在一起，以此类推，直至学完全部内容。部分学习与整体学习的各自效果及适用范围视具体情形的不同而有所不同。

表格任务分析（Tabular Task Analysis，TTA）

根据需要的任务步骤和使用的界面来分析特定的任务或场景的方法。TTA 从 HTA（层次任务分析）中把每个底层任务步骤抽取出来，并分析每个任务步骤的特定方面，例如使用的显示和控制、潜在的差错、时间的限制、反馈、触发事件等。TTA 的内容和重点主要取决于所分析任务本身的性质。例如，如果 TTA 的目的是评估所分析任务的潜在差错，那么使用的栏目就基于差错、差错的原因和它们的结果。

本体感觉（proprioceptive sensation）

对起于个体自身的刺激的感觉。例如，身体活动时感觉到的肌肉的张力或关节的压力等。飞行员在进行空间定向时，即是依靠视觉、前庭觉和本体感觉来完成定位。

本体运动知觉（self-perception of body motion）

运动者对自身运动状态的反映。主要依靠机体的骨骼和肌肉运动引起的肌肉运动觉、平衡觉等本体感觉信息，并综合听觉、视觉、触觉等外部感觉信息形成。按动作的活动形态，幅度及时间、空间等特点，可分为以下几种：① 运动形态知觉，如关于自身的直线或曲线运动知觉；② 运动幅度知觉，如自身运动的规模、动作幅度的大小的知觉等；③ 身体方位知觉，如身体倾斜、倒立、翻转时的空间、方向、距离知觉等；④ 自身运动时间知觉，如动作持续时间的长短、间隔、转换速度、时间节奏等知觉。根据身体动作的活动部位，可分为上肢、下肢、手、脚、胸、背、头及全身姿势等本体运动知觉。

本质安全（essential security）

指的是操作者在误操作或判断错误的情况，即使有不安全行为，依靠优良的设备和系统仍能自动地保证安全；当设备、系统发生故障时，它能自动排除，确保人身安全和设备安全。通过追求企业生产流程中人、物、系统、制度等诸要素的安全可靠和谐统一，使各种危害因素始终处于受控制状态，进而逐步趋近本质型、恒久型安全目标。本质安全是珍爱生命的实现形式，本质安全致力于系统追问，本质改进。强调以系统为平台，透过反复的现象，去把握影响安全目标实现的本质因素，找准可牵动全身的那“一发”所在，纲举目张，通过思想无懈怠、管理无空档、设备无隐患、系统无阻塞，实现质量零缺陷、安全零事故。

悲伤（sadness）

情绪反应的一种。因自己喜欢、热爱的对象遗失，或期望的东西幻灭引起的一种伤心、难过的情绪体验。其程度受个体的人格特征、意识倾向和失去东西的重要性影响。常伴有哭泣、失眠、难过、抑郁、焦虑、食欲减退等心身反应。在一定的思想和信念的支配下，可转化为积极的情绪动力。

鼻窦气压性损伤（air pressure injury of sinus）

呼吸道疾病。由于气压改变而导致的鼻窦损伤，下降阶段较易发生。鼻窦是与鼻腔想通的骨内含气空腔，左右对称，共有四对，包括额窦、上颌窦、筛窦及蝶窦各一对。鼻窦向鼻腔的开口处于正常情况时，无论在上升减压或下降增压过程中，空气都可以自由出入，保持窦腔内外气压平衡。如果窦口黏膜发生肿胀或有赘生物存在而造成阻塞时，外界气压改变即引起窦腔内外压力的不平衡。上升减压时，窦腔内形成正压，一般能冲开阻塞，使部分气体溢出，故较少发生严重影响。下降增压时，窦腔内形成负压，窦口附近的阻塞物被吸附于窦口，发生阻塞，阻塞物呈活瓣作用，外界气体不能进入窦腔内，即可发生窦腔内黏膜充血、肿胀，液体渗出，黏膜剥离甚至出血等变化，并产生疼痛的感觉，这种气压性损伤称为“航空性鼻窦炎”。

闭环控制（closed-loop control）

带有反馈信息的系统控制方式。操作者启动系统后，通过系统运行将控制信息输向受控对象，并将受控对象的状态信息反馈到输入中，以修正操作过程，使系统的输出符合预期要求。闭环控制是一种比较灵活、工作绩效较高的控制方式，工业生产中的多数控制方式采用闭环控制的设计。

闭环理论（closed-loop theory）

有关人类运动技能学习的理论。美国心理学者 J·A·亚当斯根据信息论于1971年提出，认为主体的运动操作活动（反应）本身产生反馈，反馈信息与知觉印迹进行比较，若结果正确，则为主体所接受，并使正确的活动达到完美；若反馈信息被知觉印迹认为尚有不足，知觉印迹即将其视为有误差，学习活动就会得以改善。

闭环式人机系统（closed-loop man-machine system）

人机系统的一种。在这种系统中，人可以根据系统的反馈信息对受控对象实行控制。其运行模式如图B-2所示。当人接受一个任务指令后，根据自己的经验，向机器发出一个（或一组）操作指令，该项指令操作经一定的时滞后到达机器，机器执行操作指令，经一定的时滞使系统的状态发生变化，这种变化了的状态信息经一定的反馈回路回授给操作者，操作者根据反馈信息判定当前系统状态与任务目标状态的差异，再发出进一步的操作指令……如此循环操作，直到系统达到要求的目标状态。操作导弹打击目标物就是一个典型的例子。该系统的运行特征：① 有两处时滞，一处在操作指令与机器执行之间，另一处在机器执行与状态改变之间，这两处时滞使操作者不能准确把握目标状态；② 系统具有将当前状态信息传递给操作者的反馈回路，操作者借助反馈信息，可不断地调整自己的操作，使系统准确地达到要求的目标状态，从而完成预定的作业任务。

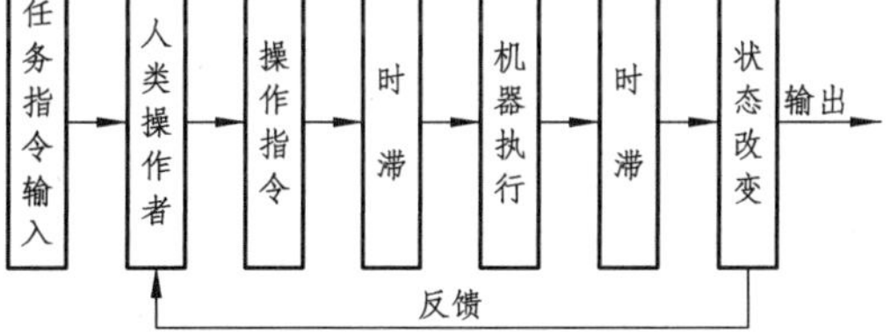

图B-2　闭环人机系统示意图

闭环系统（closed-loop system）

输出部分能够向输入部分提供反馈信息的控制系统。人的机体系统发生的反射，有些即属于闭环。如肺牵张反射，当吸气达到一定程度时，分布在支气管和细支气管上的牵张感受器受到刺激，发放兴奋冲动，传入延脑，抑制吸气中枢的活动，使吸气终止，发生呼气。呼气时，肺缩小，对牵张感受器的刺激减弱，传入冲动减少，解除了对吸气中枢的抑制，使吸气中枢再次兴奋。

边缘视觉（peripheral vision）

视网膜边缘处对眼角以外事物的反映。易产生运动夸张感，引起无意识注意和下意识反应。如驾驶员驾驶汽车从开阔的公路驶入林荫道时，会因一排排树木的急速倒退引起运动夸大感而不自觉地减退车速；但在雾天却相反，司机会因缺少视觉参照而不自觉地加快车速，可能酿成车祸。因人的安全感需要而起到监视周围环境的作用，会因为不同的刺激而导致个体不同的心理反应。

边缘视敏度（peripheral acuity）

人眼视网膜边缘对物体细节的辨别能力。通常用能辨别物体细部的最小视角表示，单位为（角）分，符号为（'）。从中央凹至视网膜边缘，视锥细胞逐渐减少，边缘比中央凹视敏度差，而在离视网膜中央凹 10° 处最优。在知觉运动物体时有重要作用。

边缘型人格（borderline personality）

亦称“边缘型人格障碍”，人格障碍的一种。特点是情绪不稳定，因生活小事可出现愤怒，遇事常冲动，缺乏理性思考，故经常与人发生摩擦。主要表现：① 情感方面，易抑郁、焦虑，易激惹、冲动，只有短暂的欣快感，常感觉空虚厌倦，遇外界刺激可有短暂的精神失常；② 行为方面，放纵自己，挥霍、赌博、吸毒、偷盗、性放纵、贪食等；履行普通的社会责任时，表现出极端的变化无常，社会生活反复受挫，但不会吸取教训，常自暴自弃，有自杀和自伤行为；③ 人际关系方面，易走极端，过分理想化和过分贬低；为满足个人私欲，不顾及他人；④ 身份和目标障碍，在自我价值感、职业选择、择友类型等方面明显缺乏确定的判断。在病理分类上介于神经症与精神病之间。《精神障碍诊断和统计手册》(DSM-Ⅳ)描述这种障碍可以具有分裂样、癔症样、自恋性、悖德性等人格障碍表现。

标准操作程序(standard operating procedure)

指为有效地实施和完成某一工作所拟定的标准而详细的程序规程。通俗地说，就是在进行各项工作前，要学习的相关工作流程，这个工作流程也可称为标准操作程序。各行业都有其标准操作程序，民航各个不同的工作岗位上也有各自不同的标准操作程序。

标准操作程序交流(Standard Operational Procedure communication, SOP 交流)

主要涉及一些常见及可预见到的情况。它为大多数驾驶舱交流提供了一个基本的结构，同时也是驾驶舱管理的重要功能之一。

表象训练(presentation training)

亦称“想象训练”，心理训练方法的一种。通过生动、逼真的回忆训练动作而提高飞行训练成绩的一种训练方法。其要点：首先使自己处于放松状态，然后生动逼真地在头脑中复演有关的飞行动作、座舱仪表以及当时的所思所想甚至当时的情绪状态，不断找出存在的问题，在头脑中提出解决问题的方案并加到原有的表象回忆中去。具体实施时，既可进行整体练习，也可进行部分练习。这种训练不但适用于飞行训练后的回忆总结，同时也适用于飞行训练前的预想。但每次的练习时间不宜过长，否则心理能量就会消耗过多，如在夜间练习时间过长反而会影响睡眠质量，不利于第二天的飞行。

并行观测叙事技术(Concurrent Observer Narrative Technique, CONT)

与口头报告分析(VPA)类似，都是用来获取个体执行任务的过程(包含认知和身体)描述。一个获得专家知识和收集推理策略信息以及指导操作人员行为线索的方法。要求操作人员和同事共同完成任务，在同事的选择上尽可能匹配经验相近的同事，观察其行为并记录其言语表达。使用相同的视频捕捉任务绩效以进行叙事记录。

表演型人格（histrionic personality）

亦称“表演型人格障碍”。病态人格的一种。旧时著作亦称“歇斯底里人格”。其特征：行为富于戏剧性，即其体验总是超乎寻常，且行为中体现外露的情感，积极地引起他人注意，任性地、不知足地寻求赞同和刺激；情绪变化无常，时而兴奋，时而愤怒，为一点小事即大发脾气。多见于女性。

病理性疲劳（pathological fatigue）

由疾病所致的疲劳。病理性疲劳不像生理性疲劳有明确的引发因素，如不通过全面系统检查，不易找到原因，这是病理性疲劳区别于生理性疲劳的特征之一。其二，生理性疲劳经过休息一般都会逐渐消除，尤其是身强力壮的青壮年，消除得更快；而疾病引起的病理性疲劳，往往单靠一般休息难以奏效，必须经过正确治疗疾病治愈后，疲劳才会消除。其三，生理性疲劳一般无其他症状，主要表现为疲劳；而病理性疲劳往往伴有其他症状。引起疲劳的疾病不同，伴有的症状也不一。因此，当发生原因不明又不易消除的疲劳，同时又伴有其他症状时，切不可掉以轻心，应及早就医诊治。

并列结合学习（combinatorial learning）

亦称“组合学习”“联合学习”。美国心理学家奥苏伯尔提出的一种学习方式。指新知识与学习者认知结构中原有观念的概括层次相同，而这并非上位关系，又非下位关系时，通过并列或联合而产生的学习。如质量与能量、冷热与体积、需求与价格、遗传与变异等，这些知识间即为并列结合关系。由于新旧知识间具有某种共同的特征或一般的吻合性，故两者间可建立一种联合性结构。新知识可从与原有知识的并列结合中获得意义。在此种学习中，因缺乏适当的起固定作用的观念，以致这种类型的学习效果往往不及下位学习和上位学习。

不合群人格（asocial personality）

非社会化人格。其表现：不喜人际交往，尽量避免各种社交活动，较孤僻，不愿与他人进行感情交流，也不愿接受别人的帮助和指导。有时被认为自我意识过强、自以为是、性格怪异。虽不会对社会造成危害，但不利于群体目标的实现且具有排他性。有时，这种人格的人参与创造性的革新、发明，能够获得成功。

不可能自我（impossible self）

亦称“理想化自我”，霍妮人格理论术语。个体为逃避内心冲突，寻求感情上的统一而幻想出不合理的自我意象，将自己塑造成一个虚幻的不可能实现的理想化形象。霍妮认为，个体不断认识和了解自我，使可能的自我朝自我实现方向发展，神经症患者则受不可能的自我的指引，造成内心冲突。

不舒适眩光（discomfort glare）

亦称“心理眩光”，引起人视觉上不舒适感的眩光。只影响人的视觉舒适感，而不影响视觉操作绩效。通常，眩光源的个数越多，眩光源的亮度越大，眩光源与观察者视线的夹角越小，眩光源的表面积越大，眩光亮度与环境亮度的反差越大，或观察者的年龄越大，其效应也越大。其评价方法是美国照明协会提出的视觉舒适概率法（VCP 法）和英国照明协会提出的眩光指数法（GI 法）。VCP 法采用未引起视觉不舒适感的评价人员的百分比率来表示其程度。基本要求是 VCP 值大于 70。GI 法采用眩光指数（GI）来评价其程度。在一般办公室，GI 最大限度为 19。

不稳定记忆（labile memory）

亦称“中间记忆”“中时记忆”。记忆的早期阶段，这个阶段保持记忆的时间为 30 ~ 60 min。相对于短时记忆和长时记忆而言。这时的记忆容易受干扰，若受破坏或干扰，则会影响这个阶段的记忆向长时记忆过渡或转化。

C

差别阈限（differential threshold）

指刚刚（有 50%的概率）能引起差别感觉的刺激的最小变化量。如 100 g 重的物品和 101 g 重的物品很难区分，当 101 g 增加到 103 g 时刚能区分，则所差的 3 g 即为 100 g 时的差别阈限。差别阈限因人而异，因不同类别的刺激而异。差别阈限还因刺激量本身大小的不同而不同。18 世纪末，法国物理学家布格尔发现，原有光的强度不同，能感受出其差别或变化的值即差别阈限也不同，两者之比为一固定常数。19 世纪初德国生理学家韦伯（Weber）也发现同样的现象。若用 I 表示原刺激量，用 $I+\Delta I$ 表示感觉到差别所需要的刺激量，则 I 不同时，ΔI 也不同，但 ΔI 与 I 的比值却是一个相对固定的常数，记为 K，即 $K=\Delta I/I$。这就是布格尔-韦伯定律。

差错（error）

指背离组织意图和预期的行为或既定工作的错、忘、漏现象。运行过程中的差错往往会降低飞行安全裕度，差错管理不当容易导致或诱发新差错或非预期的航空器状态，增加事故征候或事故发生的概率。一个较易与差错混淆的概念为违章，违章多为有意为之并多与价值观、组织文化等相联系；而差错则往往是无意为之，多受知识能力缺陷及环境的影响而出现。

差错事故率（error rate）

指在一定时期内，企业的业务经营中发生的差错事故项数占已执行的业务总项数的百分比。它是反映企业工作质量的重要指标。差错事故是指因责任心不强，疏忽大意或业务不熟悉等原因而造成经济损失，以及违反财经纪律、管理规定等的差错事故。

差错的可逆性（error reversibility）

指差错可以在后面工作中被发现并纠正，从而将差错转化为可逆性的错误，避免导致严重后果。如，机械员加油未盖好油箱盖，机械师复查发现，及时得以纠正，将油箱盖未盖好的差错转化为可逆性错误。

层次任务分析（Hierarchical Task Analysis，HTA）

主要是通过目标、次目标、操作和计划的层次结构来描述所分析的活动，其最终结果是对任务活动的详细描述。它是应用最广泛的任务分析方法，同时可能也是所有人因学方法中应用最广泛的。

参照标准学习曲线（criterion referenced learning curve）

利用参照标准反映飞行员趋向或超过标准进步情况的曲线。一般以横坐标表示飞行训练的各个阶段，以纵坐标表示参照标准操作等级（见图 C-1）。不但能反映学员进步的速度，还能反映学员最后达到的飞行水平，是决定是否淘汰学员的一个依据。

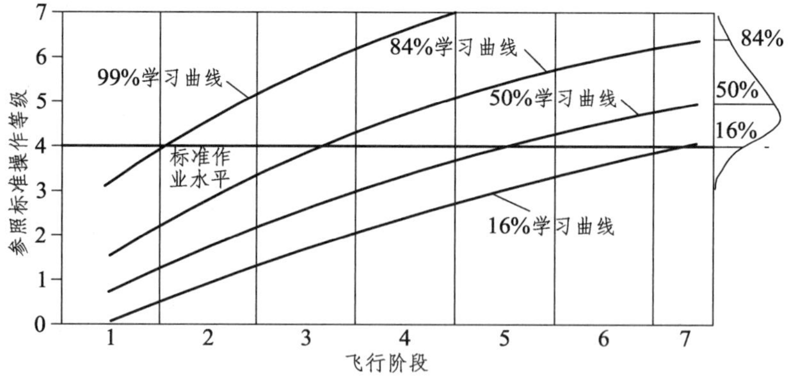

图 C-1　参照标准学习曲线

操作技能（operant skill）

亦称“运动技能”“动作技能”。通过学习而形成的合乎法则的操作活动方式。调节、控制着操作动作的执行，是一种动作经验而非认知经验，同时又有别于心智技能，具有物质性、外显性与展开性，可分为初级操作技能和高级操作技能两类。初级操作技能指通过一定练习或模仿形成的仍带有明显意识控制特点的技能，高级操作技能则指经过反复训练使其基本成分达到自动化水平的技能。操作技能的掌握要通过对操作活动方式的认识与练习。有关操作技能形成，不同研究者根据各自的研究提出了不同理论。

操作条件反射（operant conditioned reflex）

由美国心理学家斯金纳提出，是一种由刺激引起的行为改变，是对操作的结果进行强化所形成的条件反射。操作条件反射与经典条件反射不同，操作条件反射与自愿行为有关，而巴甫洛夫条件反射与非自愿行为有关。巴甫洛夫对条件反射进行了开创性的研究。之后，美国心理学家斯金纳发现了另一种条件反射——操作性条件反射。斯金纳设计了一个专用的木箱——斯金纳箱，箱内有一套杠杆装置。当实验动物（如老鼠）进入木箱后，它们在箱内乱跑、乱抓、乱咬，偶尔跳上杠杆，将杠杆压下。这时，杠杆带动一个活门，一个食物小球滚进箱内的木槽中，实验动物因此取得食物。以后动物再次进入箱内，它们在按压杠杆后又会取得食物。这样反复进行数次后，饥饿的动物一进木箱，就会主动按压杠杆，而且越来越频繁。这样，在压杠杆和取食物之间形成了条件反射，斯金纳称它为操作性条件反射，也叫工具性条件反射。操作性条件反射与经典性条件反射既有联系，又有区别。就神经机制而言，两种条件反射之间并没有本质上的差别，只不过形成条件反射的条件有所不同而已。操作性条件反射是从反应到刺激的过程，较能发挥动物的主动作用，使它在实验环境的操作活动中形成条件反射。经典性条件反射则是从刺激到反应的过程，实验动物是在对实验环境的被动适应中形成条件反射。在操作性条件反射中，强化的是反应；而在经典性条件反射中，强化的是刺激。对于人类来说，在社会环境，特别在教育和学习中所形成的思想行为，很多都属于操作性条件反射。人在实践活动中往往通过类似操作性条件反射的形成，发展和修正思想行为。一般来说，当人们表现出良好的思想行为时，如受到肯定和奖励，这种思想行为就会继续发展与巩固；当表现出不良的思想行为时，如受到否定和惩罚，就会予以修正。在技巧动作的练习中，也可通过奖励发展和巩固正确的动作，通过惩罚修正不适宜的动作。

操作引起的错误（operation errors）

由于飞行机组动机、情绪、疲劳等因素所引起的人的错误。机组在飞行过程中由于长时间的执勤所导致的疲劳、慢性应激所引起的不良情绪或不良的动机都有可能在飞行过程中诱发错误的操作，进而导致差错的发生。

操作自动化（automation of operation）

指在操作技能形成后期，学习者通过练习而形成的活动方式能对各种变化了的条件具有高度适应性。动作的执行不仅能高度完善，而且意识控制水平也大大降低。它是由于不断的练习而形成的一种概括化与系统化的动作经验结构，建立了一种动力定型的结果。自动化意味着动作的执行过程不需要高度集中的意识控制，不需要占据注意中心，而是可以进行注意分配，同时完成其他活动。

长时记忆（long-term memory）

指信息经过充分的和有一定深度的加工后，在头脑中长时间保留下来。这是一种永久性的储存，时间为 1 min 以上，容量没有限度。长时记忆中的信息主要来自短时记忆阶段加以复述的内容，也有由于印象深刻一次形成的。当进行信息加工时，意义便与信息相关联，这些信息就会变得非常重要，它们也就进入到个体的长时记忆中。对于每一位飞行员来说，第一次坐在飞机右座进行飞行训练、首次单人单飞，以及第一次遭遇特情，这些皆有可能永久保存在其长时记忆中。

长期应激（chronic stress）

亦称“慢性应激”。应急过程持续时间较长，并且引起应急的事件持续时间也较长。应激过程分为 3 个方面：① 必须有外部事件；② 个人知觉并评估该事件；③ 伴随知觉和评价而产生心理反应。应激的慢性与急性之分比较复杂，但根据格林的模式，仍是有所区分的。如地震或严重的交通事故是急性的，因为它只持续几秒钟，但个人对这一事件的心理反应则可能是持久的，并可能反复。若受害人一直反复替代性地体验到引发应激的事件，应激的持续时间就会大大增加。急性应激可能导致高唤醒水平持续时间延长，内分泌不平衡以及有关脑机制的永久性改变，并且会改变性激素的水平，导致肾上腺皮质的类脂物损失以及淋巴数量或活动的减少。

超负荷（overload）

工作负荷超过人体正常承受能力的现象，可分为生理超负荷和心理超负荷两类。前者指以肌肉劳动为主的作业情景；后者以认知、情绪负荷为主的作业情境。作业者处在该状态时，工作效率下降，疲劳程度上升，发生事故的可能性增加，同时作业者心理上会出现紧张、失望、厌烦和无助等消极情绪。上述问题将随工作负荷的继续增加而进一步恶化。

超负荷理论（overload theory）

环境心理学家 S·科恩于 1978 年提出的因环境刺激过多而具有的消极作用理论。主要内容：① 人在有限时间中加工刺激信息的能力有限；② 当环境刺激太多、超出人的注意和加工能力时，一般的做法是忽略与自己当前任务无关的信息输入而只注意有关信息；③ 当需要作出反应的某种刺激出现时，个体会对其重要性程度作出估价，以决定是否予以反应，由输入刺激而造成的是否要作出适应反应的不确定性越高，付出的注意就越多；④ 个体并不总有用不完的注意，刺激输入过多，长时间地集中注意，会造成注意方面的超负荷，对人的行为产生消极作用，人反而难以注意外部的刺激物。如在人口拥挤的工作、生活环境中，在嘈杂不堪的都市街道上，人们会对外部事物麻木不仁。

迟发性应激反应（delayed stress reaction）

应激反应的一种，与“急性应激反应”相对。出现于应激性事件结束较长时间之后。多见于重大的自然灾害（如地震、洪水、飓风、山体滑坡、海啸等）之后，也可发生于某些严重的生活变故（如遭受暴力袭击、亲人死亡等）之后。明显的应激反应症状对发生于应激事件结束后数日至数周之内，常见症状有焦虑、恐惧、忧郁、头痛、头昏、失眠、记忆力减退和内脏功能紊乱，临床上称为精神创伤后应激障碍。需要给予恰当的心理治疗和医学干预。其发生一般同下列因素有关：① 个人的基本需要甚至生命受到应激性事件的威胁；② 事件具有不可预见、不可控制的特点；③ 当事人缺乏灵活有效的应对方法。

成功恐惧（fear of success）

个体在获得预期的结果后，因害怕负面影响而产生的消极情绪体验或某种特定动机（怕成功的动机）。主要表现为担心成功可能会给自己带来不良后果，如招致妒忌者的挑剔、围攻，使自己在同伴中孤立，担心不能再次成功而失去荣誉等。对有强烈的成功恐惧感者，需要进行必要的心理治疗。

成就（achievement）

指个人通过学习训练获得知识、学识和技能的程度与水平，或指个人或团体通过努力而成功达到追求的某种目标。这种知识和学识的获得、技能的发挥、目标的达成，使个体产生一种成就感，获得一种心理上的满足，从而激励他们向更高水平努力奋斗。

成就动机（achievement motivation）

个体对自己认为重要的或有价值的工作认真去完成，并努力达到某种理想状态的一种内在推动力。这种动机使得个体在从事某种工作活动时，投入增多，精益求精；在不顺利的情境中，冲破障碍并奋力追求目标。一般认为，成就动机主要有三个要素：期望、诱因和动机。这种动机是由人们对成功的期望和适当的诱因决定的。心理学研究表明，个体在中等难度的任务情境中成就动机表现得最为强烈，因为中等难度的任务既有成功的可能，又有足够的挑战性。

乘客依赖性（passenger dependence）

紧急情况下，乘客对空勤机组人员的心理依赖。飞机处于紧急状态时，由于乘客恐惧、对环境不熟悉，往往寻求机组人员的指引或劝导，以使自己脱离危险，如果没有机组人员的指导，会感到恐慌，呆愣不动或做出一些不恰当的行为。

程序教学（programmed instruction）

在教学中利用一定的技术手段，使学员按设定的程序进行学习的一种个别化教学方式。程序编制者依据其关于学习过程的设想和教材自身的逻辑顺序，将教材分解成许多小单元。这些小单元按照由浅入深、由易到难、先简后繁的顺序，系统地排列起来变成程序。学员在学习中、对每个小单元的问题用填充、是非或选择的方式作答，答错需再次学习，答对则按程序进入下一单元。如此，学员就可按自己最恰当的速度，自动按设定的程序进行学习。

冲动（impulse）

由外界刺激引发的、靠激情推动的、潜伏期极短且很少或不受意识控制和指导的行为反应。在儿童身上常见，在成人身上亦时有发生。其特点：① 盲目性。在行动时往往不考虑后果。② 感情用事。缺乏理智控制，行为受情绪左右。③ 暂时性。行为的强度大，但持续时间短，随着紧张性释放而冲动性逐渐减弱以至停止。④ 往往带有破坏性。不过当激情推动的行为与人的目的和动机相一致时，则具有积极作用。

冲动行为（impulsive action）

① 亦称“激情行为”。因激情作用而产生的行为。由客观事物强烈的刺激引起，表现为突然爆发的过分激烈的行动和言辞。其特点是，突发、盲目行为缺乏理智控制，消极后果严重。与冲动型犯罪、激情犯罪关系密切。② 意志行为障碍的一种症状。表现在神经症、人格障碍、精神病等精神疾病中。精神疾病患者在产生这种行为时，亦可能伴随违法犯罪行为。如强迫性神经症患者的强迫性冲动，精神病患者的迫害妄想性冲动等。

冲动型人格障碍（impulsive personality disorder）

亦称“爆发型人格”“冲动控制障碍”。人格障碍的一种。美国精神病学会（APA）1980年在所编《精神障碍诊断与统计手册》（DSM-Ⅲ）中提出。表现为反复发生冲动行为，包括病理性赌博、偷窃狂、纵火狂、漫游狂、间歇性爆发障碍、单次爆发障碍和非典型冲动控制障碍。通常都具有反社会性质。该病症的主要特征：① 患者在无法控制的冲动、驱力的促使下，会做出一些对人对己都有害的行为；② 对冲动的抵制可以是有意识的，也可以是无意识的；行动可以是事先有计划的，也可以是无计划的；③ 采取某种行为之前有一种不断增强的紧张感；实行某种行为时有愉快、放松或满意的体验；有时候可能具有真正的悔恨、自责或罪恶感，也可能无。

冲突（conflict）

人们为共同珍视的物体或价值而争斗的一种社会相互作用的形式。从心理学上讲，冲突是两种目标的互不相容和互相排斥。冲突可分为两大类：一类是个人内部的冲突；另一类是人际冲突。个人内部的冲突是指，一个人被驱动去做两个或更多个互不相容的反应时所处的状态。人际冲突是由于实际的或希望的反应的互不相容性而产生的两个或多个社会成员之间的紧张状态。冲突在社会中时时刻刻存在。一个人有着与他的行为有关的两种矛盾的期望方向时，就会产生冲突；

个体的角色发生改变，原来对行为的期望可能不再作为有效的行为基础时，也会产生冲突；个体必须对占有两种不相适应的地位的人作出反应时也会出现冲突。冲突有大有小，小至日常生活的小事情，大到国际社会、种族、政治冲突。冲突的产生是必然的，人际关系或组织之间没有冲突就会显得没有生气。冲突也不一定是坏事，只要能得到正确的认识、理解，它的解决会加强人际关系甚至开创一个新局面。再者，没有冲突便不会有问题，也就不会有问题的解决，也就不会有人类的进步。

重复操作性厌倦（repetitive operation boredom）

由常规的重复操作引起的单调的心理现象。其后果是操作者工作动机降低或丧失，遗漏重要信息，错误率增高。在民用航空领域常发生于巡航飞行阶段，接通自动驾驶仪后。此时，飞行员已将主要操纵任务交给自动驾驶仪去完成，只需对各种信息实施监视和管理，相对于起飞与着陆阶段，工作负荷和任务的复杂程度大为降低。如果空中交通情况一直正常且不繁忙，空中交通管制员也可能出现这种现象。

臭氧（ozone）

具有 3 个氧原子的氧气的同素异形体。在常温下，它是一种有特殊臭味的淡蓝色剧毒（Toxic）气体，即使吸入少量也会对身体造成严重伤害，尤其是刺激呼吸道和肺部，引起严重的头痛，它还会损害夜视功能；人如果在较高浓度的臭氧环境中，还可以引起肺水肿。从 12 000 m 高度开始，臭氧的浓度迅速升高，但大部分集中在 25 000 ~ 45 000 m 高度范围。

初教机训练（primary aircraft training）

部分任务训练第二阶段。在飞行训练各阶段中最为重要，学员淘汰率最高。在此阶段，学员需要面对令人眼花缭乱的座舱仪表、“杆、舵”技能、手眼协调、空间定向以及情绪紧张等一系列问题，会产生一系列心理反应，如空间定向障碍，注意分配，知觉广度和速度、动作力度和协调性以及高应激状态等。这些心理因素常常是导致学员技术停飞的主要原因。

处境意识（situational awareness）

飞行机组在特定的时段里和特定的情景中对影响飞机和机组的各种因素、各种条件的准确认知。也就是飞行员对自己所处环境的认识，飞行要知道自己周围已经发生、正在发生以及将要发生的事情。与飞行安全有密切的联系。主要包含两个方面：① 飞行员个体处境意识。飞行员个体对影响飞行环境的各种因素和各种条件的知觉。机组成员之间存在个体差异。在双人制机组中，可能一名飞行员的处境意识要高些，另一名要低些，或者两人都很高或都很低。同一名飞行员在不同的时间可能也不一样。② 机组处境意识，作为一个完整整体的机组所具有的处境意识。不是每个机组成员处境意识的总和，主要取决于责任机长所达到的处境意识。

刺激寻求者人格（thrill-seeker personality）

一种人格类型，亦称“T 型人格”。其特点：追求或创造激动人心的事件和刺激，追新逐异，喜欢冒险。有的热衷于追求体力刺激，有的则追求精神刺激，有的还两者兼具。刺激寻求者和墨守成规者是连续体的两端，属极端型者极少，大多数人处于两极之间。对人类社会作出贡献的 T 型人格者称“正 T 型人格”；给人类社会造成极大破坏，甚至犯罪的 T 型人格者称“负 T 型人格”。

从众（conformity）

指由于群体影响而使群体成员在行为或信念上的一致性。从众是社会心理学中的一个重要概念，是个体接受社会影响的途径之一。

从众心理（crowd psychology）

指个人受到外界人群行为的影响，而在自己的知觉、判断、认识上表现出符合于公众舆论或多数人的行为方式。相关实验表明只有很少的人能保持独立性，没有被从众，所以从众心理是部分个体普遍所有的心理现象。

从众行为（conformity behavior）

亦称“相符行为”“遵守行为”，在社会情境影响下，或在群体压力下，个人改变自己的态度，放弃自己原先的意见，而产生和大多数人一致的行为。最早的实验研究是 20 世纪 30 年代谢里夫的游动错觉实验。实验表明，人们对外界的认识和见解是受到别人或众人的认识和见解影响的。50 年代，阿希对从众现象进行了一系列经典研究。他要求被试进行对线段长度的知觉判断。在实验中让被试看两张卡片，一张卡片中有 A、B、C 三条长度不等的直线，一张卡片上只有一条线段 X。X 线段明显与 B 相同。被试分为 7 人一组，每组有 6 个为实验助手，第 7 个才是真正的被试。实验时实验助手根据事前的安排都回答 X 与 A 相同。从众的产生，主要是群体规范的作用和信息的作用，同时也受到文化、性别、群体规模、与群体的亲疏、群体的专业技能与权威性等多种因素的影响。从众不仅对航空决策有极大的影响，同时在安全文化的建立、制度的贯彻、班组资源管理甚至空防安全等方面也有较大影响。

催眠（hypnosis）

催眠者通过暗示把被催眠者诱导到一种似睡非睡、似醒非醒的特殊的意识状态，从而对他的感觉、知觉、思维、观念、记忆、情感、行为及生理活动产生影响，以达到治疗心理障碍、促进心身健康等目的。

挫折（frustration）

心理学上有两种含义：① 是指人从事有目的的活动时受到阻碍或干扰，从而不能获得满足的情景；② 是指人在挫折情境中伴随产生的悲哀、愤怒等情绪交织而成的心理感受，这种负责的心理感受又可称为挫折感。

错觉（illusion）

在特定的条件下必然会产生的对事物的歪曲性的知觉。错觉的种类很多，常见的有大小错觉、形状错觉、方向错觉、倾斜错觉、运动错觉等。其中大小错觉、形状错觉、方向错觉有时统称为几何图形错觉。一般说来，对错觉有 3 种解释：第一种是把错觉归结为刺激信息取样的误差；第二种是把错觉归结为知觉系统的神经生理学原因；第三种是用认知的观点来解释错觉。下面是这 3 个方面一些有影响的错觉理论。① 眼动理论。认为我们在知觉几何图形时，眼睛总在沿着图形的轮廓或线条做有规律的扫描运动。② 神经抑制作用理论。这是从生理学水平解释错觉的一种尝试。认为当两个轮廓彼此接近时，网膜内侧的抑制过程改变了由轮廓所刺激的细胞活动，因而使神经兴奋分布的中心发生变化。③ 深度加工和常性误用理论。认为错觉具有认知方面的根源。

错误的唤醒效应（arousal effect of error）

亦称“错误的压力效应”。由过低或过高水平的应激或唤醒引起的飞行员错误率增高现象。服从于叶克斯-道森曲线。低唤醒或低应激使飞行员错误率增高的主要原因：飞行员情绪淡漠、飞行动力不足、有睡意和厌倦感、注意涣散、反应迟钝、意外情况出现时惊慌失措、缺乏处境意识等。常发生在有一定飞行经历的年轻飞行员身上。高唤醒或高应激引起飞行员错误率增高的主要原因：注意范围锥形收缩或注意不能集中、判断能力下降、决策迟缓或错误、工作程序混乱、遗漏重要信息、情绪紧张、座舱交互监视程序被打破、处境意识缺乏或丧失等。在紧急情况下，人际关系紧张，经验不足以及喝酒、服药等都有可能使飞行员处于过高的唤醒状态。

D

代表性直觉（representativeness intuition）

指人们在不确定性的情形下，会抓住问题的某个特征直接推断结果，而不考虑这种特征出现的真实概率以及与特征有关的其他原因。

单耳线索（monaural cues）

由单耳所获得的声音线索，虽不能有效地判断声源的方位，却能有效地判断声源的距离。平时我们往往以声音的强弱来判断声源的远近：如强则觉得近，弱则觉得远。特别是熟悉的声音，按其强弱来判断声源的远近。

单人机组资源管理（Single pilot Resource Management，SRM）

指对飞行前和飞行期间单人飞行员可以使用的所有资源（包括飞机内部和外部资源）进行管理的艺术，旨在确保成功的飞行。SRM包括航行决策、风险管理、可控飞行撞地意识和情景意识等概念。SRM的培训有助于飞行员通过管理和飞行控制和导航任务相关的自动化，来保持情景意识。这有助于飞行员能够准确评估危险源，管理由其产生的潜在风险，并作出良好的决策。

单眼线索（monocular cue）

人在知觉物体的距离和方位时，由一只眼睛所感受到的信息所提供的有关线索。视空间知觉的单眼线索很多，其中主要有以下几种：①对象的相对大小，人眼判断物体远近的基本规则是远小近大；②遮挡，如果物体A被物体B遮挡，那么物体B在前物体A在后；③结构级差，即视野中物体在视网膜上的投影大小及投影密度上的递增和递减状况，一般而言投影密度越高则距离越远，反之则越近；④ 空气透视，当视物越模糊人类感知为越远，反之则感知为近；⑤ 明亮和阴影，人类一般认为黑暗、阴影离我们远些，明亮和高光部分显得突出，离我们近些；⑥ 运动视差，即由于头和身体的运动所引起的视网膜上物像关系的变化，一般规律为近的物体看起来移动得快，远的物体看起来运动得慢，飞行员接地前对离地高度的判断往往也是根据跑道的后飞速度为线索。

倒翻错觉（inversion illusion）

指在爬升结束改平飞时，如果改平速度较快，飞行员会感觉到自己和飞机有一种向后翻转的感觉。

倒飞错觉（inverted-flight illusion）

飞行员在飞行中因误认天空与地面的视觉参照物而感到飞机在倒飞的错觉。如夜航时可能把地面散布的灯光误认作天上星光，或在海上飞行时将海面与蓝天混淆而误认飞机在倒飞。发生这种错觉时，飞行员应保持冷静，坚信仪表，根据仪表指示判断飞行状态。

低空高速飞行心理特点（psychological characteristic of high-speed low-altitude flight）

飞机在 100 ~ 10 000 m 高度以 1 000 km 以上的时速飞行时飞行员的心理特点。主要表现：① 精神高度紧张且易疲劳，飞行员既要完成驾驶、领航、识别地标、发现目标等任务，还要注意避开各种障碍及飞鸟等；② 视觉问题突出，对飞速掠过的地面目标物的能见度取决于飞行员的动态视力，而飞行员的动态视力又受大气湍流、阵风、发动机等引起的飞机振动和抖动的影响，常常会视读仪表困难，有效视野缩小；③ 手-眼协调能力要求较高。

低血糖（hypoglycemia）

人体血液中葡萄糖浓度低于正常值。血液中葡萄糖的浓度常随机体活动状态的变动而变动，但健康人的血糖水平相当恒定。在安静和空腹状态时，血糖浓度经常保持在 80 ~ 120 mg%，进餐后，很快升高到 140 mg%左右，但又很快下降到正常水平。当运动或劳动时，血糖也可暂时升高，但如剧烈运动或劳动过度，血糖反而降低。长期处于饥饿状态下的人，其血糖会降至正常水平之下。经常在 80 mg%以下，为低血糖，经常高于 120 mg%，为高血糖。

低压舱（low pressure chamber）

亦称“气压舱”。在地面条件下模拟高空低气压环境的大型实验设备。用于研究低气压与缺氧对人体的影响及其防护，以及对飞行人员、航天人员进行高空生理训练、缺氧耐力检查和医学鉴定等工作。早在 19 世纪 70 年代，法国生理学家 P·伯特用它进行高空生理实验。20 世纪以来随着航空和航天技术的发展，在普通类型基础上又发展了各种专门类型，如迅速减压舱、低压调温舱、密闭模拟舱和太空（宇宙）舱等。普通的由舱体、抽气系统、监控系统、供氧系统及有关设备组成。舱体包括主舱与过渡舱。主舱提供低气压模拟环境，过渡舱作为人员进出通道和救援之用。

地标空间定向（horizon spatial orientation）

利用天地线和地标等自然定向物来确定飞机在空间的位置和状态。主要有两类：① 飞机状态定向，利用天地线坐标系统投射到飞机风挡和机头上的相对位置，可以对飞机状态做出正确判断，天地线是从风挡看出去天与地相接处的大弧形线或水平线；② 地点定向，确定飞机在什么地点上空，朝什么方向飞行，地点定向的地标很多，如公路、铁路、桥梁、河流、山峦、湖泊、岛屿、城镇等。若地点定向错误，可导致迷航。地标定向的主要特点：直观形象、简单易认、稳定可靠，但只适用于昼间简单气象条件下的中、低空飞行。

地面控制进场（ground control approach）

利用地面雷达和无线电通信引导飞机进场着陆的过程。此阶段，飞行员须在很短时间内完成一系列高难度操作，特别是在终端区域能见度不良的情况下，操作更为困难，最易发生事故。

地面模拟飞行（ground-based flight）

利用建在地面的飞行模拟器训练飞行员飞行的训练方式。为保证训练效果，使用的飞行模拟器应满足人体的相应要求，最重要的是其模拟的真实性，即给飞行员造成似乎是在飞机中飞行一样的逼真印象，从而诱导出飞行员在实际飞行中的各种生理、心理状态和飞行中要做的各种动作，使飞行员在进入空中飞行前正确地掌握飞机驾驶的各种技能。宜对模拟飞行器的真实性、训练迁移效果和费用3者权衡利弊，做出综合考虑。

地面模拟飞行错觉训练（simulating flight illusion training on the ground）

在地面模拟飞行条件下进行模拟错觉体验的训练。目的是让学员知道引起各类飞行错觉的条件，掌握克服方法。训练方法主要有以下几种：① 布棚法，在飞行模拟器外罩一个方形或圆形布棚，棚的内壁画一个“天地线”，在“飞行”中抬动布棚以制造出俯仰、倾斜错觉。② 黑白暗舱罩法，在飞行模拟器座舱上罩一个一侧黑、一侧白的暗舱罩，舱外用强光照射，使透入座舱内的光线左右明暗不均，以制造出倾斜错觉。③ 暗室体验法，在全暗室中呈现一个微弱的小光点让飞行员用双眼注视，以诱导出自动运动性错觉。④ 视动刺激法，在无任何定向目标的环境中，让飞行接受满视野的视动刺激，以60 °/s角速度向左或向右旋转，注视一段时间后可产生自身旋转的错误感觉。⑤ 电动转椅法，匀速旋转可诱发“不动”错觉；减速并突然停止旋转，可产生反旋转错觉；在旋转开始和停止时，用眼注视物体，在暗室环境中可产生眼旋动错觉；在匀速旋转中，同时作不同平面的头部运动，可产生科里奥利错觉。⑥ 脉冲电流刺激法，将电极的阴极放置在耳屏前方，阳极放在前臂掌侧面，加以频率为 10 Hz、脉冲宽度为 99 ms

的脉冲电流，可诱发出倾斜错觉。⑦ 模拟机法，在现代化的空间定向障碍模拟机上，飞行员做各种操纵动作后，可模拟产生各轴向的角加、减速度，直线加速度和复合加速度，诱发产生各种前庭本体性飞行错觉。

地平线动显示器（moving horizon displays）

亦称“飞机固定地平线动显示器”。通过飞机和地平线的相对运动关系指示飞机即时位置或即时状态的飞行显示器。特点是飞机符号不动，只是地平线的符号随飞机姿态变化而运动，其显示同人从飞机内向外观察时体验到的飞机与地面的相对运动关系相一致。

地平仪（artifical horizon displays）

亦称“陀螺地平仪”。飞机中指示机身俯仰和倾侧状态的仪表。对保证飞机飞行安全具有极重要的作用，一般安置在飞机仪表盘中间，最容易引起飞行员注意的地方。可分直读式地平仪和远读式地平仪两类。直读式地平仪直接通过仪表的指示装置显示飞机的飞行姿态。远读式地平仪则通过装在陀螺仪上的传感器输出飞机姿态信息，通过远距传递系统传至地面显示装置加以显示。

地图显示器（map displays）

航空电子显示器。用直观图像反映飞机飞行时的即时地理位置和航迹等信息的飞行显示器。

电磁辐射（electromagnetic radiation）

当电流通过电路时，其周围可伴有频率相同的交变电磁场，这种变化场的传播便形成电磁波。此种电磁波不依靠任何传输线而在空间传播的现象称“电磁辐射”。故电磁辐射是指在空间传播着的交变电磁场，如无线电波、微波、红外线、可见光、紫外线、X 射线、γ 射线等均属于电磁辐射。

电离辐射（ionizing radiation）

能够直接或间接对被作用物质产生电离作用的辐射，称为电离辐射，包括透过介质时能够产生正负离子对的所有电磁辐射与粒子辐射。能引起电离作用的辐射主要有 X 射线、γ 射线、α 射线、β 射线、中子流、重核等。

定向（orientation）

有机体凭借环境中某些因素确定自己身体位置和行动方向的能力。对人类来说是指个体对外界环境及自己的身心状况（包括自己对当时环境的关系、自己与他人的关系）的认识能力，即个体能认识和判断当时所处环境的时间、空间、地点、人物等以及自己的生理和心理活动的状态、内容和倾向。定向障碍者不能觉察到自己与时间、地点、人物及空间的关系。

动机（motivation）

指促使人类趋向某个目标的内部驱力。动机的产生取决于两个必要条件：一是个体的需要，又称驱力；二是行为的目标，又称诱因。动机是以作为内因的内驱力和作为外因的诱因为必要条件而存在的。当一个人的需要未得到满足时，他自身的平衡状态便受到破坏，造成生理或心理上的压力或紧张。为了解除这些压力或紧张，便产生某种内部力量，使自己从生理或心理上提高对能满足需要的刺激的反应能力。这种内部力量就称为内驱力。内驱力又分为生理性和社会性两类。生理性内驱力是先天具有的，也称一级内驱力，例如饥渴、缺氧、睡眠等。社会性内驱力是在生理性内驱力的基础上发展来的，也称二级内驱力。诱因是指激起动机的外部因素，包括能满足一个人内在需要的客体、情境和事件。由于诱因是引起动机的目的物，所以具有诱发或激起指向目标的行为作用。内驱力和诱因对动机的作用是不分先后的。对一个人来说，可以先有内驱力而后选择诱因，也可以先有诱因的诱发而后唤起内驱力。但是，任何一种动机的激发，都不能单靠其中一个因素起作用。因为光有内驱力而没有诱因，活动便失去了目标；反之，光有诱因而没有内驱力，积极性和主动性是调动不起来的。在现实生活中，人的动机常常取决于内驱力和诱因的相互作用。良好的动机对于飞行学员的学习和训练有极大帮助，飞行学习动机低下往往使学员缺乏学习飞行的心理驱力，在学习过程中感到无趣，但如果飞行学习动机过高则往往会感到压力过大，其结果是产生紧张、自责、失望、挫折感等，进而引起动作失常、思维混乱和注意力不能集中等。因此，飞行学习的动机水平调整在适宜的中等强度范围内对于飞行学习是有积极意义的。

动机迁移（motivation transfer）

一种动机受另一种动机的影响，而使后一种动机取代前一动机，并影响人们行为的现象。在一定的时间空间里，个体会拥有不同层次或几种相互抵触的动机。这些动机相互影响，甚至冲突、斗争，要求个体作出选择，结果通常出现动机迁移，原有的动机被改变或取代。当发现人们的行为不符合目标要求时，也会发生这种现象，促进动机迁移的过程，实际上是外因通过内因起作用的过程。

动机行为（motivation behavior）

个体在一定动机作用下发生的行为。表现为受动机的调节和支配，即人在动机推动下发动、强化、维持直至终止的那些动作和运动。动机是推动行为的力量；行为是动机的结果。个人的动机与行为之间的关系错综复杂。推动行为的动机即可以是有意识、有目的的，也可以是无意识、无需克服困难的。同一动机可以产生不同的行为，同一行为可以由不同的动机引起，而且意识到的动机也可能同实际起作用的动机不相符合。

动景错觉（stroboscopic illusion）

似动知觉的一种。对断续呈现的一个动作产生连续感觉到一种视觉运动错觉。运用似动知觉的原理，虽然呈现的是一系列不同的时相的断续动作画面，但看到的却是连续的活动景象。有的学者认为，它是属于知觉水平上的错觉，可发生在较大刺激距离和刺激间隔。

动作定势（action set）

使个体倾向于做出某种动作反应的准备状态和动作操作倾向。即前面的活动经验为后面的活动形成一种准备状态。决定后续动作操作趋势，使个体在心理和行为上有后续动作的准备。既可促进动作的学习或完成，也会在一定条件下妨碍动作的学习或完成。

动作记忆（movement memory）

以人们过去的操作行为为内容的记忆。凡是人们头脑里所保持的做过的动作及动作模式，都属于动作记忆。如上体育课时的体操动作、武术套路，上实验课时的操作过程等都会在头脑中留下一定的痕迹。这类记忆对于人们动作的连贯性、精确性等具有重要意义，是动作技能形成的基础。

短期策略（short-term strategy）

飞行员或者飞行机组针对某一次飞行或者某一特殊的处境而制订的计划。其特点是对处境的针对性更强，它不但包含飞行机组预料之中和预料之外的问题产生时飞行员必须采取的行动，同时还包括针对某些特殊的处境而制订的最低限制。因此，它比起长期性计划和中期性计划来显得更为实际和更具有价值。一般来说，制订短期策略可以划分为 5 个步骤：① 识别问题；② 建立计划；③ 矫正计划；④ 总结性简述；⑤ 监视。

短时记忆（short-term memory/working memory）

记忆类型之一。保持短暂且容量有限的记忆。一般保持时限为 20 ~ 60 s，记忆容量为 5 ~ 9 个信息单位。其特点：① 记忆痕迹随时间的推移以及因相似语音或语义信息的干扰而迅速消退；② 通过组块化可增加记忆存储量；③ 信息从短时记忆转入长时记忆可通过复述或重复识记实现。复述有简单重复、组合（grouping）和概括（summarizing）等方法；④ 信息编码主要是听觉编码，辅以少量的视觉编码与语义编码；⑤ 短时记忆中存在系列位置效应，系列位置曲线呈"U"形，即起始项目（首因效应）和末尾项目（近因效应）的记忆成绩较好。主要研究方法有探针法、分析法和配对联想学习。

顿悟学习（insight learning）

格式塔心理学派提出的一种与试误学习相对的学习模式。认为学习是重新组织知觉情景，并领悟其关系的过程，即一种完形的组织（构造）过程。完形派从实验过程中发现，动物的学习并非一种尝试错误的过程，而是一种突发性的领悟，即顿悟。所谓顿悟是突然觉察到问题的解决方法。它是借助良好的观察，学习者重新组织或重新构建有关事物的形式而实现对情境全局的知觉或对提示达到目标的路径的情境知觉，即在头脑中构建一种问题解决的完形。顿悟学习表明刺激与反应之间的连接并不是直接的，而是借助分析、综合及联属等完形的组织过程。

多重趋避冲突（multiple approach avoidance conflict）

心理（动机）冲突的一种。由同时存在的多个既对个体具有吸引力又遭个体排斥的目标或情境引起。一些分析表明，这类冲突往往是下列最常见也是最难解决的单一趋避的冲突相互交织所致：① 独立与依赖的冲突；② 亲密与分离的冲突；③ 合作与竞争的冲突；④ 冲动的表达与道德标准间的冲突。动机的冲突在每个人的生活中经常出现，与人的身心健康息息相关，它常常是导致心理与行为变态的原因之一。

多属性选择（multiple attribute selection）

亦称有限方案多准则（属性）决策问题，在面临多属性决策时，人们会根据问题的类型而采用不同的策略。

DECIDE 模型（DECIDE model）

用于描述和分析飞行员决策过程的理论模型。用于分析人为因素的飞行事故和飞行员决策训练。DECIDE 分别是 Detect（觉察）、Estimate（评估）、Choose（选择）、Identify（评价）、Do（执行）以及 Evaluate（评价）的首写字母。飞行员的判断过程可分为 6 个步骤：① 觉察——飞行员觉察到已经发生、需要引起注意的变化；② 评估——评估变化对飞行的意义；③ 选择——为飞行选择安全的结果；④ 鉴别——对控制变化的可能行动及其风险系数进行辨别；⑤ 执行——执行最佳方案；⑥ 评价——执行最佳方案后，对变化控制的效果及飞行的动态发展进行评价。

E

癔症（hysteria）

亦称“分离转换性障碍”，是由精神因素，如生活事件、内心冲突、暗示或自我暗示，作用于易病个体引起的精神障碍。癔病的主要表现有分离症状和转换症状两种。分离，是指对过去经历与当今环境和自我身份的认知完全或部分不相符合。转换，是指精神刺激引起的情绪反应，接着出现躯体症状，一旦躯体症状出现，情绪反应便褪色或消失。癔症的症状是功能性的，因此心理治疗占有重要的地位。

恶性冲突（dysfunctional conflict）

亦称“破坏性冲突”，即不支持群体或组织目标的达成，妨碍其绩效的冲突。群体或组织的存在就是为了达成其目标，因此要确定冲突是否为良性的，就应该着眼于冲突对群体或组织的影响，而不是着眼于对个体的影响。当然，冲突对个体及群体或组织的影响是互相关联的，因此影响个体的冲突也会影响到群体或组织。但是，如果冲突对个体或群体（组织）的影响不同时，应该关注对群体或组织的影响，特别是对绩效的影响。

F

发现学习（discovery learning）

指主体在活动中，通过自身的发现或创造获得新经验的过程，与“接受学习”相对。在发现学习过程中，因主体经验的获得是在非经验传递系统中，通过自身对活动对象的直接发现或创造获得的，故此类经验也叫直接经验，此类学习也叫直接经验式学习。发现学习具有低级与高级的不同形式。一般而言，动物与婴儿的发现学习是属于低层次的；人类在其发明创造活动中所产生的发现学习属于高层次的。发现学习是人类个体获取经验的重要来源之一。通过发现学习获得的直接经验是接受间接经验的基础。在个体的心理发展与创造活动中，发现学习与接受学习、直接经验与间接经验是互补的。

发散思维（divergent thinking）

亦称求异思维，是指人们解决问题时，以一个目标为中心，沿着各种不同的方向、不同的角度寻求解决问题答案的思维方式。飞行巡航过程中，飞行员通过目视观察或观测机载雷达的回波显示，判定前方可能有影响飞行的天气，如必须避开的浓积云时，飞行员就需要针对当前情景有关的各种信息进行综合分析，是从左边还是从右边绕飞？是上升高度飞跃，还是下降高度穿越？如果选择绕飞，绕飞半径有多大等，机组成员从各个角度进行分析，提出各种方案，就是发散思维。

反从众（counter conformity）

与从众相对的心态或行为。人感受到实际或想象的群体压力时，表现出不与群体中大多数人一致，而是与他们相反的判断或行为。源于对独立性、自主性的心理需要，想突出自己的个性，而被大众淹没。具体表现分为两类：① 消极反抗，常常发生在群体压力较大、个体难以与群体正面冲突的情况下；② 公开抵制，常发生在惩戒较轻、压力较小的情况下。与社会的开明、宽松程度和个体性格有很大关系。常常是社会的破坏力量，但在某些时候，是推动社会进步的因素。

反射弧（reflex-arc）

指反射活动的结构基础。反射弧的基本组成：感受器（receptor）→传入神经（afferent nerve）→神经中枢（nerve center）→传出神经（efferent nerve）→效应器（effector），如图 F-1 所示。反射弧中任何一个环节发生障碍，反射活动将减弱或消失。反射弧必须完整，缺一不可。

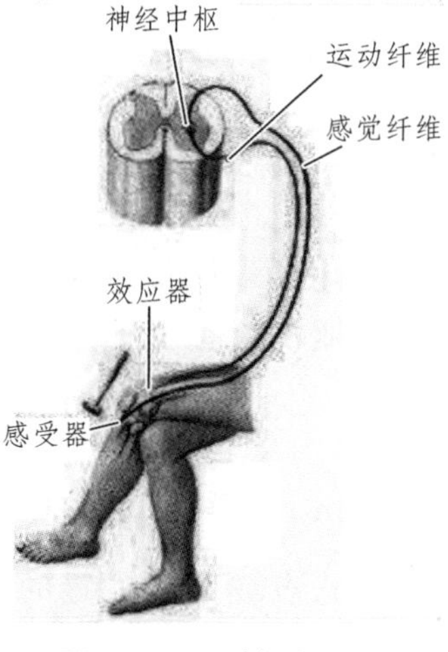

图 F-1　反射弧原理

反旋转错觉（counter-rotator illusion）

前庭本体错觉的一种，是指飞机实际已经停止转动（如水平转弯已经改出），但飞行员却感觉到飞机进入了向相反方向的旋转运动。其发生机理：飞机开始做角加速度运动时，半规管中的内淋巴液因惯性作用落后于管壁，使半规管壶腹嵴胶顶向一侧弯曲，神经冲动传入中枢，产生躯体旋转感觉。飞机进入匀速运动，壶腹嵴胶顶慢慢恢复到直立状态，旋转感觉逐渐减弱，以致消失。

方向错觉（direction illusion）

几何错觉的一种。在周围背景的影响下，知觉到的图形的位置方向与实际的位置、方向不一致的知觉现象。产生原因比较复杂，尚未有可解释各种错觉的理论。一般有 3 种解释：① 将该错觉归因于对视觉刺激信息取样的误差；② 将该错觉归因于知觉系统的神经生理学原因；③ 用认知的观点解释错觉。

飞行成绩标准（flight performance criterion）

检查飞行人员训练质量和技术水平的依据。主要文件是飞行训练大纲。它规定了飞行人员应达到的要求和能力，分为优秀、良好、中、及格、不及格 5 个等级。主要从以下方面综合评定成绩：地面准备阶段的理解力、掌握的驾驶技术、注意分配、动作的协调性、对状态和偏差的识别及反应、掌握驾驶技术的快慢、各飞行课目的掌握和巩固情况、处置特殊情况的能力、飞行规章和规则执行等。目前，我国采取主观评定方法，即检查员随机检查、评定。此种方法随意性较大，有标准不易掌握等缺陷。

飞行错觉（flight illusion）

飞行员在飞行中对飞机状态或飞机位置的错误认知，飞行错觉不仅直接影响飞行效率，严重时还可造成飞行事故。飞行错觉易在夜间飞行、高空飞行、海上飞行或复杂气象飞行中产生。每个飞行人员都可能发生生理和心理现象，因此飞行错觉并不是病理现象，预防方法主要是加强仪表飞行训练，对飞行人员进行有关的航空医学和心理学教育。

飞行动机（flight motivation）

飞行员从事飞行活动，并保持高效、安全飞行的心理倾向或动力。学员心理选拔的重要项目之一。不同的飞行动机对学习飞行、确定飞行成就目标、保证高效安全飞行等有不同的影响。以优厚待遇为目的、自我实现的目标低下、学习动力不足，即使日后成为一名飞行员，也很难始终保持高效、安全的心理倾向，并且易受其他因素的影响，常表现不稳定和不持久，在飞行职业成就上很难有很大建树。相反，以飞行职业的社会价值为基础，就能确定远大的成就目标，自觉约束自己的行为，克服各种困难，直到目标实现。这类动机与飞行兴趣密切相关，使飞行员终身热爱飞行职业。

飞行动作协调性（flight action coordination）

飞行员飞行动作品质评价指标。两个或两个以上飞行动作的配合，能在时机、速度、方向和数量等方面与飞机状态相适应。比如，飞机大坡度盘旋时需要杆、舵协调一致，如果只向一侧压杆而不蹬舵，是手与脚动作不协调，拉杆而不加油门，是手与手动作不协调，蹬左舵而右舵抵住不回收，是脚与脚动作不协调。对飞行技能的形成和飞行安全有重要影响。

飞行动作准确性（flight action accuracy）

飞行员飞行动作品质评价指标。飞行员的操纵动作适合飞行要求。比如，飞机着陆拉飘时，应往前顶杆及时制止，待飞机下沉时再保持两点接地。如果在制止飞机飘起时，不是顶杆而是推杆，飞机就会下沉太快，来不及拉成两点就接地。这是飞行学员训练中的常见问题，也是引起着陆事故或事件的重要原因。与飞行员的动觉阈限或动觉感受性有关，与飞行员飞行动作的熟练程度和情绪、是否疲劳等有密切联系。

飞行风险分析（flight risk analysis）

飞行员判断的基本步骤之一。飞行员觉察到内、外环境变化，做出并执行决策之前，必须对可选方案进行风险分析，以便选择出最佳方案。其最终目的是安全和效益。如目的地机场气象条件恶化且不稳定，飞行员便需进行风险分析，以便决定是继续飞往目的地机场，还是改飞备降机场。

飞行故障识别（flight stoppage diagnosis）

飞行员对飞机故障的诊断。前提条件是飞行员的飞行经验和知识。诊断内容是故障的来源、性质、危害程度等。有经验的飞行员对所飞机型及其故障征兆，头脑中有一个完整的概念模型。外部刺激一出现，飞行员便很快在这个模型中搜寻。外部信息的各种特征与模型中的各个不同点发生联系，最后形成飞行状态的综合表象。经验不足的飞行员形成这一综合表象相对比较困难。根据飞行员经验的不同，识别方式可分为 5 类：① 同时识别，情境刺激与识别几乎是同时的。由于各种情境下的综合表象在头脑中已经形成，飞行员只需把过去经验中已形成的表象同当前信息对照一下，便可识别，不需要对情境进行详细分析，而且形成的表象与情境内容完全一致。② 思考和选择后的识别，利用有效的思维方式，对情境进行分析评估。在这种情况下，飞行员已建立各种情境下的综合表象，只是要花时间详细分析这些综合表象与当前情境的关系。③ 寻找视觉信息后的识别。采用这种识别方式，只有仔细审核若干仪表的读数后，才能正确建立当前飞机飞行状态的综合表象。④ 尝试动作之后的识别，不能根据非仪表和仪表信息建立当前飞机飞行状态的表象，只有通过尝试错误的学习过程，才能识别情境。⑤ 混乱的动作尝试识别，无法根据任何信息或尝试错误，辨别飞机状态，操作动作只是一种象征性的识别过程，对飞机故障的综合表象最终也不能建立，飞行事故往往很难避免。

飞行活动记录分析（flight activity record study）

为查明飞行事故原因和飞行员行为，通过飞机“黑匣子”记录整个飞行过程并进行分析的技术。由两个部分组成：① 飞行性能数据记录器（FDR），提供飞机航向、高度和空速等信息。较新机型的数字式记录器甚至可记录主要操纵机构的位置和温度。② 座舱语音记录器（CVR），可提供机组通话、交流、听觉告警信号、发动机声音等座舱内的一切声源，是辨别事故原因的最重要的信息来源。根据以上信息，调查人员可以分析出飞机的基本状况和飞行机组的行为情况。尤其是座舱语音记录器提供的信息，对于识别、分析飞行员或机组的检查单执行情况、个体间冲突的解决方式、注意力分配或分散、交流、机组协调与配合以及空间失定向等方面的原因具有重要价值。

飞行安全（flight safety）

保证飞行器安全飞行，不给飞行人员、乘客、飞机本身及居民和地面建筑物造成危险的飞行条件。对其保障是航空管理的首要任务。保障措施包括① 飞行人员和飞行保障人员具有高度的责任心和安全意识，并具有良好的心理素养和专业训练；② 飞行器的设计和结构合理，运转可靠；③ 严格执行空中交通管制和各项飞行制度；④ 随时做好飞行事故的预防工作等。通常用最大的容许故障概率来度量。故障概率越小，其性能越高。

飞行工作负荷等级（flying workload rating）

指飞行工作负荷测试量表编制方式。目的是客观、有效地测量飞行员的工作负荷。如主观工作负荷评定技术，由时间负荷、心理努力负荷、心理应激负荷 3 个分量表组成，每个分量表又分低、中、高 3 个等级。按这种方式编制飞行工作负荷量表或问卷的，还有哈特等级量表、飞行工作负荷问卷、美国航空航天局双维等级量表、美国航空航天局任务负荷标准等。

飞行环境（aviation environment）

飞行活动中飞机所处的外部条件。包括 3 个部分：① 自然环境，包括气象、地形等；② 航行环境，包括机场、空中交通管制、灯光、通信等，直接影响飞行安全；③ 系统环境，包括法规、规章规则、程序、飞机航行情况等。具有以下特点：① 多元性——由多种因素构成，涉及诸多领域；② 随机性——诸要素大多是临时，随机发生的，并随着飞行活动的发展而变化；③ 变动性——始终处于变动的状态或发展的变化中；④ 渗透性——各要素不是孤立的，而是相互影响、相互转化、相互渗透的；⑤ 不可抗性，如雷、电、高山等因素。

飞行技能（flight skills）

飞行员的心智操作和肢体动作方式的复杂系统。由目视飞行技能和仪表飞行技能组成，以心智技能和动作技能为基础。心智技能是按一定程序组织起来的智力动作系统，如对飞行状态、飞行性能以及气象条件的知觉与判断等。动作技能是指为顺利完成飞行任务组织起来的完善而合理的动作系统，如进近着陆过程中的空速、高度、姿态、接地时机的控制等。

飞行技能迁移效益（the effectiveness of flight skill transferring）

衡量飞行技能迁移效果的方法。根据训练投资成本来衡量，为人们客观估价训练装置和课程的投资效益提供了基础。罗斯科（R·Roscoe，1969）将其区分为两类：① 增量迁移效益，在低成本训练条件下，每增加一次训练，其结果能使另一条件下的训练节省多少时间；② 累积迁移效益，学习标准任务所节省的时间总和与先前或插入学习所花时间总和的比率。可以百分率来表示，主要有 3 个公式。① 迁移百分率=（y_0-y_x）/y_0×100%，式中 y_0—y 是对照组达到作业标准所需要的时间、次数或错误次数，零是先前或插入的学习量；yx—实验组达到作业标准所需要的时间、次数或错误次数，X 是先前或插入的学习量。② 迁移百分率=（L_x-L_0）/（T-L_0）×100%，式中 L_0 是对照组被试在先前或插入学习为零的情况下的平均学习成绩；L_x 是实验迁移组被试在完成 x 单位的先前或插入学习后的平均学习成绩：T 是完成迁移任务时的所有可能的得分。③ 迁移百分率=（y_0-y_x）/（y_0+y_x）

×100%。上述 3 种公式都有一个缺点，即都没有考虑到学习先前技术所用的练习量，忽略了迁移带来的经济效益是先前练习量的负加速函数。比较而言，第一个公式最为简单；第二个公式计算的迁移百分率代表了所有可能起作用的学习百分率，其结果是一个从 0 从 1 的绝对迁移量表；第三个公式的计算结果可以绘出一条下限为-100%、上限为+100%的对称迁移曲线。

飞行技能选拔测试（flight skills selection test）

对飞行候选者学习飞行技能难易程度的测查。通过飞行模拟器或模拟机等设备进行。主要有两种形式。① 专用心理选拔模拟器测试，程序严格，预先设计：候选者完成与座舱任务相近的任务，如根据仪表指示保持一定的空速、航向、姿态等。采用微机管理，测试结果由计算机按 1 ~ 9 分自动打印。② 非心理选拔专用飞行模拟练习器或模拟机测试，一般步骤：教员讲解、示范，候选者操作，教员观察并做记录。测试结果或是根据计算机打印出来的飞行曲线，或是教员的观察记录。教员在综合分析后按 1 ~ 9 分进行评定。

飞行机组选拔（air crew selection）

为使机组成员之间达到最佳匹配而进行的心理选拔。主要包括两个方面：① 能力匹配。为了形成驾驶舱飞行员之间的良好界面，应该有一个最佳“驾驶舱匹配梯度”，这个梯度既不能过于平坦，如不能将两个具有等资历的机长安排在同一座舱的左右座上，也不能过于陡峭，即不能将威望很高的机长与年轻胆小的副驾驶搭配在一起。适宜的搭配梯度是机长高于副驾驶，以便在必要时能够决断，副驾驶对机长的决断能够进行有效监视并及时劝告。② 个性匹配。机组成员的个性特点应该能够互补。一个要求严格、坚定、果断、权威的机长应与一个较温和、客气、精细、服从的副驾驶搭配。从气质类型上，多血质的人同任何类型的人都容易共事，但由两个黏液质或胆汁质的飞行员构成的机组对飞行安全不利。

飞行检验（flight check）

对一系列有操纵指标要求的，指定的操纵动作评定分数的过程。属飞行训练心理学的重要内容。评价飞行操作的一般步骤：① 对飞行任务给出操作性定义，以便使参加的每一个人都知道需要达到的操作指标是什么。关键性的飞行活动，如程序性和知觉性活动必须定出一些要求达到的操作指标，而且全部指标都要让学员、教员、飞行检查员以及飞行管理部门知道。② 确定需要测量的实际操作指标。即从众多的因变量参数中选取出一些跟所有操作质量具有高度相关的少数变量，只对这些变量进行观察，并用它们作为评价全部操作的基础。③ 观察和记录。要求教员必须客观、准确地观察、及时记录。④ 给出等级分数。由于飞行教员或检查员的飞行经验的差异、个人态度倾向以及对评价指标的理解不同，飞行检验的客观性和有效性尚有待提高。

飞行检验方法（flight inspection method）

评价飞行学员飞行训练成绩的方法。主要分 3 种：①“时时—事事—测量”法，连续记下大量的飞行变量，并把技能熟练飞行员的飞行轨迹作为标准，规定飞行动作和可容许的动作限度；②“分析—综合”法，事先规定飞行动作，并确定每一动作的重点，有选择地按时间和位置分别进行多次观察；③“参照标准记分法”，1949 年伊利诺伊大学（Williams 和 Flexman）首先提出，1971 年由波文梅尔和罗斯科（Povenmire 和 Roscoe）进行了扩充（参见“参照标准学习曲线”）。

飞行焦虑（flight anxiety）

飞行员长期负荷过载所产生的极度担忧、不安和恐惧现象。主要表现：① 身体不舒服，如出汗、神经性抽搐、口干、呼吸困难、心悸等；② 行为异常，如在不恰当的时候大笑或唱歌，过分约束自己埋头苦干，行为冲动或极端消沉；③ 心境变化快，一会儿轻松愉快，一会又忧郁寡欢；④ 对他人采取不适当行为，如不必要的发怒、忍耐，行为粗野等；⑤ 疲劳，由于长期承受压力，常感到极度疲劳和厌倦；⑥ 注意难以集中或固着在某一仪表上，对其他刺激没有反应，分不清主次，忘记一些重要项目。如长期处于焦虑之中会出现个性变化，行为质量低下，对他人态度飘忽不定，操作技能下降，胃疼或头痛，酗酒、过量吸烟，出现事故征候等，是一种危险状态。

飞行教员工作负荷（flight instructor's workload）

飞行教员在带飞过程中，经受的身心工作量。主要来自两个方面：① 带飞任务本身的难度和带飞的架次，时间起落次数等；② 带飞的环境及座舱条件等，如天气条件、学员的领悟能力，座舱噪声和温度等。比航线飞行员的工作负荷大得多。主要原因：飞行教员面对的是从零开始的学员，往往要承担飞行和传授技能，讲解、示范等多重任务。另外，训练机的性能和安全系数不如大型客机，噪声大、温度高，与飞行起架次也多有关系。

飞行紧急情况模拟（flight emergency simulation）

模拟机飞行训练主要内容之一。模拟飞行中可能遇到的特殊情况，对飞行员或飞行学员进行训练。目的：避免在真正飞行时碰到紧急情况时的风险性。飞行员获得特殊情况处置经验和能力的必要途径。常设情境：发动机失效、单发起飞或着陆、绕飞雷暴区、颠簸气流、客舱失火或失压以及飞机结冰等。

飞行决策（decision making）

指飞行机组为了实现飞行安全目标而对未来一定时期内有关飞行活动的方向、内容及方式的选择或调整过程。飞行决策包括两部分内容：一是分析建立所有飞行处境信息之间的联系，分析每一种可供选择的方案，并确定每种方案可望达到目标的程度；二是根据分析选择一种方案并在飞机当前处境允许的时间内果断地执行这个方案。可见，决策过程是以获取信息开始，到决策制定结束。在获取信息后，会出现一些相互矛盾的现象和不同的观点，此时机组成员就必须具有解决冲突的技能。在机组其他成员配合的情况下，由机长最终作出决策。

飞行恐怖症（flight phobia）

乘客和机组人员恐惧飞行的现象。按严重程序可分为两类：① 对乘机或飞行持有恐惧心理，但能乘机或飞行。乘客常表现为在飞行前、飞行中预期危险即将到来，并伴有一定的行为反应和生理反应，但能顺利完成候机、安检及登机行为。飞行员，尤其是飞行学员，主要表现为担心异常情况会降临在自己身上，忧心忡忡，飞行动机不足，但仍能完成飞行前检查和飞行任务。② 对乘机或飞行有严重的恐惧心理，不能乘机或飞行。乘客和飞行员总是找借口逃避乘机或飞行，过分地预期乘机或飞行的危险，甚至听到或看到飞机的有关信息便感到害怕，产生一系列生理和心理反应。主要原因：① 初次飞行，由神秘感引起恐惧；② 遭遇过飞行事故或事故征候；③ 目睹过飞行事故现场或听到过有关飞行事故较为详细的描述。

飞行空间定向（spatial orientation in flight）

飞行员在飞行中对自身、飞机及飞行环境的认识能力。主要指飞行员对姿态、地点、时间、空间、运动的知觉。主要分析器包括视觉、前庭觉、本体觉和触压觉等。其中，视觉起主导作用。按所依据的定向物，一般可分为地标空间定向和仪表空间定向。与地面定向相比，主要特点是① 参照物系统发生了变化，地面定向时，可作为视觉定向参照物的目标比比皆是，而在飞行中，小的定向标已失去意义，只能参照非常大的地物、地貌以及天地线进行定向，随着飞行高度的增加，气象条件的变化，唯一能够正确反映飞机空间状态变化的只有飞行仪表；② 作用力环境发生了变化，地面定向时，一般只受重力的影响，在三维空间飞行时，飞行员不但受重力的作用，而且还受大小、方向不断变化的飞机加速度力的作用；③ 定向方式发生了改变，地面定向时，主要以反映“上、下”“左、右”“远、近”的视觉坐标系统来形成视性空间知觉，在飞行空间定向中，一般是以自上而下的方式进行地标定向，或利用仪表信息在大脑中描绘出自己和飞机所在位置、姿态、速度、高度的空间信息；④以知觉恒常性为线索的定向方式发生改变，由于飞行高度远远超过30 m的知觉恒常性条件，因此在飞行条件下，远距离和大速度常常使物体的形状发生扭曲，知觉恒常性已不能作为空间定向的线索。

飞行空间定向障碍（flight spatial disorientation）

亦称“飞行错觉（flight illusion）”“失定向（disorientation）”。飞行中飞行员对自身和飞机的状态、位置、方向、运动及飞行环境的不正确知觉。根据不同的依据，可作不同的划分：①按飞行员的主观体验，可分为倾斜错觉、俯仰错觉、方向错觉、倒飞错觉、反旋转错觉、速度错觉、高度错觉以及时间错觉等；②按引起错觉的主要分析器，可分为前庭本体性错觉、视性错觉及前庭视性错觉；③按飞行员对错觉的意识程度，可分为Ⅰ型空间定向障碍、Ⅱ型空间定向障碍、Ⅲ型空间定向障碍。其发生特点如下：①普遍性，几乎所有飞行员在飞行中都有过程度不同、类型各异的飞行错觉。②特发性，从气象条件来看，在复杂气象条件下的飞行，发生错觉最多；从机型看，单座飞机飞行员的错觉发生率比多座飞机飞行员高；从飞行员个体情况看，心理品质、健康状况不佳的飞行员错觉发生率比健康状况良好的飞行员高。③危害性，是通用机型、军用飞机飞行事故的重要原因；④可预防性，飞行员认识到产生飞行错觉的客观条件和主观因素后，可通过心理训练，去预防和克服它。

飞行模拟器（flight simulator）

模拟飞行姿态、飞行环境和飞行条件的大型地面设备。主要由计算机、模拟座舱运动系统、操纵负载系统、远景系统、音响系统等组成。按用途分为研究用的和训练用的两类。研究用的用于评价整机的飞行性能和机上各有关系统的性能，测定各系统的参数，并通过反复试验得出最佳参数。训练用的用来训练飞行员掌握飞机驾驶技术，为空中飞行训练做准备。模拟器的使用不受气象条件限制，可以给出各种飞行条件，人为地设置各种故障和特殊情况，并可作有效的观察记录和近距离示教，具有安全可靠、经济、节省时间等优点，是训练飞行员的有效手段。

飞行能力（flight ability）

与顺利完成飞行任务有关的多种心理品质的有机综合，是特定的飞行技能形成的必要基础。一般认为，飞行员应具备以下主要心理品质：① 空间定向能力；② 判断与决策能力；③ 情绪稳定；④ 手-眼协调能力；⑤ 注意的广度分配，转移和稳定性；⑥ 领导才能；⑦ 资源管理能力；⑧ 协调与配合；⑨ 警觉性和处境意识；⑩ 良好的记忆能力；⑪ 稳定而外向的个性品质。

飞行能力局限（flight capacity limit）

“飞行中人的因素”常用术语。通常用来描述飞行事故中的人为原因。英国民航局在 1995 年曾设立“人的能力与局限”（Human performance and limits）课程，对运输机飞行员进行教育，并将其作为飞行员执照考试课程。在频繁的人为飞行事故面前，人们认识到，飞行员虽然始终是航空系统中的主体，但有着不可忽视的缺陷，包括生理和心理两个方面。从心理局限来说，人的信息加工能力有限，主要表现为注意容量有限、有可能输入错误的信息或输入的正确信息数量不足、遗漏重要信息、错误地解释输入的信息、错误假设和错误推论等。人的不良个性品质、情绪、动机、期望等会干扰飞行员的正常信息加工过程。是飞行中人的因素和驾驶舱资源管理科学研究的重要方面。

飞行疲劳（flight fatigue）

指在飞行条件下，由应激的发生和发展所造成的心理、生理上的不平衡状态。国际民航组织（ICAO）认为机组人员的疲劳是一种因睡眠不足或长期处于觉醒状态、生理节律周期或工作负担（精神和/或身体活动）等原因导致的精神或体能下降的生理状态，能够削弱机组人员的警觉性及其安全操作飞机或者履行与安全相关职责的能力。飞行疲劳属于“技巧性疲劳”，作为一种自然的人体防御反应，通常情况下，它不以耗损体力为特征，而是属于心理能量的消耗，常常表现为不能保持注意力集中和发挥飞行技能，工作绩效下降。

飞行人员的职业道德（pilot occupation morality）

从事飞行职业的飞行员在飞行活动中所应遵循的道德原则和行为规范的总和。《中国民用航空运输机长的职责》对飞行员提出了 8 项素质要求，即良好的职业道德品质、高度的负责精神、强烈的安全意识、牢固的章法观念、熟练的操作技能、精细的工作作风、严谨的组织纪律、健康的体魄。指其中的负责精神、安全意识、章法观念、工作作风和组织纪律。

飞行认知（flight cognition）

飞行员对飞行活动的自我认知。根据是实践经验和心智技能。主要包括以下方面：① 空中认知，即对飞行状态及其变化的认知，如飞行员对飞机速度、侧滑、倾斜、横滚、上升与下降，加速与减速等飞行参数的认知；② 预测认知，飞行员实施某个操纵动作后，对飞机将成什么状态的预料；③ 操纵认知，通过本体感觉和运动觉、触压觉，来判断自己操纵的质量。

飞行视错觉（visual illusion in flight）

飞行利用视觉信息进行空间定向时产生的错误知觉。常见的有以下 6 种：① 天地线错觉，常发生在 1 5000 m 以上的高空飞行中。表现为倾斜、俯仰、倒飞等。② 光线错觉，飞行员借助光线分布及其强度形成的空间定向知觉，因光线明暗不同而引起的错误。常发生在暗舱仪表飞行、复杂气象飞行和夜间飞行中。③ 视性距离（高度）错觉，由视觉信息引起的距离（高度）判断误差。主要发生在缺少可靠、明显的视觉参考定向物的条件下，如海上、沙漠上空、云中飞行等。④自动运动性错觉，飞行员在背景稀少的条件下，长久注视某一固定目标时产生的目标移动错觉。⑤相对运动错觉，飞行员对物体空间位移的判断错误。表现为速度、位移方向判断错误。常产生于海上和云中飞行。⑥辨认错觉，飞行员对地面、水上或空中目标物的错误知觉。常发生在复杂气象、夜间、海上飞行中，较少发生在陆上昼间飞行中。产生机制分两类：一是视觉功能在飞行因素作用下发生改变；二是正确的空间定向信息不足，片面的视觉信息与大脑中已有的空间知觉条件联系，发生错误。有时，两种机制可同时起作用。平时加强仪表飞行训练，对预防和克服飞行视错觉具有重要意义。

飞行速度（flight speed）

指飞行器单位时间内飞行的距离，是飞行器性能的重要评价指标。航空器的飞行速度按其测量方式分为表速、空速和地速；根据飞行马赫数的大小，又可分为亚声速飞行（马赫数小于 0.75）、超声速飞行（马赫数从 0.75 ~ 1.2）和高超声速飞行（马赫数 1.2 ~ 5.0）。一般而言，当飞行马赫数等于或大于 1 时，由于空气压缩性影响，飞机周围气流会出现激波现象。

飞行事故（aircraft accident and incident）

亦称航空事故，指飞机自开车、起飞到着陆、关车为止的整个飞行过程中发生的直接危及飞机和机上人员安全的事件。飞行事故可由天气突变或飞鸟撞击等自然原因或操纵与指挥错误、维护保障不周及暴力劫机等人为原因造成。国际民航组织将飞行事故划分为失事和事故两类。前者指造成人员伤亡、飞机破坏或失踪的事件；后者指尚未达到失事的严重程度，但直接威胁飞机安全操作和使用的事件。各国对飞行事故还有各种严重程度的不同分级。

飞行事故调查学（flight accident investigation science）

飞行中人的因素的重要组成部分，是采用各种途径与方法找到飞行事故致因的学科，也是一门综合性的边缘学科。飞行事故和事件调查的结果及其分析是飞行中人的因素的重要知识来源和发展动力，它不但能促进设计者的技术更新，而且对广大飞行员也具有重要的教育意义。

飞行事故环境（flying accident environment）

诱发人的错误、导致飞行事故的一切背景因素。这些因素包括① 座舱硬件因素。设计不良的操纵器和显示器，易于诱发飞行员的错误。② 软件因素。软件，如应急手册或检查单的设计如果不便于飞行员查找或容易引起飞行员的错误理解，就有可能导致飞行中的错、忘、漏现象。③ 座舱内、外环境因素。座舱内不适宜的温度、湿度、噪声及不合理的座舱空间布局，恶劣的气象条件，不良的空中交通管制环境等都可能成为影响飞行安全的潜在因素。④ 机组因素。不良的个体间交流和人际关系，飞行员所处的身心状态是影响飞行安全的最重要的背景因素。

飞行事故模拟（flight accident simulation）

飞行安全原因、对策分析和驾驶舱资源管理训练方法之一。采用特殊技术复演与驾驶舱资源管理有关的飞行事故并制成录像带。在驾驶舱资源管理训练过程中呈现给学员，要求学员找出事故中与驾驶舱资源管理有关的飞行员错误，并提出改善方法。在此过程中，教员担任组织者和评价、总结者的角色，寻找问题和解决问题则由学员集体讨论完成。

飞行事故预防（flight accident prevention）

探寻飞行事故的成因，提出并实施预防措施的过程。在民用航空活动中，引起飞行事故的主要原因来源于 3 个方面：人、机、环境，其中人为原因是最主要的。预防的措施主要有①将任务在人与机器之间进行合理的分配。把人最能胜任的任务分配给人，把机器最能胜任的工作交给机器。要达到这一目的，需首先研究人与机器各自的优势和弱点，改善飞行器的设计和人的表现，明确飞行员与飞行器各自的任务。②减少飞行员错误的发生。为了达到这一目的，可通过适合性选拔、训练以及飞行考核来确保高质量的飞行胜任水平。③减少飞行员错误的诱因。各种座舱硬件、软件、环境及机组的设计都必须适合飞行员的身、心特点，不致引起飞行员的错误理解、判断及操纵等。

飞行时限（flight time limit）

为预防和消除疲劳的累积，民用航空管理部门对民航飞行人员，尤其是对长途跨时区飞行的机组人员飞行时间的限定。世界各国民航对飞行时限的基本要求：每月飞行时数×10=全年飞行时数。保证飞行人员每年要有 2 个月的休息时间，对航线运输机飞行人员的飞行时限规定：每月 100 h，每季 300 h，每年 1 000 h。中国民航的规定：运输机机组人员飞行时间每日 8 h，不超过 10 h；每月 80 h，不超过 100 h；每年 800 h，不超过 1 000 h。

飞行显示系统（flight display system）

飞行信息从机器传递给飞行员使用的各种显示器。常见的有①指针式显示器。史莱特曾实验了 5 种不同形式的指针仪表，即垂直型、水平型、半圆型、圆型和开窗型。实验结果表明，错误认读率以开窗型仪表为最少。它的优点是辨认任务简单。垂直型和水平型仪表认读准确性较差的原因，主要是人在垂直和水平方向上的视觉定向能力差异以及与视觉定向有关的眼动规则性差异所致。研究还表明，认读圆型仪表的速度和准确性与指针位于哪一个象限有关，在左上象限最好，在右下象限最差。②符号显示。以数字、字母和其他符号显示飞行信息。数字辨认的速度和准确性与它们的形状有密切关系。总的趋势是以直线组成的数字，在快速分辨、暗光条件下，其辨认速度和准确性较好。而辨认曲线数字则常发生错误。此外，使用几何标志和象形标记来代替单词，可提高辨认的速度和准确性。判断方向使用箭头标志就要比使用文字快得多。③ 综合显示。随着飞机性能的提高，飞机座舱内的仪表数量也在增加，显著地加大了飞行员的心理负荷。解决这一矛盾的重要措施，就是把单参数仪表的信息加以整合和显示。一个综合信息系统应该能够显示参数状态、图示状态和相互作用状态。参数显示空速、高度、姿态、航向、发动机性能、燃油量等与飞行变量有关的状态指示。图示显示辅助空间定向与地理定向。相互作用显示提供飞行员与计算机“对话”，用于飞行前准备、查找故障、制定飞行计划以及管理各种飞行系统。多功能显示还可显示气象雷达信息、检查单、应急步骤、机组人员咨询信息、飞行记录数据以及自始至终的自诊断能力。综合信息系统将全部由计算机提供。

飞行行为（flight behavior）

飞行人员飞行中与飞行有关的反应。是人的体力和脑力紧密结合的一种社会劳动，是心智操作与动作技能的连续统一体。主要表现在两个方面：① 目的性，飞行员根据目标和当时的飞行条件，对飞行方向、高度、时间和机器等近目标进行辨识，然后决定自己的操纵动作，使飞机按确定的目标运动；② 思维操作和动作反应，飞行员通过心智操作而做出判断与决策，并以此支配和控制操纵动作。其品质分为认知品质和动作品质。认知品质包括空中认知品质、预测认知品质及操纵认知品质；动作品质包括动作反应时间，动作的准确性、协调性及连续性等。是飞行员心理选拔的重要项目。按其功能，可分为程序性行为、决策行为和知觉运动行为。程序性和知觉运动行为既含有认知活动，又含有运动的成分，包含感觉、转换、回忆、再认及操作功能，在行动选择过程中起中介作用。决策行为基本上是认知活动，但带有情绪色彩，由一系列从知觉到的对象进行行动选择的过程组成。通过长时间、有计划的训练，会变得高度准确和熟练，主要表现为① 行为目标明确，盲目的决策和操作减少，能准确、迅速地识别有关信息并做出正确的决策和行为；② 注意品质得以完善，注意范围扩大，分配合理，转移及时、迅速；③ 操纵动作熟练，一系列个别的动作逐渐联合起来，成为完整和连续的动作，多余动作和肌肉过度紧张消失，视觉控制减弱，动觉和触觉控制增强，掌握多种方法和方式。

飞行行为适应（flight behavior adaptation）

飞行人员在飞行中做出的与飞行有关的适合反应，包括认知适应和操纵动作适应。认知适应过程：飞行人员对飞行状态产生自我适应认知，亦即通过空中飞行状态及变化认知，预测未来状态，最后形成对操纵的认知，即判断操纵的正确性。操纵动作适应要求飞行人员动作准确，具有协调性和连续性，以防止飞行行为障碍。

飞行行为障碍（flight behavior disturbance）

指飞行心理运动障碍，以操纵失误为主要外在表现：① 信息接收障碍，视觉或注意固着于某个或某几个仪表上，忽视其他仪表，知觉反应迟钝，输入错误的信息或对输入的正确信息进行错误解释等；② 信息处理障碍，信息选择能力、综合能力下降，不能迅速提取记忆中的信息，复查判断能力下降，过低估计剩余时间，省略思考过程，定量判断能力下降，往往变成定性判断，下决心太迟，受无关信息干扰，注意不集中；③ 反应动作障碍，不能灵活操纵，错误触动相邻手柄或按钮，动作粗猛，协调性下降，无目的操纵或丢失必要的操纵等。

飞行眩光（glare in flight）

飞行中因视野范围内亮度过高，而引起视觉不适或视觉功能下降的现象。根据所受强光刺激的强度不同，一般分为 3 类：① 心理眩光，随着视野内亮度的增加，开始出现不舒适感，但并不影响视觉功能。如仪表板的一部分受日光直射，另一部分为暗区，明暗对比强烈，使飞行员不舒服，阅读仪表困难。② 生理眩光，亦称“失能暗光”，在心理眩光的基础上，亮度再增加，不舒适感就会加重，并伴有视觉功能降低。如飞机向着太阳飞行，或太阳与飞行员视线成一定夹角。另外，光线分布倒转时，下方云层反射上来的强光，会使人眼睛昏花，视力模糊，这种现象称为高空目眩。③ 强光盲。在生理眩光的基础上，亮度若继续增加，就会严重影响飞行员的视觉功能，直至暂时失明。常发情境是在昏暗光线下眼睛突然与日光对射，瞳孔一时来不及收缩，造成视网膜轻度烧伤。

飞行学习曲线（flight learning curve）

亦称“飞行技能练习曲线”，是指在连续多次地练习期间所发生的飞行效率变化的图解，如图 F-2 所示。学员飞行学习进步情况的反映。通常以练习次数或时间为横坐标，以练习成绩为纵坐标，标上每一次飞行的成绩而成。反映学习的一般规律：练习初期，成绩提高较快，一个阶段后，成绩提高的速度减慢；练习中期，成绩曲线呈波浪形，起伏不定，偶有短暂下降现象；练习中、后期，出现“高原现象”，成绩表现为暂时停滞不前。

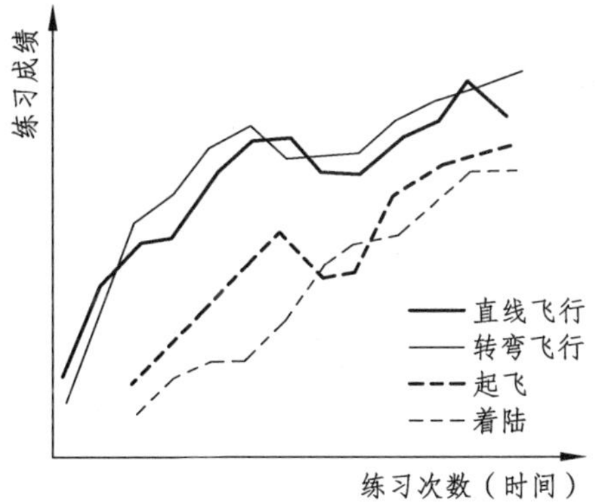

图 F-2　飞行学习曲线

飞行训练（flight training）

对飞行员进行飞机驾驶技术和机载设备操作的训练。飞行学员成为正式飞行员的准备过程。一般分为飞行前训练和空中飞行训练两个阶段。飞行前训练包括航空理论知识教育、体质训练和地面模拟飞行练习，为空中飞行训练打好基础。空中飞行训练通常先是由教练带飞，然后经过单飞学会最基本的飞行技能，再进行领航、编队飞行、仪表飞行、特技飞行等高级飞行技术的训练。军航还包括飞行战术训练等内容。

飞行训练大纲（flight training programme）

飞行训练实施的指导性文件。飞行训练心理学的组成部分。它主要包括飞行程序、飞行技能、机组配合意识、安全处境意识和座舱资源管理能力的训练等内容。各培训部门，应当按照训练大纲的规定对飞行人员进行培训，并对训练质量和技术标准进行检查。飞行训练大纲的训练目标应具体、明确，要符合受训人员的知识结构和能力水平。训练大纲应当按照航空器的型号分别制订，而且应当包括每个专业飞行人员每种训练的训练提纲。包括的主要内容有① 该种训练中受训人员需具备的飞行经历、飞行技术条件等，该种训练结束时应达到的技术标准；② 该种训练的训练步骤和按步骤划分的训练阶段及安排；③ 每阶段受训人员的条件，训练结束时应达到的技术标准，该阶段训练的课目、练习内容、时间（次数）和要求；④ 对教员、检查员的要求和训练质量检查方法；⑤ 受训人员经训练后达不到标准的处理办法。在制定飞行训练大纲时应遵循以下原则：① 努力发挥受训者的主观能动性；② 不同受训者及年龄之间有学习进度的差异；③ 激发受训者的学习动机；④ 充分利用反馈信息组织学习；⑤ 鼓励受训者大胆实践。

飞行训练方法（flight training method）

为达到最终的飞行训练目标而采用的方法。飞行训练心理学的组成部分。常用方法有① 讲座，适用于介绍某一个主题或提供某一主题的背景知识，概括或总结飞行训练执行情况等。其优点：听众量不受限制，讲解速度、内容及地点等较为灵活。不足之处：学员处于较被动的地位，需要教员具备很高的演讲技能以吸引学员注意力，较难获得来自学员的反馈信息。② 课堂教学方法，由于课堂教学的结构化特点，可使教员能根据学员的反应改变教学进度和材料呈现方法。但很难做到因材施教，在制定教学进度时易倾向于后进学员。③ 讨论，训练会议或讨论法可具有多种变式。教员引导下的问与答，是根据参与者的共同经验制定更好的程序或形成更好的态度。教员设置特定的问题情境，然后让参与者讨论、解答等。在一些航空公司，常在模拟机训练中将学员的操纵过程制成录像带，然后组织学员讨论训练过程中存在的问题及其解决方法。这种训练方法有助于提高学员的学习动机和兴趣，但这种方法也有不足之处，如较难做到结构化，对教员控制情境的能力以及分析、总结问题的能力有较高的要求等。④ 由指导教师个别指导，这种方法由导师指导一个学员。适用于飞行教员在真飞机上的带飞或改机型训练。优点是教员与学员都能积极参与并及时获得反馈。但这种方法费用昂贵，且学员不能观看其他学员的操作，也不能与其他学员一起讨论。⑤ 视-听法，常用幻灯片、录像带或电影的方式呈现。这是一种辅助训练方法，配合教学的讲解和分析，可以收到良好效果。⑥ 附有正确答案的自学法，通常是一个闭环系统。训练计划或大纲根据学员的基础制订，并完全结构化，附有正确答案。⑦ 计算机辅助训练（CBT）。是一种高度结构化、具有很大可塑性的方法。能记录学员的表现和成绩。学员根据自己的基础和学习能力进行自定速（self-pacing）训练。设计良好的计算机辅助训练可使高费用的模拟机和真飞机训练时数减少，达到节省飞行训练费用的目的。

飞行训练心理学（psychology of flight training）

航空心理学组成部分。研究飞行训练中的心理及其规律。把教育心理学的理论和方法应用于飞行训练实践，以提高教与学的效率。主要研究内容：① 受训者学习知识、技能的心理过程和条件、方法，训练仪器的研制，改机型训练的心理学问题，受训者的学习动机、兴趣及其形成等；② 受训者的心理特点个别差异和因材施教等；③ 训练者应有的心理品质及其形成规律、训练者与受训者的心理相容程度及相互影响等；④ 心理训练，根据飞行职业的需要，针对受训者的心理状态和心理障碍，对受训者施予特殊的心理训练。

飞行训练系统模式（flight training system model）

描述飞行训练系统组成成分及其相互关系的模型。飞行训练心理学的组成部分。是权衡训练消费比和使训练大纲、计划有效的必要途径。该模型包括①明确的任务描述和工作分析。这是一个困难的过程。航空公司往往通过询问飞行员主观感受到的工作范围来解决这一问题。②训练的最终目标。在对飞行员的工作进行分析后，飞行训练的最终目标便能得到确定的解释。③飞行人员的选拔。根据飞行员工作的性质和训练的最终目标，制定出候选者教育程度、年龄、身体检查和心理选拔等标准。④制定实际的训练课程。包括训练方法的选择和对教学的要求以及检验飞行学员熟练性水平的测试方法、训练设备的确定等。⑤执行训练。在训练系统还不完全成熟前，必须经过试用或局部使用，待完全成熟后才能全面推广。在此过程中，需要各种反馈渠道提供信息以便改进和更新训练系统。

飞行训练原则（flight training principle）

飞行训练应遵循的准则。主要有以下几条。①迁移原则，各种训练设备、方法、内容的采用和安排，必须有助于学员技能、知识的正迁移。②反馈原则，训练中，教、学双方都必须得到反馈信息，以便改善教学质量。从教的方面来说，学员的飞行表现便是反馈信息，教员据此可改善教学方法。从学的方面来说，教员的讲评、飞行仪表和外界视景是反馈信息，学员据此可改善学习方法、动机和行为等。③上手控制、暗示和敦促原则，飞行训练不同于其他训练，带有很大的风险性。教员在必要时要上手协助控制飞机，但必须注意上手和放手时机及放手量的问题。“暗示”一般在觉察任务或某一事件将要发生时使用。“敦促”在飞行初期常用于某种刺激出现后，给学员一个正确反应示范。④定速原则，指在训练中呈现给学员信息、资料和经验的速率。不同的学员学习新的技能或程序需要不同的时间。学员根据自己的情况控制信息呈现速度，称为自我定速，它在备有正确答案的自学中具有重要价值。

飞行应激（flight stress）

飞行中飞行员对内外刺激施加的压力的反应，飞行压力可分为两类：① 生产性，在操纵飞机的过程中产生，产生原因包括不良的气象条件、飞行计划安排得太紧、飞机故障、空域拥挤、短时间内起降次数太多、飞机速度太快等；② 非生产性，由与飞机操纵无直接联系的应激源引起，主要原因包括等待乘客或货物、飞行计划改变、虚假起飞、气象延误、空中交通管制延误等。训练有素的飞行员凭借扎实的基本功、丰富的经验，往往能沉着应对，顺利完成任务；年轻飞行员可能会差一点，与个人的心理素质也关系密切。

飞行员常见疾病（common diseases of pilot）

飞行职业的特殊性引发的疾病。常见的有以下几种：① 冠心病，根据国际民航组织的报道，全世界每年有 1 ~ 2 名飞行员因此病在空中完全丧失能力，患病年龄较一般职业者早。② 消化性溃疡，飞行人员十二指肠溃疡的发病率较一般人群高，而空中管制人员的发病率又比飞行员高。③ 神经官能症，发病原因：飞行理论学习过度紧张，飞行紧张，休息不足，精神受到较在挫折，某些实际问题长期得不到解决，不适应作息制度的变化等。

飞行员错误（pilot error）

飞行员背离组织意图的作为与不作为。它包含两层意思：一是飞行员的过失性错误；二是外部环境，包括硬件、软件及公司组织文化以及机组成员设计不良诱发的错误。研究飞行员错误的目的在于识别飞行员错误的原因，以便设计相应的预防措施，保障飞行安全。在 SHEL 模型中（参见 SHEL 模型），与飞行员构成界面的 4 个要素及飞行员自身的局限都可能是飞行员错误的来源。该模型为研究飞行员的错误行为提供了一个良好的理论框架。

飞行员自律（pilot discipline）

飞行员的自我约束与自我管理。飞行员的自律通常以事业心、使命感、社会责任感、人生理想和价值观作为基础。简而言之，自律就是自己约束自己、自己要求自己。

飞行员个人资源（pilot personal resources）

指飞行员的技术、交流能力以及术语化技能的总和，飞行员必须对自己的飞行技术、交际能力以及术语化能力进行合理总和管理才能安全高效地飞行，这同时也意味着飞行员对自己就应该首先加以管理资源。

飞行员个性测验（pilot personality test）

飞行员心理选拔内容之一。旨在查明候选者的性倾向和个性品质，淘汰那些个性不适合飞行的人。常用方法：① 冒险倾向测试，英国海军航空兵微机化职业能力倾向测试（MICROPAT）的一部分，包含 A、B 两种条件和 4 个区组，每个区组包括 20 次测试，采用 A—B—B—A 法设计；② 点估计任务，美国空军于 20 世纪 60 年代初提出，用于测试冲动性与果断性，属纸笔测验，后来改为计算机版本；③ 镶嵌图形测验，“美国空军基本素质成套测验”的一部分，测试候选者的场依存性——场独立性人格维度；④ 自信心语词知识测验，“美国空军基本素质成套测验”的一部分；⑤活动兴趣问卷，美国空军根据飞行学员在各种活动中表现出的兴趣倾向而设计；⑥ 飞行员自动化个性倾向测验，用于测验一般态度和兴趣，由 202 个项目组成，要求候选者按第一想法尽快回答问题；⑦ 防御机制测验，编制的理论基础包括 3 个方面，即投射技术理论、知觉产生（PG）概念和防御机制的心理分析理论，用于测试候选者的防御机制。

飞行员个性心理品质（pilot personality psychology）

从事飞行职业必备的个性心理品质。与获得飞行技能、保障飞行安全关系密切。主要包括适宜的飞行动机，自信心、自制力强，情绪稳定，性格外向，积极主动、勇敢果断，抗干扰能力强，竞争、好胜，渴望领先，具有领导意识和领导艺术，善交际，具有肯定的男子气质，属内在控制型，场独立性强等。是一个极为复杂的问题。第一次世界大战以来，虽已进行了大量研究，但至今仍无定论。

飞行员基本素质成套测验（pilot Basic Attributes Tests，BAT）

飞行员心理品质筛选系统。美国空军1984年研制成功并投入使用。全部使用微机化管理，具有自动储存，准确、轻便和操作人员易于掌握等优点。测试内容：在保留和改进原有心理运动测试的基础上，将信息的认知加工和个性测验等融为一体，使选拔的预测效度提高到0.47左右。如表F-1所示列出了美国空军目前所使用的BAT概况。

表 F-1　BAT 概况

测验名称		时间长度/min	测验素质	测试指标
1. 成套测验介绍		15	个体传记信息	年龄、利手、以往经验
2. 心理运动测试	A、双手协调（旋转追踪）	10	追踪过程中路径与时间分配	追踪错误率
	B、复杂协调（杆、舵）	10	多轴补偿性追踪	追踪错误率
3. 点估计		6	情绪冲动/果断性	测验完成数
4. 数字记忆		5	知觉速度	反应时、反应准确性
5. 编码速度		20	字词分类	反应时、反应准确性
6. 心理旋转		25	空间信息转换与分类	反应时、反应准确性
7. 项目再认		25	短时记忆储存搜寻与比较	反应时、反应准确性
8. 冒险倾向		10	冒险倾向	反应时、反应准确性
9. 镶嵌图形		15	场依存性/场独立性	反应时、反应准确性
10. 时间分配		30	转好的秩序安排能力、学习速率和时间分配能力	追踪的困难程度，学习速度对辅助任务反应时及准确性
11. 自信心语词知识		10	自我估价能力自信心	反应时、反应准确性
12. 活动兴趣问卷		10	生存态度	反应时、高冒险选择的次数

英国皇家空军能力倾向选拔测验（England royal air force aptitude tests）

英国皇家空军飞行员心理选拔测验，鲍特（Bott）等人 1941 年研制，如表 F-2 所示。

表 F-2　英国皇家空军能力倾向测验

代　码	简　称	来　源
Gen　A	一般智力	牛津大学
Gen　B	学习成绩	（英）空军部
Gen　C	语言与判断航空知识	（英）空军部
Gen　D	航空知识	（英）陆军部
Gen　E	科学常识	（英）空军部
Matrix　A	数字基础	（英）陆军部
Matrix　B	数学推理	（英）陆军部
Matrix　C	近似估计	（英）陆军部
Matrix　D	计算速度	（英）陆军部
Matrix　E	基本运算	（英）空军部
Matrix　F	图表阅读	（英）陆军部
Mech　A	机械理解（图形）	（英）海　军
Mech　B	机械理解（拼图）	（英）空军部
Mech　C	技术情报	（英）空军部
Ins　A	表盘判读	（英）陆军部
Ins　B	仪表解释	（英）陆军部
Obs　A	航空图片	（英）陆军部
Obs　B	地图判读	（英）陆军部
Obs　C2	飞机轮廓	（英）陆军部
Co-ord　A	SMA-3 动作协调	剑桥医学中心
Co-ord　B	手指敏捷性拼板实验	（英）陆军部
Co-ord　C	速度控制	剑桥大学
Co-ord　D	旋转台操纵	（英）空军部
Morse　A	莫尔斯电码记录	（英）海　军

飞行员空间能力测验（pilot spatial cognitive ability test）

飞行员心理选拔和鉴定中用于检查其空间认知能力的测验。目前常用的有以下几种：①认知侧化成套测验（Cognitive Laterality Battery，CLB），美国神经心理学家戈登（H.Gordon）1986年编制，由空间认知测验（因素A）和言语连续性测验（因素P）构成。个体在这两个测验上得分的差异，可反映其认知特征的状况、商数及认知成绩的商数。飞行员毕业的概率随视觉空间认知分数的提高而增大，与言语边连续性能力关系不大。②复杂空间问题解决测验（Complex Spatial Problem Solving Test，CSPST），美国海军人员研究发展中心1989年编制。主要用于评价飞行员的空间认知能力。经美国海军战斗机飞行员使用证明，具有良好信度和效度。不仅可以准确衡量个体当前的空间能力总体水平，而且能够对个体在解决空间问题时的各加工技能做出详细的评定。

飞行员判断（pilot judgement）

指飞行员在作出决策的过程中所进行的一切心理过程。其中包括觉察信息、评估信息，产生变式（可选方案）、鉴别变式，执行决定及评价执行等环节。在国外文献中，常把判断与决策视为同义语，并未作出明确的区别。国内研究者认为，从人类信息加工的流程看，判断与决策的含义应该是有区别的。判断是决策的前提，决策则是以判断为基础并导向行动的中介环节。

飞行员任务等级（pilot task ratings）

为达到最终飞行任务目标、飞行员必须完成的各层次工作。这些工作包括①考虑到飞行活动中的各种限制，选择满意的操纵指标并引向所要求的各个子目标。②控制飞机，使其实际性能同所选择操纵指标相匹配。由于飞机控制的性质属分级控制，因而飞行工作是复杂的，即在飞行员所见、所闻与分级系统中最低闭环上的控制运动之间，要有多种转换。这些必需的转换分析，不仅规定飞行员必须要从显示器或外部世界接受信息，而且也规定他们必须用这些信息去有效地控制飞机。

飞行员睡眠剥夺（pilot sleep deprivation）

飞行员通宵达旦飞行导致的无睡眠状态。短时间的睡眠剥夺对人的影响主要表现在注意力以及记忆的影响上，而这些皆是安全飞行的前提与保障，因此应重视在飞行生产的飞行员睡眠剥夺现象。

飞行员睡眠缺失（pilot sleep deficit）

亦称为睡眠债，是指正常睡眠习惯遭到破坏、飞行员睡眠量不足的现象。因跨时区或夜间飞行及不定期飞行而引起。主要表现：跨时区飞行和夜间飞行后难以入睡、早醒，在日常睡眠时间内又不得不飞行等，具有累积，是引起飞行疲劳的主要原因，对飞行员的身、心和飞行安全严重威胁。

飞行员危险态度（pilots' hazardous attitude）

影响飞行员决策的态度。分 5 种：① 反权威，表现为不喜欢别人告诉怎样做，甚至认为没必要完全按飞行条例飞行；② 冲动，表现为不假思索地做出并执行决策，总认为不能闲着，应立即做点什么；③ 侥幸，认为事故只会在别人身上发生，自己总是幸运的；④ 炫耀，总是表现自己如何能干，常说“我将做给你看，我能行”；⑤ 屈从，认为自己无法控制自己的命运，一切努力都无济于事。影响判断的正确性，容易引起飞行事故。

飞行员心理鉴定（pilot psychological evaluation）

飞行员心理功能检查与评定。目的是确定他们是否适宜继续从事飞行工作或是否具备某个职位所需要的心理品质。主要包括 3 个方面：① 飞行员能力鉴定。人到中年以后，生理心理功能逐渐减退，尤其是感知觉、反应速度、记忆、注意、动作协调能力等变化明显，影响飞行安全。② 飞行事故征候的心理原因鉴定。从心理学角度分析以往飞行活动质量，查明原因，以便采取相应的防范措施。③ 不良飞行条件对心理影响的鉴定。常用方法：① 观察谈话法，主要了解飞行员的飞行动机和倾向性、技术水平、思维、性格等；② 档案查阅法，查阅受检者的健康记录、飞行记录及工作鉴定等了解其健康状况、飞行技术、情绪等情况；③ 基本心理过程研究法，用纸笔测验和仪器测查受检者的感知觉、注意、记忆、思维、反应速度、抗干扰能力、动作协调性与灵活性及稳定性等；④ 个性测查法，常用明尼苏达多相人格调查表、卡特尔 16 种个性因素调查表、艾森克个性调查表、报射法等工具评价被检者的个性。

飞行员心理选拔方法（psychological selection methods of pilots）

飞行员挑选办法。检查候选者心理品质的综合状况和发展水平，看其是否适合飞行职业要求，能否成功掌握飞行技能。常用方法：① 纸笔测试，通常采用集体测试方试，主要测查被检者的个性、动机、兴趣、空间定向能力、注意品质、与飞行有关的必备知识、记忆品质等；② 仪器检查，通常采用个别测试方式，主要测查被检者的心理运动能力，注意分配能力及综合判断能力等；③ 心理会谈，通常采用个别谈话形式，主要用于进一步验证候选者的个性、动机、兴趣、态度倾向、智力情况及情绪稳定性等心理品质；④ 集体活动，组织候选者参与某项活动，观察其活动表现，考查或验证其社交能力、角色及角色心理、领导才能及其他个性品质；⑤ 模拟飞行，通常采用个别形式，在模拟器或模拟机上进行，主要考查被检者飞行的特殊能力；⑥ 带飞观察，通常分小组进行，主要考察被检者的空中适合、情绪稳定性，以及前庭机能、飞行领悟能力等品质。选拔结果仅仅是一种预测，还要看以后的实际飞行训练成绩。里朋（Rippon）发表《成功与失败飞行员的心理品质》学术论文，第二次世界大战的爆发对飞行员心理学选拔方法的发展起到了巨大的推动作用。1984 年前后，由于认知心理学和计算机科学的发展，英、美、德国的心理选拔计算机化。一般认为，1984 年是此项研究的一个里程碑。该领域虽已历经半个多世纪，但其信度、效度仍不令人乐观，目前仍处于研究、完善之中。

飞行员心理选拔标准（pilot psychological selection criteria）

根据正态分布曲线，用 9 分量尺将飞行候选者的测试成绩划分为 1～9 个等级分以决定其取、舍的标准。其计算方法是先从全部绝对值中提取出 4%的最好值和 4%的最差值，分别定为 9 分和 1 分。然后再从余下的变量中提取出 7%好的和 7%差的，分别定为 8 分和 2 分，其余依次类推，直到划分出 1～9 个等级分。制定飞行员心理选拔标准的关键是常模的建立，研究者必须首先在将来实际接受该测验的全体对象中抽取足以代表全体的样本进行测量，然后把对样本的施测结果加以统计整理，得出一个具有代表性的分数分配。再后，便是将测量结果的绝对值换算成相对值（分数等级），可按正态分布曲线定律得出 9 分制相应的百分比分布法进行（见图 F-3）。一般认为，制定评定标准的观察数量应在 500 例以上，检查结果的绝对值才近似正态分布曲线形式，由此制定出的标准才符合科学要求。淘汰或录取分数是一个变量，它常受报考人数和测验难度的影响。

1	2	3	4	5	6	7	8	9	（分）
4	7	12	17	20	17	12	7	4	（%）

图 F-3　用 9 分制评定的测查结果在正态分布下所占百分数

飞行员行为模式（pilot behavior model）

描述飞行员信息加工过程的模型。常用于分析飞行员错误的来源和类型。它将飞行员信息加工过程分为 4 个阶段（见图 F-4）：① 收集信息阶段。飞行员通过目视外景和仪表、与机组和空中交通管制员的通话，交流来获取所需要的信息。视觉和听觉在此阶段起着决定性作用，而嗅觉、前庭觉、运动觉及触压觉也参与信息的收集，起着辅助作用。② 加工信息阶段。大脑对可用信息进行加工的过程。飞行员搜寻、选择可用信息的能力、辨别相关和无关信息的能力以及在多项任务之间转移注意的能力、过去经验、情绪、态度、动机等因素，都会影响对信息加工的质量。③ 决策阶段。严格意义上说，它属于第二阶段的一部分，但因一些较特殊的因素与它密不可分，因而把它划分为一个独立的阶段。譬如，大脑收集到的信息可能是正确的，解释也没有错误，但某些社会压力、情绪紧张或缺氧、动机冲突等因素仍会影响决策质量。④ 执行决策阶段。飞行员操纵飞机将心理活动转化为外显行为。疲劳、药物以及缺氧等因素都可能影响飞行员执行决策的能力。

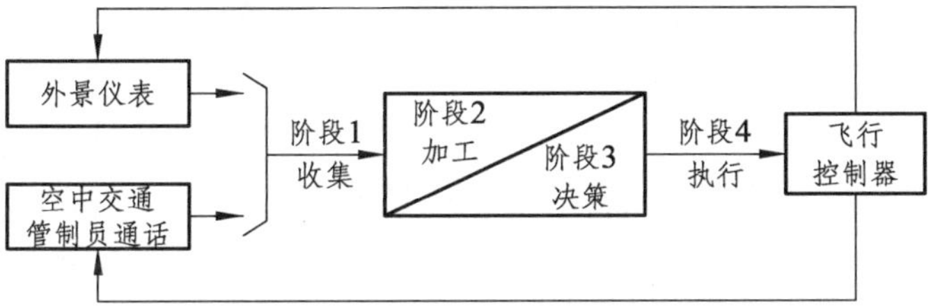

图 F-4　飞行员行为模式图

飞行障碍物回避（obstacle avoidance in flight）

飞行员利用目视信息、近地警告系统或防撞系统信息避开航路中的障碍物或其他飞机的过程。在通航飞行，尤其是直升机飞行中，由于低空作业，飞行障碍物已成为严重问题。对军用直升机来说，由于其在执行任务过程中，需要在建筑群和森林中穿行，以便隐蔽自己、躲避敌人炮火，飞行障碍物回避就更为重要。飞行事故调查结果表明，撞击障碍物已成为直升机飞行事故的第三大原因。主要表现为飞行员未能看到或回避障碍物。从飞行员角度来说，主要原因是注意锥形集中或视觉固着、判断不良及疲劳。

飞行员阻抗（pilot resistance）

飞行员的不满情绪、态度和行为。由驾驶舱不符合飞行员的信息加工特点和操纵习惯或飞行训练手段，方法不符合飞行学员的学习习惯而引起。如座舱自动化程度过高，飞行员难以理解，便难以准确把握飞机的各种性能，改变原有机型的操纵动作，随着辅助训练装置的增多和不断更新，飞行或理论教员的主导作用被削弱，原有的传统教学习惯被改变，都可能引起学员的不满和抵触。

飞行噪声防护（flight noise protection）

为降低座舱内噪声强度，减小噪声对飞行员生理和心理的影响，而对座舱内噪声进行限制的过程和措施。飞机噪声的来源和特性随机种不同而异。喷气式飞机的噪声主要来源于喷气，其次是涡轮旋转和飞行时飞机表面与气流相互作用产生的湍流。螺旋桨飞机的噪声主要由螺旋桨转动和废气排出时所产生，其次来源于发动机的机械振动和迎面气流。直升机的噪声主要来源于旋翼转动、发动机、传动系统和排气。飞行噪声对人体的危害可概括为两个方面：一是对听觉器官的影响，使飞行员的听阈发生偏移；二是对人体其他系统机能、语言通信和工作效率发生影响。在飞行噪声的长期、反复刺激下可引起植物神经功能紊乱，出现烦躁、失眠、多梦、记忆减退等神经衰弱症候群。在座舱噪声背景下会妨碍机组与空中交通管制员的通话以及机组成员间的正常交流。对工效的影响主要表现：降低复杂智力活动、要求注意力高度集中和需要记忆、辨别以及精细操作工作的效率，使反应时间延长、信号脱漏并出现差错等。因此，对飞行噪声进行防护便成为飞行器设计与制造者以及营运者共同关心的问题。具体的防护措施一般有① 吸声处理。它主要利用吸声材料或吸声结构来吸收声能而降低噪声。② 隔声处理。主要是将噪声源和人们所处的环境隔开，以降低环境噪声。③ 消声处理。用消声器消除由于高速气流所产生的噪声。④ 阻尼和隔振处理。它使用阻尼材料和隔振措施，以降低或消除由于机械振动产生的噪声。⑤ 个人防护。使用各种防护用具，防止噪声对人体的危害。

飞行中人的因素（human factors in flight）

研究飞行中人的表现的科学。从实用的角度看，它与航空工效学可视为相同的技术，但其研究的范围与入手的角度却有所不同。它以飞行事故和人的局限以及应对措施为主要线索，研究范围涉及航空系统中人的一切表现。常与系统工种学框架相结合，综合运用人的科学方法，以寻求人的最佳表现。它的两个相互关联的目的是安全和效益。研究的主要内容有① 人与环境的关系。研究特定的工作环境和生活环境对人的影响，人对特定环境的适应过程和适应规律等。② 人与硬件的关系。研究人与硬件的相互适应问题，硬件怎样设计才符合人的特点、怎样操纵才能提高飞行效率、保障飞行安全。③ 人与软件的关系。研究合理的飞行程序、检查单程序以及应急程序等，以简化飞行工作，减小飞行员工作负荷。④ 人与人的关系。研究机组成员之间、机组与空中交通管制员之间的人际关系、个体间交流、机组协调与配合、驾驶舱领导艺术等社会心理学和管理心理学问题，以促进人-人界面的相容。

非电离辐射（non-ionizing radiation）

不能导致被作用物质产生电离作用的辐射。主要来自太阳电磁辐射以及雷达、通信系统，如可见光、红外线、微波、无线电波等。它们的能量不高，只会令物质内的粒子振动，温度上升。非电离辐射之能量较电离辐射弱。非电路辐射不会电离物质，但会改变分子或原子的旋转、振动或价层电子轨态。非电离辐射对生物活组织的影响；不同非电离辐射可产生不同的生物学作用。

非营运性注意力分散（non-operational distraction）

是指与飞行员的主要任务没有直接关系的因素所导致的注意力分散现象。主要的因素包括与飞行无关的交谈、常规性的书面工作或者安顿乘客以及地面等待等。

非言语交流（non-verbal communication）

以人体语言（非言语行为）作为载体，即通过人的眼神、表情、动作和空间距离、身体移动、（人体动作学）姿势、饰品服饰、珠宝、发型、文身等来进行人与人之间的信息交流。在人际交往中，非语言交流具有非常重要的地位，是人际沟通的重要形式之一，据调查显示，非语言交流占所有沟通形式的 65%，因此它能表达个人内心的真实感受，可表达个人很多和难以用语言表达的情感、情绪及感觉等。

非言语记忆（non-verbal memory）

以非言语材料为识记内容的记忆。根据记忆的内容，可分为形象记忆、逻辑记忆、情绪记忆和运动记忆。

非补偿性策略（non-compensatory strategy）

当决策者只需要在两种方案中选择其一时，他们常常会采用一种补偿性的策略。采用补偿性策略是指以某一标准的高价值来弥补另一标准的低价值，也就是选择在相对重要属性上占优势的选项。

非预期的航空器状态（undesired aircraft state）

非预期的航空器状态指明显降低飞行安全裕度的航空器位置、状况或姿态。例如，不稳定进近、航空器侧向偏差、重着陆等。由于无效的威胁和/或差错的管理所导致的非预期航空器状态可能造成危及安全的情况并降低运行的安全裕度，而非预期航空器状态通常被认为是导致事故征候或事故的首要因素，所以飞行机组必须进行有效管理。

肥胖（obesity）

一种由多种因素引起的慢性代谢性疾病，肥胖症表现出的特征是肥胖者体内脂肪细胞的体积增大或数量增多，导致体脂含量过高，身体局部出现过量脂肪沉积。肥胖是多种疾病的主要诱因，诸如心脏病，高血压，糖尿病、代谢综合症等，同时会导致个体缺氧症、减压病等易感性增加。在民航飞行员中肥胖和体重超标的现象较为普遍。有研究表明，中国民航现役飞行员中男性超体质量率为 46.64%，肥胖率为 7.58%，女性超体质量率为 14.55%，肥胖率为 1.82%。

分离现象（dissociative phenomenon）

个体功能的主要方面被逐出意识或不能与其他心理功能整合的现象。其程度属中度的相当普遍，如忘了最近驾车行驶过的一段路。严重的可引起分离性障碍，但不甚普遍，如遗忘了主要的生活片段。极端的如多重人格，这种人有分离的人格，即有时以另一种人格独立行动。可能为个体意识到，也可能不会。

分裂化人格（segmentalized personality）

个体身兼多种社会角色，因角色间无法协调，造成自我同时感受到破坏的一种人格特性。常发生在现代化社会的城市人中。尤易职业女性居多。

分裂人格（split personality）

因心理分离作用引起的精神病理现象。包括①心理过程相互分离，如精神分裂症的思维与情感脱节。②个别心理过程与人格主体分离，不再受人格主体的控制，如分离性癔症的自主行为、梦游时的行为以及各种妄想等。③继发人格从主体人格中完整分离出来，如多重人格。

分裂样人格（schizoid personality）

俗称"孤独性格"，病态人格的一种。主要特征：退缩、孤僻、冷漠、离群、少有朋友，社会关系贫乏，爱独自工作和娱乐；对他人评价过于敏感，常以白日梦作为一种防御机制，并给自己设定一种人格面具，以尽可能少地暴露内心情感，表面上不在意褒贬，也很少对他人表现出热诚和温情；对非言语暗示（如手势表情等）麻木冷漠。精神分裂症患者病前大多属该类型人格，但这种人格并不都会发展为精神分裂。

分解学习法（decomposed learning method）

学习方法的一种，与整体学习法相对。把某一套完整的技术动作分解为各个部分，在掌握各个部分的基础上再将分解动作联合起来形成整体动作。其特点是先将整个技术动作按动作的逻辑顺序分解成几部分，设法在学习中使每个动作具体、鲜明、形象，使初学者较好地掌握动作要领，在以下情况下使用效果更好：年龄较小的学员的学习、运动学习初期、集中时间学习等。

分心（distraction）

亦称“注意分散”。对当前应该注意的对象和活动缺少充分指向和集中的一种状态。与“专心”相对。表现为注意力不能长久地集中在任何对象或活动上，并经常性地变换客体；或者心理活动处于松懈、缺少必要的紧张状态。造成分心的原因，可能是长时间内做某种单调工作或遇到突然而来的外界刺激，也可能是受主体的情绪变化或疲劳、不适等因素影响。它对学习和工作有妨碍作用。

封闭人格（shut-in personality）

病态人格的一种。其最明显的特征是社会性退缩，即意志活动减退，对外界缺乏兴趣，不主动参加活动，不爱与周围人接触；情感体验较贫乏，表现出缺乏热情、冷淡漠然。易发展为精神分裂症。

风险控制理论（risk control theory）

以危险和隐患作为研究对象，其理论基础是对事故因果性的认识以及对危险和隐患事件链过程的确认，主张工程技术硬手段与教育、管理软手段综合实施，提出超前预防和预先评价的概念和思路。其理论主要有系统分析理论、安全评价理论、风险分析理论、系统可靠性理论、隐患控制理论。系统分析理论主要包括故障树分析理论（FTA）、事件分析理论（ETA）、安全检查表技术（SCL）、故障及类型影响分析理论（FMFA）等。安全评价理论主要包括安全系统综合评价、安全模糊综合评价、安全灰色系统评价理论等。风险分析理论主要包括风险辨识理论、风险评价理论、风险控制理论等。系统可靠性理论主要包括人机可靠性理论、系统可靠性理论等。隐患控制理论主要包括重大危险源理论、重大除患控制理论、无隐患管理理论等。

风险决策（risk decision）

一种随机型决策。依据事件发生的概率估计而作出决策。决策者在抉择过程中，尽管能计算出事件发生的概率，但仍不可避免地要经受风险。如经过概率统计后得知抉择事件出现的概率为 80%，这就意味着非期望事件出现的概率为 20%，即风险度 20%。风险型决策有 3 种方法：① 效益期望值法（决策树法）。效益期望值=效益值×概率。选择最大的效益期望值作为决策方案。② 最小最大后悔值法。后悔值=最大效益值-所取方案的效益。先找出各种方案的最大后悔值，选其中最小的方案作为所取方案。③ 最大最小效益值法。这是一种保守稳妥的决策方法。即先找出每个可行方案的最小效益值，选其中最大的作为所取方案。

风险认知（perception of risk）

个体对存在于外界环境中的各种客观风险的感受和认识，强调个体由直观判断和主观感受获得的经验对个体认知的影响。研究表明，公众的"风险认知"结构与专家们的"风险认知"结构有明显差异。公众对风险的认知并不因有专家报告各种风险事件、风险活动的统计数据而有所不同。影响风险认知的因素主要有① 个体差异；② 期望水平；③ 信息的影响；④ 风险特征性质；⑤ 自愿性程度；⑥ 教育程度。

辐射剂量（radiation dose）

指人体接受射线量的多少。据《空勤人员宇宙辐射控制标准》规定：空勤人员职业照射有效剂量每年不得超过 20 mSv/a。据估算，一个飞行频繁的重型机飞行员，每月的国际航线最多 4～5 班，每年因飞行而增加的辐射暴露也不足 4 mSv。我们普通人平均每年也吸收大约 2.4 mSv 的辐射，源自宇宙射线的电离辐射占我们年平均吸收量的 8%。现代医学对人体遭到大剂量电离辐射后产生的危害认识比较清楚，而由于流行病学和统计学调查的局限性，对于低剂量辐射的风险还存在相当多的争议。近 20 年的流行病学调查研究没有发现航空飞行与癌症发病率之间存在相关性。在电离辐射领域对剂量一词的解释颇多，一般有广义与狭义之分。广义理解中剂量一词泛指电离辐射领域与辐射和辐射与物质的相互作用有关的量；而狭义理解中剂量一词唯一可以定义的理解就是指吸收剂量（absorbed dose）。查阅相关文献规定后发现，民航业中对辐射剂量的理解更倾向于被辐射照射的量的多少。

俯仰错觉（pitch illusion）

指飞机实际在平飞，飞行员却错误地认为自己的飞机在上升或下滑，这种错误知觉又叫作上升错觉或下滑错觉，可统称为俯仰错觉。

复杂天气飞行（bad weather flight）

亦称“全天候飞行”。飞机在昼夜复杂气象条件下的飞行。天气对飞机的飞行状态有很大影响。如大气湍流会使飞机颠簸，低空风切变会危及起落安全，在冻雨区飞行会使飞机表面积冰而导致飞机的动力性能下降。要求飞行员具有良好的飞行耐力，并熟练地掌握仪表飞行技能。

G

改机型训练（pilot transition training）

为适应新机型而实施的一种训练。随着民航事业的飞速发展，机型不断更新，几乎所有的民航飞行员都会面临此问题。训练中，飞行员在原有飞行经验和飞行技能的基础上，由于受正迁移的影响，故而能较快获得新技能；但同时也受原有经验和技能的干扰，即使改机型训练完毕，在一定条件下也可能会发生行为倒转现象。主要表现：按原机型操纵飞机，或在新机型上寻找原机型的仪表、接钮或手柄。

概率决策法则（probabilistic decision rule）

供选择的备选方案因不可控制因素呈概率变化条件下的决策规则。通过计算可得知备选方案发生或不发生的概率的大小，经过比较备选方案发生的期望值的大小，优选出某一满意的方案。其决策规则：（1）准确估计备选方案发生的概率；（2）合理比较备选方案期望值的大小。

感觉（sensation）

人脑对直接作用于感觉器官的客观事物个别属性的反映。是人体内外的各种信息通过一定的刺激形式作用于感觉器官，引起分布在感受器中的神经末梢发放神经冲动，这些神经冲动沿神经通路传送到大脑皮层相应部位，进而产生感觉。

感觉反馈（sensory feedback）

一定刺激引起的神经冲动经神经中枢分析和综合，产生的感觉经验又经传出神经影响机体的活动。表现为机体的动作和体内植物性神经活动过程的产生，同时这种应答性活动又作为刺激信息向中枢神经系统发出冲动流，从而调节机体的整个反射活动。

感觉记忆（sensory memory）

也叫感觉登记、瞬时记忆（immediate memory），是指感觉刺激停止之后感受器所保持的瞬间映象。感觉记忆最突出的特点在于，它的容量几乎容纳了所有进入感觉器官的信息，但是保持时间很短，只有0.5～2 s。例如，二次雷达所显示的信息输入之后，其视觉映像会保存十分之几秒的时间。虽然信息在感觉记忆中保存的时间很短，但却非常重要，它是人类记忆信息加工的第一个阶段。

感觉运动（sensorimotor）

刺激作用于感觉神经而传至大脑，再由运动神经作出动作的活动。发生在大脑感觉运动皮质区，即中央前、后回。其次，中央前回负责发动感觉运动；中央后回负责接收运动反馈信息，受损伤会出现共济失调症状。

感觉阈限（sensory threshold）

能引起人的感觉器官作出反应的刺激的量的范围。感觉阈限往往被用于度量人的感受性。刚刚能觉察到的最小刺激量称为绝对阈限（absolute thresholds），绝对感受性就是指刚刚能够觉察出最小刺激量的能力。有针对飞行员的具体研究表明，一般来说，大多数飞行员能够感受到飞机加减速度的绝对感觉阈限值为0.000 34G；飞机做曲线运动，每秒钟至少要转1.5°，大多数飞行员才能感觉出来；飞机做旋转运动，各轴角加速度至少要达到0.035 °/s^2～8.2 °/s^2（平均值为0.5 °/s^2），大多数飞行员才感觉得到。刚刚能觉察出差别感觉的刺激间的最小差别称为差别感觉阈限（differential threshold），也叫最小可觉差别，对最小差别量的感觉能力就是差别感受性。差别感受性和差别感觉阈限成反比，人机系统设计中，常常利用信号的能量差异进行信息编码，如航空器的告警系统采用不同强度和不同频率的声音混合编码，以提高告警信号的信息传递效果。

感冒（cold）

上呼吸道感染的俗称，是包括鼻腔、咽或喉部急性炎症的总称。在中国国内，感冒是作为一种常见疾病出现的，且在感冒的病理进程中常常出现一种自限性的现象，所以感冒容易被人们所忽视。但是在感冒过程中，往往出现嗜睡、无力、咳嗽、呼吸道炎症、发热或低热的现象，因此感冒对于飞行中飞行员的表现有着负面的影响，所以作为民航飞行员来说，需要对感冒有着清楚的认识。

感受器（receptor）

动物和人的身体对某些形式的刺激特别敏感的部分。每种感受器通常只对某种特定刺激有反应，而对其他刺激完全没有反应。如人的眼睛对光波很敏感，但对声波完全无反应；耳朵则相反，只对声波起反应，对光波完全无反应。根据刺激适应的快慢，可分为时相感受器和强直感受器两类。

高度表（altiutude indicator）

测量与指示飞行器距某一选定的水平基准面垂直距离的仪表。飞行器的驾驶舱仪表板上安装的高度表通常有气压式高度表与无线电高度表。气压式高度表实际上是一种气压计，它通过测量航空器所在高度的大气压力，间接测量出飞行高度。 无线电高度表实际上是一种以地面（水面）为探测目标的测距雷达，它所指示的高度即为真实高度。

高度表误读（altimeter misreading）

特指由于高度表设计时未能考虑人的识读习惯和信息加工特点而造成的误读倾向。“三指针高度表”是因设计不良引起飞行员高度误读的一个特例。1945 年，美国开展了“三指针高度表”误读倾向的研究。发现飞行员对这种高度表的误读值可高达一万英尺。并认为这是导致这类飞机经常发生撞地事故和事故征候重要原因。这一研究不但使高度表的设计和制作得到了改进，同时亦引起了人与硬件系统相匹配观念的更新，强化了设备的设计与制作必须符合人的特点的思想。

高教机训练（advanced aircraft training）

归属于飞行部分任务训练第四阶段。一般安排在初教机训练和模拟机训练之后，航线运输飞行之前。目的在于熟悉航线和飞行的全过程，熟悉飞行程序及机组的协调配合。属综合飞行技能训练。在此过程中，学员必须掌握良好的机组协调与配合技能、与机组成员及空中交通管制员之间的交流技能等，养成识别并管理好座舱资源的能力。其中，对座舱资源（人、硬件、软件、环境）的合理管理是重点，涉及一系列社会心理学、管理心理学及教育心理学问题。

高空飞行（high altitude flight）

距地面 7 000 ~ 15 000 m 高度的空中飞行。高空气压低，空气稀薄，给飞机发动机性能和飞机空气动力性能带来不良影响，使飞机的拉力和阻力减少，加速和减速性能降低，飞机的稳定性和操纵性变差。故要求飞行员的操纵动作格外柔和，保持杆舵协调，以免出现失速螺旋、空中停车和俯仰摆动等。在 10 000 m 以上的高空飞行时，阳光的直接照射和从下面云层反射上来的强光刺激，可使飞行员发生眩目，妨碍飞行员观察仪表和搜索目标。须为飞行员配备专门的护目镜，或在飞行员头盔上安装滤光镜片。为防护人体免受高空低气压、缺氧、寒冷等特殊环境因素的危害，飞机采用密封增压舱，飞行员佩戴高空防护装备，并严格按规定使用。在进入该飞行前，需做好飞行员的高空生理训练、体检和有关的飞行卫生保障工作。

高空飞行心理特点（psychological characteristic of high-altitude flight）

高空环境引起的飞行员心理应激。包括以下方面：① 暗适应困难。

在阳光直射下飞行，周围云层和飞机表面反射出的强光与非阳光直射下的飞机座舱内的亮度形成了强烈反差，视线由日照区转向相对黑暗的仪表区，认读仪表时间延长。② 光线倒转分布。如果强光反射仅仅来自飞机下方的云层，那么来自下方的光线无法利用，而座舱内仪表盘和下部的光线又很微弱，飞行员会视力减退，甚至出现朦胧感。③ 眩光。视野范围内亮度过高，飞行员会视觉不适或视觉功能下降。④ 强光色变。在很强的光照下，物体的颜色看上去会发生变化。波长 6 150 A 的红光，在光的强度不断增加的条件下，逐渐由红变黄，最后变成绿色。波长 5 750 A 的黄光，会随亮度加大而变绿。这为识读航图带来一定困难。⑤ 高空云雾现象。高空飞行中，特别是在供氧不足的情况下，飞行员目视舱外日照云层后，会感到眼前似乎有一层白雾笼罩，看不清仪表盘上的数字。在缺氧状态下，这种日照云层的视觉后像延续时间可较正常情况下延长好几倍。⑥ 高空近视。见“空虚视野近视”。⑦ 脱离感。见“脱离现象”。⑧ 缺氧症。见“高空缺氧症”。

高空减压病（decompression sickness）

指飞行或低压舱训练中因过度暴露于低气压环境引发的减压病。大气压降低时体内溶解的氮气离析出来形成气泡堵塞住血管或压迫局部组织引起的关节疼痛、皮肤刺痛或瘙痒以及咳嗽、胸痛等症状。高空减压病的发病具有一定的阈限高度，绝大多数都是在上升到 8 000 m 以上高空、停留一段时间以后发病的；降至 8 000 m 以下，症状一般都能消失。一般而言，呼吸、循环系统机能正常的人比缺氧或高空胃肠胀气的人对该病的抵抗力要强，座舱余压较高的机型比座舱余压低的机型发病率低。出现此问题后，也可采用患者进入高压纯氧舱的方式进行治疗。

高空缺氧症（altitude hypoxia）

指组织得不到正常的氧气供应，或者不能充分利用氧来进行代谢活动所引起的一系列心理及病理反应。由于引起的缺氧原因不同，可将缺氧症分为缺氧性缺氧症、贫血性缺氧症、循环停滞性缺氧症和组织中毒性缺氧症 4 种类型。

高空胃肠胀气（barometeorism）

飞行中由于低气压作用，滞留在胃肠道的气体发生膨胀，引起的胃肠不适、腹胀、腹痛甚至晕厥的现象。影响高空胃肠胀气的因素主要包括上升高度及上升速率和胃肠道的机能状态。预防高空胃肠胀气的措施包括① 进餐不可太快，以减少所吞咽的气体。② 进餐要定时、定量，使胃肠活动保持正常，以利消化而少产气。一般应在起飞前 1～2 h 进餐完毕。③ 飞行前的主餐，甚至前一日晚餐应不吃或少吃不易消化的食物以及产气物品，如含纤维多的食物、动物脂肪或油炸食物、洋葱、甘蓝、蚕豆、黄瓜等，禁止饮用汽水、啤酒等。④ 及时排空大、小便以保持胃肠道的良好通畅性。

高速飞行心理特点（psychological characteristic of high-speed flight）

高速飞行引起的飞行员心理反应。随飞行任务复杂性和飞行情境变化的速度、飞行员所需观察和操纵对象的数量及飞行危险的程度而变化。随着现代科学的发展，飞机的速度愈来愈快，有的已超过 3 倍声速，这对飞行员的心理构成巨大影响：① 时间限制。这有可能使飞行员发生“错、忘、漏”及情绪紧张等问题。② 视觉问题突出。由于视线转移反应时间的存在，飞机可能盲目飞行一段距离；由于空气振荡，飞行员视读仪表困难；受加速度条件下产生的 G 效应影响，飞行员的视觉可能失能。参见“G 效应”。

高血压（hypertension）

指以体循环动脉血压（收缩压和/或舒张压）增高为主要特征（收缩压≥140 mmHg，舒张压≥90 mmHg），可伴有心、脑、肾等器官的功能或器质性损害的临床综合征。由于血压受生物节律、情绪、环境等诸多因素的影响，因此，高血压的诊断不能仅仅依靠某一次的测量值就做出诊断，需要在观察期间内间隔一定的实践重复测量，有时甚至需要进行 24 h 动态血压监测。CCAR-67FS 中规定，高血压的鉴定应该在 7 日内连续测量 3 日，每日测量 2 次，取其平均值进行判断，当收缩压持续超过 155 mmHg 或舒张压持续超过 95 mmHg 时，各级体验合格证都不能取得。JAR 规定血压值高于 160/95 mmHg 被认为不适合飞行。造成高血压的因素主要有肥胖和超体重或腹型肥胖、饮酒（中度以上）、膳食高钠盐、遗传因素、精神心理因素等。

高压氧医学（hyperbaric oxygen medicine）

属于临床医学的范畴，它主要研究在高气压环境下吸入氧气的过程中，人体功能反应规律及其机制；同时也研究高压氧对病原体的特殊作用，从而阐明高压氧治疗疾病的原理。

高原现象（plateau phenomenon）

指飞行练习中后期，练习成绩不随练习次数的增加而上升，保持在一定水平甚至略有下降的现象。该现象产生的主要原因：旧有的技能结构已不适应更高的技能发展需要，而新的技能结构还未形成。在改变旧有技能结构，即新旧技能的交替阶段，飞行成绩就会处于暂时停滞状态。经过一段时间的有意识改进训练后，不合理的技能结构得到改建，飞行技能又会向更高的水平发展。

告警信号系统（warning signal system）

指利用光、声、机械、电、气味等刺激物向人发出存在故障、事故或其他危险信息的信号。按作用于人的感官的不同，分为视觉告警信号、听觉告警信号、触觉告警信号、嗅觉告警信号等。按告警的紧迫程度，分为警告、告诫、提示、消息。警告信号表示发生紧急情况，要求立即采取处理措施；告诫信号表示存在着危险状态，要求密切注意，并着手采取排除险情的措施；提示信号表示存在险情隐患，要求密切注意；消息信号表示系统正在运转，不可疏忽大意。视觉告警信号和听觉告警信号通常用得较多，触觉和嗅觉告警信号一般只在视觉、听觉符合过重或在某种特殊的情景中才采用。为增强告警信号的可靠性，多采用视、听双重显示形式。视觉告警通常以颜色区分信号等级，红色表示警告，橙色表示告诫，黄色表示提示，绿色或白色表示正常状态。听觉告警多用频率、音色、强度不同的声音加以区分。听觉告警信号的频率以取 200 ~ 5 000 Hz 为宜，因为人耳对这一频率范围的声音最为敏感。声音信号若需远距离传送，除需要增大响度外，频率应控制在 1 000 Hz 以下。

个体空间（individual space）

个人活动所需要的空间。个人空间包括个人工作空间、个人生活空间和个人心理空间。个人工作空间主要是指工位空间，它随工作性质和工作内容不同而有所差别。有的岗位需要人立着工作，有的岗位要求人坐着工作，也有的岗位要求人工作时在一定空间范围内身体移动位置。不论是立着、坐着或需要身体移位的工作，其空间范围的设计都要与人的静态和动态人体尺寸相适应。个人生活空间主要指居住空间，它包括卧室、卫生间、厨房、餐厅、会客室等。生活空间是一个比较笼统的概念，它的空间范围和界限都受许多条件限制，特别受个人经济条件的限制，经济上富裕的人自然会有较高的生活空间要求。发达国家人均居住面积约为 20 m^2，我国城市人均居住面积目前已超过 10 m^2。个人心理空间指围绕个体心理上的要求与周围人或物保持一定距离的空间。个人心理空间受到限制会产生消极的不愉快的反应。在设计个人工作空间时也要适当考虑个人心理空间的要求。

个体情景意识（individual situation awareness）

指飞行人员对影响飞行环境的各种因素和各种条件的知觉。由于每个人的知识经验的不同、飞行态度和飞行动机不同，从而使知觉在不同的个体之间存在着差异，每个机组成员的情境意识水平就有可能不同。保持良好的情景意识意味着清楚自己正在什么位置、正在干什么、以及将要怎么做。当飞行人员的情景意识处在一个低下的水平时，他的判断变化的能力也会处在低的水平，从而导致安全系数的下降。如果情景意识进一步下降到更低的水平，那么就意味着情景意识的丧失，导致无法保证安全。

功能共振事故模型（Functional Resonance Accident Model，FRAM）

一种事故分析方法，用于获取复杂社会技术系统中个体绩效变化、对事故构成影响的技术和组织原因的变化信息。它强调原因因素之间关系的重要性，认为“事故可能是正常绩效变异意外组合的结果，即事故是由正常行动引发的”。它的最基本假设：任务绩效是一个伴随需求改变而产生相应持续变化的状态，为了使任务得以有效完成，人类必须适应他们的绩效变化。Hollnagel 等人认为，即便这些变化通常是有益的，但也可能会产生一些不恰当变化；虽然每个单独动作的变化对系统的影响也许很小，但来自多重适应的系统内变化则可能会以无法预料的方式产生交互作用，并导致事故场景的产生。

工作空间设计（workspace design）

使工作者顺利工作时所需要的空间的设计。工作空间设计的内容包括工位间隔距离，工作台的高度、宽度和长度，工作椅的高度、宽度和深度，机具放置的空间大小和位置，加工物件占有空间的大小和位置等。确定工作空间时需要对下列各类因素加以权衡：① 工作性质和工作内容。性质和内容不同的工作，需要有不同的工作空间。② 人体尺寸。需要人操作的工件、机具、物料等都必须安放在人的肢体能及的范围内。需要用力操作的工件、机具、物料都必须放在人便于施力的范围内。工作中使用的物具尺寸应尽量使之与使用者的人体尺寸相适应。

工作面（work surface）

指立姿或坐姿工作时放置手工加工件和人在上面进行手工作业的

平面。进行手工作业的工作面分为水平工作面和倾斜工作面两类。手工作业大多在水平工作面上进行。倾斜工作面一般用于绘图、作画等作业。设计水平工作面时必须着重考虑工作面的高度和工作面范围两个因素。人在进行手工作业时最好能使上臂自然下垂，前臂接近水平或稍下倾放在工作面上，因此应把水平工作面的高度设计成相当于上臂下垂、前臂前伸时的肘部下缘离地的高度，或使工作面低于肘部 5 ~ 10 cm。在这种高度的工作面上做手工作业比较省力。但是从事精细的视觉手工作业的工作面要设计得高一点，一般可高于肘部 5 ~ 15 cm。需要较大臂力的手工作业工作面应设计得低一点，可低于肘部 15 ~ 30 cm 或更低一些。为了使工作面能适于不同的个体使用，最好设计成可以调节的。工作面宽度和范围的设计应以上肢伸直做回旋运动时手指所能伸及的范围作依据。倾斜工作面除了考虑高度和范围外还要注意倾角的设计。在倾角小的倾斜面上作业会增大躯干和头部的弯倾度，容易引起疲劳。一般认为工作面上边缘的高度调节范围为 65 ~ 130 cm、倾角调节范围为 0° ~ 75°的工作面可以满足不同作业和不同工作者的使用要求。

工作应激（work stress）

工作系统偏离最佳状态的而人又不能轻易加以校正时产生的紧张状态。产生原因为工作负荷不合理、工作环境恶劣或心理、社会关系等方面存在障碍。会在体内引起一系列变化，如肾上腺素或去甲肾上腺素分泌增加，体温、血压上升，心率、呼吸率改变，工作态度变化等。长期处于该状态下，可能出现生理和心理功能紊乱，产生疾病。

沟通（communication）

亦称“交流”。指人们分享信息、思想和情感的任何过程。这种过程不仅包含口头语言和书面语言，也包含形体语言、个人的习气和方式、物质环境——赋予信息含义的任何东西。信息的传递以及意义的理解。心理学侧重于个人之间的沟通研究。通过它，交流观点、思想、意见、情感和态度等，达到共同的了解、信任与合作。它是一个影响与改变对方态度的过程，主要通过语言文字来实现；也是一种基本的人际相互作用的社会过程，目的在于建立和发展人际关系和社会关系。分类多种多样：① 根据系统定位，可分为个人沟通和社会沟通（人际沟通）。在国家系统中有国际沟通，在文化系统中有异文化间沟通，人机沟通（对话）等。② 根据系统技能，有工具性沟通和自我完善沟通；正式沟通和非正式沟通；按感觉通道又分为视觉沟通、听觉沟通、视听沟通、触觉沟通等。③ 根据沟通特性，有单向沟通和双向沟通；直接沟通与间接沟通。④ 垂直沟通与水平沟通、中心沟通与无中心沟通、说服性沟通与非说服性沟通等。在组织内的沟通网络可分 5 种：① 各级主管人员之间的沟通；② 下行沟通；③ 上行沟通；④ 平行沟通；⑤ 业务部门与职能部门沟通。在沟通中常会产生阻碍，原因有：① 语言表达不确切；② 空间距离的障碍；③ 沟通网络不当；④ 地位不同；⑤ 知识水平不等；⑥ 人格、态度、思想观念等心理因素引起的障碍。

沟通技能训练（communication skills training）

一译“交往技能训练”。行为治疗技术的一种。旨在改善两人或更多人之间的沟通水平。着重于使患者掌握正常人际沟通必需的技能，包括① 适度表达自己的情感，涉及视觉、听觉及身体行为反应等；② 交谈技能，如耐心倾听，利用沉默或开放式询问以获得信息或促使对方给予更多的信息，以封闭式询问或小结式叙述阻断他人发言以缓和冲突等；③ 给予对方信息的技能，如自我暴露，低声、简明而确切表明自己的观点等；④ 改变他人行为的技能，如给予认知评价、提供推理或劝说等；⑤ 解决问题的技能，如适度让步、确定共同计划等。该方法常用于婚姻和家庭治疗、异性交往和社会人际交往训练。训练方法常用于角色扮演、模仿学习、信息反馈（采用录像、录音等手段）、练习、实际应用等。

沟通渠道（communication channel）

一译“信道”。由信息发出者到信息接受者之间完成信息传递的途径和媒介。可分 3 种：① 口头沟通。指借助口头语言进行信息的传递与交流，如交谈、讨论、演讲等。② 书面沟通。指借助书面材料进行信息交流，如布告、书信、通知等。③ 大众媒体。指借助报纸、广播、电视、杂志、电影等进行信息传递。选择沟通渠道时应注意① 信息接受者群体特点；② 信息性质；③ 信息发出者的物质条件；④ 传播目的。

沟通中的噪声（noise in communication）

指在人际沟通过程中干扰或曲解信息的任何因素。如声音受损或太小、太快、太抽象，发送者发出令人困惑的指示，接受者心不在焉，没有注意，在环境中还有其他声音以及激动的情绪等。随着噪声强度的增加，对信息的理解往往减弱。一般来说，有两种方法用以改善组织沟通的效率：① 通过预见潜在的干扰源使干扰中性化。② 最大程度地增强言语信息和写作信息的理解力，以便最大程度减弱噪声。

管理策略（management strategy）

组织对工作或任务进行管理时采取的策略。在研究任务时，组织不仅考虑经济因素，还考虑政治因素，即要保持管理层的至高无上的地位。主要有两种不同的思想：一是泰勒主义。强调工作的计划、定义、控制等要与实施分离。工作的计划和控制权掌握在管理层手中，实施者无自主权。二是新泰勒主义，主张管理应该在符合管理标准下，允许工人有最大程度的自主权，反对技术决定论。

管理性交流（managerial communication）

管理性交流与标准操作程序以外的管理直接有关。在非正常情况下特别需要加强管理性的驾驶舱交流。驾驶舱资源管理中所讲的交流便属此类。机组之间的交流则是机组管理的一项重要措施，可以拉近机组间的距离，构建一个良好的机组关系，以此制订出相应的规则和条件会使机组成员更加信服，使制度真正落实到位，起到规范和约束作用，对于保障飞行任务有着重要的意义。

管理原因（management reason）

组织管理的缺陷，规程和操作手册不完备，实施不彻底，安全管理计划不良。NTSB根据研究的结构，分析造成事故的原因在于安全管理活动的缺乏（人员、机械、环境和管理上的缺乏），加上不安全的状态或行为发生，最终导致事故的发生。因此，预防事故的发生在于人员、环境、机械和管理方面指安全管理措施。

冠心病（coronary disease）

心脏冠状动脉血管发生固定性（动脉粥样硬化）或动力性（血管痉挛）所引起的血管腔狭窄或阻塞，进而造成心肌缺血、缺氧或坏死而导致的心脏病。世界卫生组织将冠心病分为5大类：无症状心肌缺血（隐匿性冠心病）、心绞痛、心肌梗死、缺血性心力衰竭（缺血性心脏病）和猝死临床类型。冠心病实际是对由于冠状动脉原因引发的心脏病的统称，因此由于炎症、冠状动脉循环发生功能或器质性的改变而引起冠状动脉血流和心肌需求之间的不平衡导致的心肌缺血性损害都应该被称为冠心病。

管理者的决策角色（manager's decision-making role）

管理者在组织活动中有制定决策的权力，且决策的有效性能得到充分的保障。该概念源自美国管理学家明兹伯格1971年提出的管理角色理论。他认为，管理者的决策角色由4个因素组成：① 创业者决策角色，指在组织内设计和主动变化目标的行为；② 混乱情境抵制人角色，指在非常规组织情境中采取正确的行为；③ 资源分配人角色，指在资源有限的情况下，选择最佳方案达成目标；④ 谈判者角色，指与对手或竞争者谈判时，确信代表组织的利益。

管理者的能力（ability of manager）

管理者具有的能顺利而有效地完成组织目标的各种能力。包括管理能力、技术能力、人际关系能力、整体观念能力与诊断能力。① 管理能力，指决策、计划、组织、指挥、协调、督导、评价业绩等与实现工作目标有关的技能。② 技术能力，指在特定的方式中，使用工具、技术方法与程序的能力。③ 人际关系能力，指吸引、激励、团结员工，并能协调和化解矛盾，消除不满的能力。④ 整体观念能力，指整合与协调组织活动的能力。⑤ 诊断能力，指通过分析与调查，能确定特定情境的性质和原委的能力，能透过现象迅速掌握问题的本质。这种能力的发展，融合了一个人的分析综合、推理判断能力，它需要经过不断的锻炼与学习获得。

管理者的人际角色（interpersonal role of manager）

在组织活动中，管理者在与部署、上司及同事的不同关系中所扮演的角色。该概念源于美国管理学家明兹伯格 1971 年提出的管理角色理论。由于管埋者的正式权威与地位，他们必须进行大量的人际接触，从而产生 3 种管理者的人际角色：① 名义上的首领角色，只做一些诸如签署文件，接待来访者等象征性工作；② 领导人角色，指激励员工更有成效地完成工作；③ 联络人角色，指起纵向与横向的信息沟通作用。

管理者的信息角色（informational role of manager）

管理者要有效地进行管理活动，就必须获得足够有效的信息，合理地分配资源。该概念源自美国管理学家明兹伯格 1971 年提出的管理角色理论。信息角色包括监督、传播与代言人等角色。由于这些角色活动，管理者成为一个有力的信息接受者及沟通者。监督角色指管理者不断从组织内部与外部环境中接受或获得信息，从而了解和意识到组织与环境将会发生什么。传播角色指管理者既要把外界信息传递到组织，又要将内部信息传递给部属。通常有两类沟通信息：① 事实信息，如产品经理将竞争者推出新产品的有关信息传达给总经理；② 价值取向的信息，这是有关选择与判断的信息。扮演“代言人角色”，是因为管理者拥有职位权力及影响力，掌握了组织内部的信息。但扮演成功仍应注意 3 点：① 传达给组织的环境信息必须是正确的；② 必须重视沟通的双向系统和联络来源，分享信息；③ 管理者应成为专门知识信息的来源。

广义决策（generalized decision）

把决策理解为一个过程。因为人们对行动方案的确定，往往经过提出问题、搜集资历、确定目标、拟订方案、分析评价、最后选定等一系列环节。方案选定后，还要检查、监督决策的执行或实施情况，以便偏差出现时，能及时纠正。忽视任何一个环节，都有可能影响到决策的效果。

规划和准备（planning and preparedness）

指机组确保计划是深思熟虑的，所有的行动开展是有目的的，并清楚地了解潜在的后果。有效的规划可避免差错的发生，在多机组环境中，有系统的规划和简报还促使运行中共享心智模型的建立。

过热症（overheat disease）

由过热引起的应激。在非常高的环境温度下，即 35 °C 以上时，人体不断进行调节使体内温度保持在 37 °C 以下，以防止过热。此时，代谢率、心率以及血压都会升高。但如果座舱环境潮湿，人的热能将不能被蒸发，而是被封闭在皮肤和血液里，在这种情况下就很可能使身体过热。我国规定的高温作业允许持续接触热时间限值如表 G-1 所示。

G 效应（G-effect）

飞机加（减）速度对飞行员视觉、操纵动作及认知能力等的影响。严重时可使飞行员意识丧失，处于失能状态。表现在以下方面：① 影响视觉。在正加速度条件下，视觉感受明显上升，视敏度下降，视觉辨认能力降低。即使使用抗荷服，当加速度达到+4.9 *G* 时，飞行员也会视觉模糊；达到+5.0 *G* 时，会出现灰视，飞行员主观感觉眼前薄雾朦胧，看不清仪表；达到+5.5 *G* 时，出现黑视，飞行员主观感觉眼前一片漆黑。如果加速度进一步增大，飞行员会意识丧失。负加速度对视觉的影响更为严重。飞行员在−2*G*时，视觉模糊；在−3 *G*~ −4 *G*时，出现红视，感觉眼前红光一片，看不清仪表；在−4.5*G*时，意识丧失。② 影响肢体动作。在加速度条件下，肢体必须克服加速度附加到肢体和操纵器上的重力，才能进行操作。当动作与加速度方向相反时，肌肉紧张度成倍增加，操作时间延长，操作精确度降低。动作与加速度方向一致时（如正加速度时的上下动作），操纵最困难，误差也最大。

表 G-1　我国规定的高温作业允许持续接触热时间限值　　单位：min

工作地点温度/°C	轻劳动	中等劳动	重劳动
30 ~ 32	80	70	60
32 ~ 34	70	60	50
34 ~ 36	60	50	40
36 ~ 38	50	40	30
38 ~ 40	40	30	20
40 ~ 42	30	20	15
42 ~ 44	20	10	10

H

海恩法则（Heinrich's law）

由帕布斯·海恩提出的关于安全飞行的法则。海恩法则指出：每一起严重事故的背后，必然有 29 次轻微事故和 300 起未遂先兆以及 1 000 起事故隐患。该法则强调两点：一是事故的发生是量的积累的结果；二是再好的技术、再完美的规章，在实际操作层面，也无法取代人自身的素质和责任心。所以，海恩法则认为任何不安全事故都是可以预防的，在安全工作中应做到以预防为主。因此，在民航界中，之所以不断地对运行安全各环节开展安全教育、理论培训、技术分析和安全整顿，就是希望更多的将事故控制在预防环节。

海上飞行心理特点（psychological characteristics of flight above sea）

海上飞行环境引起的飞行员心理反应。包括以下方面：① 海天难分。晴天能见度好的时候，海天相接处颜色相近，都是蓝色，飞行员分不清哪是天，哪是海。这是海上飞行发生严重空间定向障碍，如海上倒飞错觉是一个主要原因。② 海天线混淆。海天线有真有假。晴天时，只有细看，才隐约可见一条细线；在低云和海雾条件下，会出现一条宽窄不等的假海天线，飞行员常常认假为真，产生不同方向和不同程度的视性错觉。③ 时间、高度错觉及孤独感。地面上的各种目标物是飞行员确定飞行方位、判断飞机状态的重要依据。但在一望无际的海洋上空飞行时，很少看到目标物。飞行员如仍按陆上飞行时判断高度的习惯去判断飞机高度，就会产生海浪愈大，飞机高度愈低，浪愈小，飞机高度愈高的高度错觉。此外，由于海面空旷，飞行员会产生孤独感及时间变慢等感觉。

航空操作环境（aviation operational environment）

作用于飞行员的座舱内环境因素。对飞行员的心理生理功能具有重要影响。包括座舱内的压力、气体、温度、辐射等因素。飞行中如果由于某种原因使座舱内环境遭到破坏，作用于飞行员座舱内的环境将迅速转变为座舱外的大气环境，其结果将导致压力降低、缺氧、温度骤变、辐射等。压力降低会引起飞行员不适，诱发高空减压症，胃肠道有胀痛感，关节四周组织疼痛，影响呼吸与心肺循环；高空缺氧会引起飞行员视力模糊、易疲劳、记忆力减退、肌肉运动不协调，导致操纵错误，危及飞行安全。

航空工效学（aviation ergonomics）

研究飞行器设计与制造中人的因素的科学。是工效学的重要组成部分。与航空心理学的关系是相互交叉和相互渗透。它研究飞行人员-飞机-飞行环境系统中交互作用的各组成部分，以求得在飞行条件下合理的人-机关系，满足驾驶方便、舒适、安全等条件，达到提高飞行效率的目的。研究的主要内容有①飞行器的设备和结构，如各种显示器、操纵器、座椅、座舱空间及其结构布局以及座舱照明等，怎样设计和制造才能符合人的信息加工特点和行为习惯。②研究应急条件下的操纵和防误措施。③研究人和机器的优势与局限，以求得人与机器在任务上的合理分配和功能上的兼容。使飞行员-飞机-环境系统的整体效益达到最佳。

航空航天生理学（aerospace physiology）

主要研究航空航天特殊环境因素对人体影响的规律及其机制，并探讨防止其危害或不利影响的防护或对抗措施。它既是航空航天医学的一个重要组成部分，又是生理科学的一个分支。本门学科对保障飞行安全、维护机组人员和乘客的健康与舒适，以及提高飞行劳动效率均有重要意义。

航空事故预防程序（aviation accident prevention procedure）

航空危险因素的预测、排除或避免的工作步骤。航空安全管理的重要内容。它包括 5 个阶段：① 事件报告、调查、记录分析及安全检查、监督，收集危险因素及情报源；② 危险因素的确定和评估；③ 危险因素的通报/安全建议的完成，根据确认的危险因素及可能引起的危险，完成对危险因素的通报和排除措施的建议的工作步骤，以书面形式完成；④ 危险因素/安全建议的通报，按一定的形式将危险因素/安全建议送到各有关部门、机场；⑤ 有关部门、机场对危险因素进行决策、排除，政府有关机构对适航性、机场、机组执照进行评估决策，制造工厂、航空公司、航空工作人员对发现并确认的危险因素进行排除或避免事件的发生，机场当局对发现的问题及时修改、排除，并通报各有关部门。

航空事故预防内容（aviation accident prevention content）

对航空危险因素的预测、排除或避免的具体要素的总和。航空安全管理的重要组成部分。包括 7 项内容：① 危险因素的发现。通过提供事件报告，组织事故调查、分析，进行安全检查或监督，从而发现危险因素的存在及情报来源。② 危险因素的评估。进行数据记录和统计研究，运用故障框图、模型化分析，并对飞行中的危险因素，采用模拟器（机）进行模拟，以便确认危险因素。③ 排除或避免危险因素的方法。有的危险因素确认后可以排除，但对于不能排除和确定的危险因素，则必须以安全建议或通报的形式通告负责排除或事故预防的机关。④ 向经营管理者发出危险因素的通报或报告。即对安全的最终责任者发出存在危险因素的通告，为经营管理者决定执行排除危险因素提供充分的情报信息和必要的建议。⑤ 听取反应。经营管理者应该采取对策，通知有关人员消除这些危险因素，并进行情报反馈。⑥ 结果的评定。排除行动鉴定，确认是否消除了危险因素。⑦ 安全活动的开展。进行形式多样、富有成效的安全宣传、教育活动，如进行安全情报交流、安全问题技术研讨、安全讲座、编写安全资料、安全展览、宣传活动等。

航空事件报告制度（aviation incident reporting system）

航空安全管理的重要手段。航空当局要求其成员对事件汇报共同遵守的规程。报告制度的效果是由多种因素决定的，其中人是重要的因素。包括两种形式：① 强制性事件报告制度。对一定形式的事件报告具有义务和共同遵守的规程。它主要处理特定而具体的情报，因而技术性的故障情报多于人的因素方面的情报。② 自愿的事件报告制度。飞行员、航管人员及与航空活动有关的人员，对其亲历的有关危险因素和不正常情况或缺点进行报告的一种形式。这种制度必须建立在相互信赖的基础上。通常情况下对特别指定的情报采用不留记录的办法。它是收集有关人的因素的情报的有效途径。

航空事件与事故处理方法（the method for dealing with aviation incident and accident）

对已出现的危险因素的解决办法。航空安全管理的重要内容。包括 3 种形式：① 消除或避免危险因素。对出现的危险因素进行必要的排除，若不能排除则必须采取安全建议的形式通知有关部门采取避免措施。② 通报危险因素。向民航局、制造厂和航空公司通报、提供充分的情报和必要的建议，加强安全的监督和管理。③ 传播预防材料促进安全。分发安全情报资料、安全技术资料等进行宣传，开展多种形式的安全教育活动。

航空人工环境（aviation artificial environment）

由人工物体构成的环境和由规则及方法构成的环境的总和。它包括物理的和非物理的人工环境两部分：物理的部分指航行环境，当遭到破坏或出现错误时将引起人工环境的恶化和发生飞行错觉，影响飞行安全；非物理的部分是“软系统”，其主要内容包括国内和国际的法规、有关指令和规定、标准的航行方法和训练大纲等，当出现差错、失误时将影响人工环境，如飞行规则不熟悉、指令弄错、航行方法不熟练等，都将影响飞行安全。

航空维修差错（aviation maintenance error）

指航空维修人员在维修活动中违反维修对象的客观要求，导致操作与维修目标发生偏差，产生秩序、状态异常或人员死亡及航空装备损伤的人为差错。在航空维修中由于种种因素影响，可能会出现差错，通常是由于内外因素影响下人员行为结果超出可接受范围而导致。航空维修差错意味着无法实现既定目标，而且还可能引起航空器状态异常、设备故障未维修、维修设备受损等问题，可能会产生更严重的安全隐患，引发安全事故。通常来说，航空维修差错包含以下基本特征：① 潜在性；② 必然性；③ 可积性；④ 突变性；⑤ 可逆性。

航空心理学（aviation psychology）

交通心理学分支学科，研究航空系统设计和操作中人的行为，由工程学心理学、教育学及生理学等学科组成。主要研究内容：① 飞行人员心理选拔，运用心理学的原理和方法，筛选出适合飞行的人，让他们进入飞行学院或学校学习；② 飞行训练心理，研究受训者学习知识技能的心理规律、心理上的个别差异，教员的心理品质及其形成规律、与受训者的心理相容性等；③ 飞行心理，研究各种飞行条件下飞行人员的心理特点，目前研究的重心已倾向于飞行人员的判断与决策、驾驶舱资源管理，情绪性应激等课题；④ 航空医学心理，研究航空环境对飞行人员生理、心理的影响、飞行人员的异常行为等；⑤ 飞行器设计与制造中的心理学问题，研究飞行器设备结构设计和制造，人与机器在功能上如何兼容等问题，以使人-机系统收到最佳整体效率。

航空性牙痛（aerodontalgia）

主要发生在上升减压过程中，下降增压时发生者少。一般是牙齿充填过，或牙齿内残留小空腔时才发生。可能是在修补处的下面或龋齿中有小气泡。填充不严密时，气压改变也可能使混有气泡的唾液进入其中。航空性牙痛按照病因可以分为直接性气压型牙痛和间接性气压型牙痛。飞行员若在飞行中发生航空性牙痛，可能出现注意力下降、眩晕，甚至空中失能，对飞行安全产生巨大的威胁。由于大多数口腔常见病都可能是航空性牙痛的病因，如龋齿、不良修复体、牙髓炎、牙髓坏死、根尖周炎、牙周袋、阻生齿等，因此建议飞行人员定期进行全面系统的口腔检查。

航空医学（aviation medicine）

飞行中人的因素的必要组成部分，研究航空环境中心身疾病，特定环境对飞行员身体的影响，药物、酒精对飞行员的特殊副作用等问题的科学。之前一直存在的一个错误观点就是，有人一直认为飞行中人的因素是航空医学的一个分支。但人的因素并不仅仅是一个简单的生理学或医学问题。飞行中人的行为和能力、决策与认知过程、人员选拔与训练、驾驶舱操纵器与显示器的设计、个体间交流与机组协调、配合等便不属于单纯的航空生理学或航空医学问题。目前，飞行中人的因素研究和运用已超出了纯医学模式，其重心已由生理学移向了心理学。而航空医学则成为飞行中人的因素的必要组成部分，是人的因素知识的重要来源。

航图识别错误（chart-reading error）

航图辨认中的不正确行为。包括辨别和判断两方面的错误。辨别错误通常指误算、误记、信息丢失等。主要原因是使用者的知识和对航图的熟悉程度不够以及所处环境的局限。飞行人员所处环境复杂，容易产生导致飞行安全受到严重威胁。判断错误是对辨别的资料、数据、图表、文字进行处理加工，根据自身的技能水平、工作任务进行判断，得出相应结果。受人的心理紧张程度、个性及工作技能等的制约。

航线安全审计（Line Operations Safety Audits，LOSA）

在威胁与差错管理训练有关理论和实践基础上，为考察机组的CRM行为，减少人的差错而制订的一项重要措施。它可以协助航空公司发现安全隐患，确定飞机运营系统的优势和缺陷，同时也能对机组的飞行技术和管理能力进行全面评估，从而提高整个系统安全的水平；它是一个组织工具，可以用来查明对航空安全构成的威胁，最大限度地减少这些威胁可能产生的危险以及采取措施处理运行环境中的认为差错。

航向仪（heading indicator）

指示飞机航向，由固定的航向指针和可以转动的表盘组成。HIS为较高级别的仪表形式，它除了可以提供航向仪的所有功能外，还可用于VOR导航和仪表着陆系统（ILS）的使用。它是根据360°方位角检测飞机运动并显示航向的一个仪表，其示数最后的零被省略。航向仪也称为方向陀螺，它基本上是一个机械仪表，设计它的目的是使磁罗盘更易于使用。航向仪不会受到使磁罗盘难以正常工作的力的影响。

合理的机组搭配（reasonable combination of crew）

指机组成员的组成上应考虑驾驶舱职权梯度问题。真正合理的搭配是机长在职权、技术、经验以及资历等方面稍高于副驾驶，但不能过于平坦和陡峭。这样交流才能适时而发，真正实现交互监视，提高飞行安全。

合理分配工作负荷（distribute workload appropriately）

为了防止疲劳引起的驾驶舱交流障碍，应该规定适当的工作负荷，严格遵守“飞行时限”规定；合理安排休息时间，加强生活的规律性；选择合理的休息方式，做到动静结合。飞行中如果感到疲劳，首先要以有效的方式来组织驾驶舱工作，可以重新分配驾驶舱内的工作任务来调整工作负荷。

合作（cooperation）

人际相互作用的基本形式之一，指群体中全体成员们为了共同利益而协力实现一个共同目标所表现的一种社会行为。在这种行为中，成员之间有功能，作用和义务的分工。在合作情景中，团体目标与个人目标一致，而且团体中成员的报酬，是根据工作负担进行合理分配的，使成员们感到个人的成功是由于群体的合作。因此，合作能刺激群体成员之间互相吸引的发展，加强参加者的相互依赖性。

黑洞效应（"Black hole" effect）

指黑夜在仅有跑道边灯，无城镇灯光和街灯，也没有周围自然地形参照的情况下，感觉进场高度偏高的错觉现象。如果飞行员按照这一错觉操纵飞机就会压低机头使飞机进场偏低。这种情况常在热带环状珊瑚岛、沙漠机场或四面环水的机场进近时发生。

黑视（black out）

由正加速度作用引起视力全部丧失的现象。人体受正加速度作用时，血液受惯性力作用向下半身转移，头部血压下降。随着正加速度的增加，人首先会出现视觉模糊，继而发生周边视觉消失，视野缩小（即灰视）。当正加速度增至 4 ~ 5.5 G 时，人会出现中心视觉消失、眼前一片漆黑的视觉机能障碍。但此时人的听力和脑力活动则不受影响。这种正加速度引起的视觉机能障碍是由视网膜缺血造成的。当正加速度增至 5.5 ~ 6.5 G 时，人会出现意识丧失。高性能飞机在转弯或从俯冲中改出时，飞行员受到高正加速度的作用，会出现灰视或黑视视觉机能障碍，甚至丧失意识。

红视（red out）

由负加速度作用引起的整个视野呈红色的现象。人体受一定程度的负加速作用时（−3 ~ −4 G，持续约 5 s），因血液向头部转移，头部和眼内充血，使眼睛所视物体为红色，且视力模糊。当飞机以较大的速度直接进入俯冲或作外斤斗特技或进入反螺旋等时，飞行员可出现红视视觉机能障碍。

红细胞（red blood cell）

亦称为红血球，是血液中数量最多的一种血细胞，红细胞包含血红蛋白，其主要功能是携带氧气，给全身细胞提供氧气，同时还具有免疫功能。

幻觉（hallucination）

与错觉不同，它是在没有相应的外界客观事物直接作用下发生的不真实感知。幻觉具有与真实知觉类似的特点，但它是虚幻的。正常人在某些特殊的状态下，如强烈的情绪体验并伴有生动的想象、回忆，或期待的心情、紧张的情绪，或处于催眠状态，都可能会出现幻觉。在入睡或醒觉状态的过程中，也会发生幻觉。幻觉也是心理异常的重要征象，如感觉剥夺、精神疾病、药物中毒、饮酒过量、吸食毒品等，常会产生幻觉。

换气过度（hyperventilation）

过深、过快的呼吸引起的动脉血中二氧化碳分压太低（低于5 kPa），血液化学平衡被打破，导致呼吸性碱中毒的现象。在飞行员使用供氧设备以及应激情境下呼吸急促时容易发生。主要症状：眩晕、手指和脚趾震颤、肌肉痉挛、发冷、衰弱、昏昏欲睡、注意不能集中、心跳加速、忧郁和思维混乱，严重者意识丧失。克服方法：有意识地降低呼吸频率，减小呼吸深度，找机会多说话或在纸袋中呼吸。

幻想性错觉（pareidolia）

指通过想象将感知到的事物形象加以改变或增添一些细节，从而产生歪曲知觉者。主要见于感染、中毒性精神病和精神分裂症等，比如把墙壁上的一些蜘蛛网想象成一个图画，或者是地图等物品，并且其内容可以随着幻想的演变而随之发生改变。幻想性错觉，在临床中可以见于正常的健康人，尤其是对于那些富于幻想的人，这个时候他能够知道这种幻想性错觉和现实之间的区别。

环境学习模式（model of environment learning）

人对环境信息进行加工并作出行为反应的各步骤之间的关系模式。人在加工当前环境信息时，受过去经验、文化背景及当前需要的影响，会对其进行“过滤”。人们的经验和文化知识背景不同，虽接受相同的环境刺激，但反应并不一定相同；同时，个人对新环境的认知结果又会修正自己已有的经验。

环境压力（environment stress）

亦称“环境应激”。环境因素引起的人体生理与心理反应。生理反应主要表现为各种腺体机能变化，即所谓的一般适应综合征。心理反应主要表现为对环境中压力源的意义评价。可能来自机体外部，也可能来自机体内部的生理和心理因素。根据引起因素的不同可分为① 生态压力。由机体外部的自然环境刺激引起，如气温的冷热、环境污染、日照、荧光灯照射、听觉刺激、味觉刺激、引力、大气压、湿度等。② 社会压力。由机体外部的社会环境因素引起，如社会经济状况、营养状况、工作条件、受教育水平、居住地等。③ 自为压力。由生活方式或人为自愿选择引起，如行为方式、职业选择、个人价值观念或某种体育锻炼方式等生活方式，吸食咖啡因、尼古丁、毒品、酒精等人为选择。一个人可能同时受到几种压力的影响。个体的适应策略有 3 种：① 行为影响。采取一定的行为，直接处理环境刺激，获得期望的结果。② 改变认知。修改自身对环境应激源的解释、预期及所了解的后果。③ 进行决策。对反应作出选择判断。若处理适当，此经历对个体适应有利，但长期处于应激状态，机体会瘫痪。

环境意识（environment consciousness）

人对环境的认识。人对环境的行为是与对环境的认识相联系的。人对环境的认识有多深，人对环境的行为的自由度就有多大。人对环境的认识包括下列三层涵义：① 环境为人的生存和生命活动提供物质条件；② 环境中的事物或现象之间是相互联系、相互制约的；③ 环境不是静止的，而是变化、发展的。人只有认识了环境的以上三层涵义，才算真正认识环境，才可能真正控制和支配环境，成为环境的主人。若对环境的认识停留在第一层意思，人的行为也就会满足于利用环境和向环境索取等活动，向环境索取过分就会造成环境的破坏而殃及人类自身。若对环境的认识停留在第二层意思，虽可使人利用环境时考虑到事物间的依存关系，可减少行为的盲目性，减少对环境的破坏，但其行为往往只停留于环境适应，而缺乏变革环境的勇气。人只有认识到环境可以通过人的活动得到改善和发展时，才会按自己的意图，有目的有计划地作出设计环境和变革环境的行动，创建出人所期望的美好环境。

环境因素（environmental factor）

指一个组织的活动、产品或服务中能与环境发生相互作用的要素，包括那些造成实际的和潜在的、不利的和有利的环境影响的要素。我们生活在环境中，环境中的种种因素影响着我们的生活，与其相关的主要要素有时间要素和空间要素。环境因素有家庭环境、生活环境、职业环境、经济因素。像大楼、办公室地点、家具等这类环境因素也能传递信息。

环境噪声（environmental noise）

指居住区或者城市环境中的噪声，从某种程度来说会比工作场所中的弱一些，但也是人因学关注的重点，可以说这种噪声对健康也是有害的。例如 Meecham（1983）指出洛杉矶机场周围老年居民死于心脏病的比例要显著高于人口统计的平均结果，而周围那些没有受到飞机起飞和降落噪声侵害的地区，就没有出现这种情况。

唤醒（arousal）

指个体受到刺激而产生的感知觉的反应。一种警觉状态,表示个体在心理和生理上是否为应对应激事件做好了反应的准备。高唤醒既可能使人兴奋、激动，也可能使人焦虑不安；低唤醒水平既可能使人放松愉快，也可能使人厌倦冷漠。唤醒可分为生理唤醒与心理唤醒。传统的唤醒概念主要是生理唤醒（physiological activation），指的是生理的激活或自主性反应。伴随情绪与情感发生时的生理反应，它涉及一系列生理活动过程，如神经系统、循环系统、内外分泌系统等活动。心理唤醒（mental arousal）是个体对自己身心激活状态的一种主观体验和认知评价。

回忆（recall）

指主动将过去的经验在意识中重现的过程。回忆是恢复过去经验的过程，是记忆的第三环节（识记、保持、回忆与再认）。识记材料、保持材料都是为了在必要时能再认或回忆材料。根据回忆是否有预定的目的、任务，可以把回忆分为有意回忆和无意回忆。无意回忆的特点是没有预定目的，自然而然地想起某些经验。例如，一件往事涌上心头，一句乡音勾起乡情等就是属于无意回忆。无意回忆虽然无预定目的，但也是由于某些诱因引发的。有意回忆是有回忆任务、自觉追忆以往经验的回忆，其目的是要根据当前需要而回忆起特定的记忆内容。

灰视（gray out）

由正加速度作用引起视锐度下降、周边视力丧失而中心视力保存的现象。人体在受正加速度作用时，血液受惯性力作用向下半身转移，头部血压下降，可出现视野模糊。当正加速度增至 3.5 ~ 5 G 左右时，人会出现周边视觉消失、视野缩小的视觉机能障碍。其机理是视网膜中央动脉在视乳头盘处进入眼球，然后在视网膜周围反复分支。每次再分都是一个终动脉。由于进入视网膜周围的分支越来越细，所以分支内的压力也相应逐渐减低。当视网膜中央动脉受正加速度作用而下降时，视网膜周围的血液首先发生障碍。在高性能飞机转弯或从俯冲中改出等情况下，飞行员受到高正加速度的作用时，可出现这种视觉机能障碍。

或战或逃反应（fight or flight response）

应激反应的一种。与“保守-退缩反应”相对。由生理学家坎农提出，恩格尔引入应激反应。在应激条件下，有机体出现的与愤怒、恐惧、焦虑等情绪有关并伴随应付活动或逃离活动的心理生理现象。其生理基础是交感-肾上腺髓质轴活动增强。坎农在动物实验中发现，当实验动物受到外界威胁时，机体就会产生血液循环加快、肌张力增高等一系列生理反应，并认为这种生理反应，对动物进行应付活动（搏斗或逃跑）具有适应意义。这种反应也可见于人类，不仅可出现于生存受到实际威胁之时，也可见于人的重要动机受挫时。在后面这种情况下，这种反应不再具有适应意义。这是由于个体不需要花费大量的体力活动去应付，血液中升高的脂类物质、糖类物质远远超过了对其的需求，在儿茶酚胺的共同作用下，可导致血管内皮损伤、血压升高。若个体经常经历愤怒、恐惧的情景，则可导致动脉硬化、中风、冠心病等疾病。

I

I’MSAFE **检查单**（I’MSAFE checklist）

飞行员的自我状态检查单，有助于飞行员在飞行前识别自己的身体和心理状态，预防潜在的营运性注意力分散因素。其包括 I—illness，疾病：是否患病；M—medication，药物：是否服用过对飞行有害的药物；S—stress，应激：应激状态是否过高或过低；A—alcohol，酒精：是否饮用过酒精饮料；F—fatigue，疲劳：是否感到非常疲劳；E—emotion（eating），情绪：情绪状态是否良好（饮食：饮食是否健康，抑或是否存在潜在风险）。

J

基础代谢（basal metabolism）

指人体在清醒且非常安静的状态下，不受肌肉活动、环境温度、食物及精神紧张等因素的影响，能量消耗只限于维持心跳、呼吸及其他一些基本的生理活动时的能量代谢。这时的代谢率比较恒定，称为基础代谢率（Basal Metabolic Rate，BMR）。测定基础代谢率，必须满足基础条件，即要在清晨未进餐以前进行。测定前需静卧 0.5 h 以上，测定时平卧，使全身肌肉放松，同时排除精神紧张的影响，室温保持在 18 ~ 25 °C。基础代谢率一般有一个相对固定的数值，但不同的人依年龄、性别、身材、营养状况等生理情况的变化有一定的差异。基础代谢率通常以 kcal/（m^2·h）表示，青壮年男子的 BMR 约为 38 kcal/（m^2·h），少年稍高，老年较低，女性较男性低 6% ~ 10%。BMR 的正常变动范围为 10% ~ 15%。基础代谢率是衡量机体能量代谢是否正常的指标之一。大强度体力劳动可对次日的 BMR 造成明显影响。

基础情绪（primary emotions）

指与生俱来、不用学习即可表达的情绪。一般认为愉快、愤怒、恐惧和悲哀是最基本的原始情绪。如果以人生来不加学习即有的面部表情来划分，则有 10 种基本情绪：兴趣、愉快、痛苦、惊奇、愤怒、延误、惧怕、悲哀、害羞和负罪感。

机内照明（aircraft interior lighting）

在夜间或能见度很差的复杂气象条件下进行空中飞行或地面维护时，为飞行人员和地勤人员的工作提供的飞机舱内照明。按其用途可分为一般照明、局部照明和应急照明。一般照明是机内主照明；局部照明亦称辅助照明，是对主照明系统的补充，以满足某些特殊的要求，如驾驶舱中的阅读航行图灯、客舱中的旅客阅读灯等；应急照明是在主照明系统发生局部或全部故障时使用的照明。夜间飞行时，驾驶人员需要精确地判读仪表、显示信息，同时也要观察舱外的发光信号和地标、地物等，因此机内照明的设计应该既能为驾驶人员提供良好的照明条件，又能够满足暗适应的要求，此外还必须将舱内眩光减至最低限度并与其他要求（如夜视成像系统）相兼容。在地面维护和准备飞机时，地勤人员必须有良好的照明条件，使他们能够检查飞机的各个部位。因此，往往需要临时增设照度更大且可移动的照明装置，为此飞机上应该备有电源插座。客机的客舱内设有一般照明和局部照明。局部照明的照度值为一般照明的 3 ~ 5 倍。

机上睡眠（cabin sleep）

确保驾驶舱中有满足规章最低要求的机组成员操纵飞机的前提下，1 名或 1 名以上的飞行员到机舱内指定专门区域进行睡眠休息，通常用于长航线飞行。这种方式有助于最大限度地缓解因睡眠不足或其他原因造成的飞行疲劳。机上睡眠被很多国家采用，美国联邦航空局（FAA）就要求超过 12 h 飞行时间的航班，必须增加飞行员数量（至少 3 个飞行员）并配备机上休息室等设施。中国民航局 2002 年就发布有“关于飞机上飞行机组睡眠区的要求”咨询通告（AC-121FS-008），指出对于远程航线运行的飞机，航空公司应当在飞机上设置飞行机组休息室（含睡眠区），以保证飞行机组成员能够得到良好的休息和睡眠。

机外照明（aircraft exterior lighting）

安装在飞机机舱外的灯光照明，主要包括着陆滑行照明灯和外部灯光信号。它是飞机在夜间和复杂气象条件下飞行必不可少的条件之一。着陆滑行照明由着陆灯、滑行灯或着陆滑行灯组成，用于飞机进场着陆和滑行时照明跑道和滑行道。外部灯光信号主要有航行灯、编队灯等，它们用于标志飞机位置和运动方向，或作为飞机与飞机、飞机与地面的联络信号。机外照明由飞机驾驶人员控制。机外照明的要求视各种灯的用途而定，主要有① 足够的发光强度和高的发光效率；② 可靠的作用范围；③ 适当的角度等。例如，对于航行灯，根据国际协定，左翼尖为红色，右翼尖为绿色，机尾为白色。又如，翼尖灯在水平作用面的作用角为 120°，在垂直面为 180°；机尾灯在水平面和垂直面的作用角均为 180°。

机械学习（rote learning）

与“意义学习”相对，不需理解所学材料的意义，而仅靠死记硬背、一味重复进行的学习方式。产生的原因是材料本身缺乏意义性，个体缺乏必要的已有经验或缺乏进行有意义学习的心向等。学校教学中应采取一系列方法、策略，人为地赋予无意义材料某些意义性，以避免该类学习。

机械原因（mechanical cause）

指机械和设备设计上的缺陷，危险防护不良，本质安全文化不足，标准化程序不完善等。检修、检查机械忽视安全措施。如人进入设备检修、检查作业，不切断电源，未挂不准合闸警示牌，未设专人监护等措施而造成严重后果。也有的因当时受定时电源开关作用或发生临时停电等因素误判而造成事故。也有的虽然对设备断电，但因未等至设备惯性运转彻底停住就下手工作，同样造成严重后果。

机组冲突解决（crew conflict resolution）

机组对飞行过程中的意见不一致或发生冲突的解决途径以及方式、方法。是驾驶舱资源管理的重要组成部分。冲突的产生具有两方面的作用：① 产生问题，提高机组的处境意识。如果冲突能得到及时、有效的解决，有利于保障飞行安全。② 产生问题的同时，如果渗入较多的个人感情或个人成见，则会妨碍问题的及时解决。在飞行关键时刻，如紧急情况，进近着陆时，会严重威胁飞行安全。机组冲突解决遵循的基本原则：以保障飞行安全为准则，尽量不涉及个人感情和成见，“什么”是正确的比“谁”是正确的更为重要，机长与副驾驶都应冷静地思考上述问题。

机组群体的情境意识（situation awareness of crew）

指作为一个整体的机组所具有的情境意识。飞行安全主要取决于这种作为机组整体所能获得的情境意识。而机组群体的情境意识又主要取决于责任机长所能获得的情境意识水平。但群体情境意识绝不是每个个体情境意识的简单叠加，因此需要每一位机组成员共同协作，共同完成每一次航班任务。

机组协调（crew coordination）

飞行过程中，机组成员为完成飞行任务而进行的分工、配合以及协同活动。在起飞、进近着陆及处置特殊情况时机组分工协同活动尤为重要。这种协同活动是建立在机组成员心理相容性基础上的。心理相容性保证着机组各成员的心理运动反应和思维过程的相互默契、动作速度和步骤一致性，在其他人动作不准确或错误时能互相补救，能意识到自己在共同活动中各种动作和错误的后果。这样，机组成员之间有了“共同语言”，就能互相理解、互相帮助、互相制约，顺利地完成飞行任务。

机组协调训练（crew coordination training）

机组成员分工协同活动的练习方法。练习内容主要有① 飞行前准备。准备要充分并对工作有明确的分工，使每个机组成员都明确机长的意图。② 起飞阶段的练习。机组成员必须精力集中，各司其职，协同配合。③ 进场着陆阶段。认真落实着陆简令及检查单制度，执行标准的喊话程序，当出现偏差或遇复杂天气时，要互相及时提醒，但不得干扰飞机的操纵。④ 特殊情况的处置，其目的是提高飞行员的业务技能、应变能力、判断能力、心理和生理素质，培养过硬的工作作风。

机组资源管理（Crew Resource Management，CRM）

机组资源管理是由驾驶舱资源管理演变而来，按国际民航组织的建议和多数成员国的有关文献描述，机组资源管理的定义是，有效利用所有可利用的资源（包括硬件、软件、环境和人力资源），以达到安全、高效和舒适飞行的目的之过程。其目的就是为机组从团队角度克服和避免各种飞行失误提供可能。通过开展 CRM 技能培训，改善和提高机组的团队作业水平，利用机组之间的有效监控、交流或交叉检查等手段，从根本上克服或降低飞行中人的人因失误，从而保证机组安全飞行作业的有效性和可靠性。

急性高空缺氧（acute altitude hypoxia）

持续时间为数分钟到几小时，急性暴露于高空低气压环境所引起的缺氧。此种情况下，肺泡气氧分压往往需经过数分钟才能降至一定的低水平。如缺氧程度不太严重，停留时间又不太长，则静止时可不出现明显的主观症状；缺氧程度较严重时，即使代偿功能已经充分发挥，在静止时也要出现各种症状；在更严重的情况下，短时间停留即可引起意识丧失。根据缺氧条件与个体特点的不同，急性高空缺氧时的症状可有：头昏、头痛、视物模糊、肌肉运动不协调、情绪反应异常、智力功能障碍等，体征则有气促、心动过速、发绀等。如立即供给充足的氧，很快即可恢复；但如暴露时间较长，恢复时期还可能有头痛、恶心、呕吐、头晕、全身疲惫无力乃至精神错乱等症状。在地面条件下，可用低压舱上升或者呼吸低氧混合气体等方法模拟此种缺氧。

急性疲劳（acute fatigue）

由于短期内睡眠缺失或过重体力或脑力劳动所引起的疲劳，它持续时间比较短，而且通过睡眠或放松即可恢复。有学者进一步把时间明确，具体定义为 24 h 内睡眠时间少于 4 h 所引起的，但在 1 周内可恢复正常状态的疲倦状态，对生活质量影响较小。在日常生活中，预防急性疲劳需要做到以下的方面：① 充足的睡眠时间，体能才能得到有效的恢复；② 营养必须膳食合理，而且营养要供应充足，合理饮食。

急性应激源（acute stressor）

指持续时间很短、很快便会消失的应激源，如当前存在的各种问题、要求等。飞行中的事例包括着陆阶段的意外风切变，迫使飞行员考虑改变目的地机场的意外强大迎风等。与飞行无关的事例包括丢失钱包、机动车事故等。

技能（skill）

个体通过练习形成的合法则的操作活动方式。具有以下特点：① 表现为一种动作系列，属于动作经验，区别于知识或认知经验；② 一种合法则的活动方式，其动作顺序以及动作的执行方式，均须符合活动法则或规则的要求，区别于一般的随意运动方式；③ 通过学习及联系而获得，区别于本能。根据活动中的主要成分，分为动作技能和智力技能两种。前者是为顺利完成某种操作活动而按一定方式组织起来的肢体动作系统，如写字、弹琴、骑车、打字、使用生产工具等；后者是为完成某种认知活动以一定程序组织起来的智力动作系统，如阅读、运算、分析、构思等技能。动作技能主要以外部动作的形式组织起来的，智力技能则主要以言语或表象的形式组织起来的。但两者并不截然分开，而表现为你中有我，我中有你，在复杂的活动中两者相辅相成、有机结合。根据其复杂程度，分为初级技能和高级技能。前者是指在一定的知识和经验的基础上，通过模仿和练习形成的动作系统，具有需要高度的意识控制、动作不协调、多余动作较多等特点；后者是按一定的方式经过长期练习而获得的自动化动作系统，也成为“熟练”或“技巧”。高级技能具有以下特点：① 意识对动作的控制作用减弱，整个动作系统转向自动化；② 调节动作的反馈方式发生明显变化，由肌肉或关节提供的动觉反馈在动作的调节中起着越来越重要的作用；③ 动作转向稳定与灵活，建立起协调化的运动模式，动作的效率明显提高。巴甫洛夫的动力定型学说认为，技能是通过一连串条件反射建立起来的、若干固定动作的组织体系，每一个动作都可以作为后继动作的信号。信息加工理论则提出非言语抽象的观点，认为动作中也有概括和抽象，技能并不是若干个动作的组织体系，而是若干个动作原型的组织体系。

技能差错（skill error）

操作人员在主、客条件的制约和影响下，在选择处置程序、方案和解决问题时，发生的无意的差错行为。技能差错又可分为注意力不当、记忆失能和技巧差错 3 类。要建立健全规章制度和标准操作程序，充分利用工作程序和检查工作等控制手段，防止差错的发生，并在实践中狠抓落实，使每一个员工有所遵循，在一个规范有序的安全环境下工作。强化人员培训，提高章法意识，提高操作技能，提高预测风险的能力，是防止差错的有效措施。

技能、规则、知识型行为方法（Skill，Rule and Knowledge based behaviours，SRK）

人的失误可分为三类：技能型失误（skill-based error）——人对外界刺激或需求的一种下意识反应，疏忽大意是失误的主要表现形式；规则型失误（rule-based error）——人根据一组规则以取得预期的结果，失误的主要原因是对情景的错误判断或不正确地选择了规则；知识型失误（knowledge-based error）——当遇到新情景时，没有现成可用的规则，而必须酌情处理所出现的失误，这种失误很难避免，而且往往是由于知识的局限性和不完整性，其结果往往也是严重的。

技能学习（skill learning）

以掌握某种技能为目的的学习。包括动作技能的学习和智力技能的学习两种类型。动作技能学习主要是以骨骼、肌肉的动作为特征，有时也称“知觉动作学习”，如学习书写、打字、绘画、舞蹈等。智力技能学习主要是以掌握正确的认知操作为特征，如阅读技能的学习、写作技能的学习等。技能学习一般包括掌握必要的知识和练习肢体动作或认知操作两个部分。如学习写字技能必须知道笔顺、笔画、偏旁部首等的知识，并在此基础上进行大量的练习，直到形成熟练的技能。

继续起飞与中断起飞（continuing takeoff and suspending takeoff）

需要飞行员及时准确地做出决断的关键飞行活动。对飞行员和飞行机组的判断分析能力、果断性品质、反应速度、手眼协调和机组配合能力、注意力分配能力以及情绪自控能力提出了很高的要求，是检验飞行员心理品质和飞行技术好坏以及驾驶舱资源管理的一个最重要的阶段。迄今为止，已经有许多飞行事故都是由于飞行员或机组在此阶段犹豫不决和错误判断造成的。因此，它是飞行性能课程讲授的重要内容，也是航空心理学研究的重要内容。按照有关规定：飞行员中断起飞的时机必须在 V_1（决断速度）以前，V_1 以后就应该继续起飞，待爬升到安全高度后再实施返航着陆。如果飞行员在 V_1 以后还要继续起飞，飞机就有可能因速度太快、停不下来而冲出跑道。在实际飞行中，有的飞行员并不是不知道这些规定，但在飞机故障（如一台发动机停车、客舱失火等）时，却由于忙乱和情绪紧张等因素而在 V_1 以后试图中断起飞，结果使飞机冲出跑道。

记忆（memory）

指个体对其经验的识记、保持和再现。识记是识别和记住事物，保持是巩固已经获得的知识经验，再现则是在不同条件下恢复过去的经验。记忆过程的 3 个基本环节相互联系、互相制约，没有识记就谈不上对知识经验的保持；没有识记和保持，就不可能对经历过的事物进行再认或回忆。因此，识记和保持是再认或回忆的前提，再现是识记和保持的结果，并能进一步巩固和加强识记和保持。

加速度耐受力训练（acceleration tolerance training）

亦称“抗 G 生理训练”。提高歼击机飞行员 $+G$ 耐力的重要措施。

包括 3 个方面：① 抗 G 动作训练。目的是训练飞行员正确掌握抗 G 动作的要领和技巧，提高+*G* 耐力，并清楚地了解+*G* 负荷的生理效应和抗 G 动作，提高对正加速度耐力机理的理解。分 3 个阶段进行。第一阶段是开设加速度生理课，讲解+*G* 对人体循环系统的生理影响，其中主要讲心水平和头水平动脉血压变化情况及其机理、抗 G 动作对提高人体+*G* 耐力的机理、错误抗 G 动作危险性及不良抗 G 动作的影响等。第二阶段，讲授抗 G 动作要领，并做示范表演、训练飞行员正确掌握和熟练实施抗 G 动作。目前，国内外都在用生物反馈方法训练飞行员正确掌握抗 G 动作技巧及检查动作效果。生物反馈训练方法就是把实施抗 G 动作时的生理参数，如血压、呼吸、血流量、肌电等转换为声、光信号及数值信息，显示给受训者，使其随时得知动作效果及准确度，及时修正。第三阶段是离心机体验及耐力检查，测定松弛耐力和实施抗 G 动作时的+*G* 耐力，检查抗 G 动作的训练效果。② 体育锻炼，主要是肌肉和呼吸肌锻炼及增强心血管对短时、高强度负荷代偿、调节功能的锻炼。做抗 G 动作时，腹部和下肢肌肉因周期性、强烈的等长的收缩，易很快疲劳。因此，必须锻炼这些部位肌群的肌力和持续性、高强度等长收缩的能力。机动飞行中的+*G* 负荷是突发的短时高强度负荷，不仅要求心脏有强大的代偿储备，也要求心血管系统快速反应调节，而这种能力与交感肾上腺素能的活动直接相关。长期的举重锻炼，能增强交感神经的紧张度，使骨骼肌毛细血管密度减少，有利于减少血液淤积；短距离速跑和游泳也能引起心血管的剧烈代偿反应。这些是锻炼心血管系统的良好方法。③ 离心机训练。离心机产生的加速度值及作用时间可由人工加以控制，以利于循序渐进地锻炼和对飞行员加速度耐力客观检查。训练的强度、次数、持续及间隔时间等应周密计划、适当安排。否则，适得其反。

驾驶舱交流（cockpit communication）

驾驶舱内的信息传递以及意义的理解。驾驶舱交流是一个闭合的环境，它所处的特殊环境，存在许多影响交流的因素，成为驾驶舱交流障碍。驾驶舱交流的障碍既可存在于交流双方的外部，也可能存在于内部。外部障碍是影响交流的媒质，包括噪声，灯光，工作负荷等。而对驾驶舱交流影响更主要的是来源于交流双方的内部，也就是内部障碍，例如态度，心情，信心，人际关系等，这些因素可能造成驾驶舱中必要交流的缺乏，甚至理解错误，直接导致飞行事故的发生。

驾驶舱领导行为维度（cockpit leader behavioral dimension）

驾驶舱领导在驾驶舱任务和人际关系上的不同观念和行为倾向。通常可分为关系定向和任务定向两个维度。美国联合航空公司最早将此概念引入驾驶舱资源管理研究领域（1985 年）。高关系定向的驾驶舱领导倾向于首先考虑他人感情，认为只有机组成员和睦相处才能使任务得以最好地完成。与此相反，高任务定向的驾驶舱领导则倾向于首先考虑任务的完成，认为任务比机组关系更为重要，为了完成任务可以不惜牺牲机组成员之间的关系。在大多数飞行情境中，飞行机组最理想的定向是上述两者的有效结合。

驾驶舱任务管理（Cockpit Task Management，CTM）

飞行员为了安全、有效地完成飞行任务，对同时进行的多个任务进行资源分配的一种加工过程，反映了飞行员在某个具体时间点上如何进行监控、选择注意、建立有限等级以及特情处理等多种同时性任务的操作倾向。事故分析显示，任务优先及中断对飞行员 CTM 绩效产生了重要的影响。

驾驶舱职权梯度（trans-cockpit authority gradient）

机组匹配的权力梯度及由此产生的社会心理效应。最初由爱德华于 1995 年提出。意指既不能将技术、资历、职位很高的机长与年轻、胆小的副驾驶匹配在一起（梯度过于陡峭），也不能将两个技术、职位、资历相当的飞行员匹配在一起（梯度过于平坦），如图 J-1 所示。主要原因：过于陡峭的搭配，副驾驶可能会慑服于机长的威望不敢提出自己的主张，起不到交互监视和检查的目的，在机长判断、操纵失误或失能时就会危及飞行安全；而过于平坦的搭配则不利于机长的决断，有可能造成相互挑剔、逆反心理或者反其道而行之的局面。适宜的职权梯度应该是机长在职位、技术、经验以及资历等方面稍高于副驾驶，但不能过于平坦和过于陡峭。这样的匹配有利于机长在必要时做出决断，副驾驶也不至于过分慑服于机长的威望而不敢置疑，真正起到交互监视、机长助手和机长备份的作用。

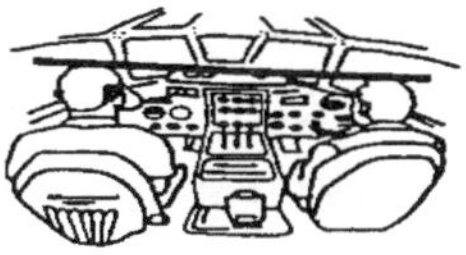

（a）最佳匹配

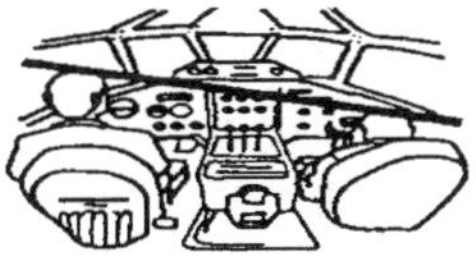

（b）过于陡峭

（c）过于平坦

图 J-1　驾驶舱职权梯度

驾驶舱注意力分散（cockpit distraction）

指飞行员由于某事的干扰而使其在同一时间内将注意力转向其他事物或其他方向的现象。注意力分散与注意力转移是两个截然不同的概念。前者是指个体受分心因素的干扰而将注意力转向无关刺激或者脱离当前主要任务的现象。在驾驶舱环境中，飞行员的注意力分散还包括他们对自己注意力不合理分配。注意力的转移则是指个体根据当前任务的需要，有意识地将自己的注意力从某一个对象或者某一个任务转向另一个对象和另一个任务的现象。也包括飞行员在同一时间内合理地将自己的注意重心由某一个对象或者某一个任务转移到另一个对象或者任务上的现象。驾驶舱注意力分散分为 3 种类型，即营运性注意力分散、非营运性注意力分散以及生理性注意力分散。

驾驶舱资源管理（Cockpit Resource Management，CRM）

亦称座舱资源管理、机组资源管理。有效地利用所有可以利用的资源（包括硬件、软件、环境以及人力资源），以便达到安全、高效以及舒适飞行目的的过程。驾驶舱资源管理目前研究的重点在于飞行中的人力资源管理。1979 年，美国联邦航空局在用全仿真模拟机进行人的因素问题研究时首次使用这一术语。1980 年，参加上述研究的泛美航公司开办了第一期培训班，随后迅速传布到全世界，成为飞行人员的主要培训课程。这与当今飞行员的任务转变有着密切的关系。过去，“杆、舵技能”是飞行员的主要任务。而现在，飞行员的主要任务已从“一杆两舵”转变为对座舱信息的监控和管理。

简单服从（simple compliance）

亦称依从，是从众行为的形式之一。这种服从是肤浅的，只是表面的遵从而不是内心的接受，即个体在他的公开行为服从群体时，内心依然坚持与群体不一致的信念，保持自己的观点。这种从众常常是由于群体规范性压力的结果。个体接受了群体的规范性压力，为了获得群体的奖励和认可，或是为了避免惩罚和否认，而采取公开行为上的从众，这时个体并没有接受群体的信念、观点，当群体压力撤除后，个体就会偏离群体的规范而保持自己的行为方式。

健康（health）

一种身体上、心理上和社会适应上的完好状态，而不仅是没有疾病和虚弱的现象。

交叉监视（cross-monitoring）

为防止人的错误，在飞行过程中机组成员对人、机进行的相互检查、监督活动。目的是防止或发现对飞行安全有关的危险因素，避免飞行事故的发生。据统计，机组因交叉监视原因发生的事故约占机组原因的三分之一。为做好交叉监视，机组成员必须注意以下几点：① 分工协调，配合默契；② 检查监督，执行规章；③ 提高技能、准确判断；④ 发现问题，及时修正。只有这样才能保证安全。同时，交叉监视也是对飞行员生理、心理、知识水平和工作技能的全面检查，既可防止由个别机组成员因生理、心理素质差引起情绪紧张和操纵错误，也可防止个别机组成员因飞行错觉而出现的错误，或“错、漏、忘”的现象，正确地执行飞行程序，保证飞行安全。

交错任务和监控（interleaving tasks and monitoring）

在许多情境中，机组必须交错两个或多个步骤程序。Dismukes 等对航空安全报告系统事故分析发现，较高的监控失误率在某种程度上反映了驾驶操作中需要大量的监控活动，而且监控尤其脆弱，因为它经常是一种警觉任务（对低频事件的监控），而需要通常分配给了具有突出显著性的事件和具有较高吸引力的事件。

交流（communication）

信息的传递以及意义的理解。机组交流的范围非常广泛，一个飞行员在飞行过程中交流的对象主要包括与空中交通管制员之间的交流、与其他飞机的交流、与客舱乘务员之间的交流、与乘客之间的交流、与飞机本身的交流以及与地面人员的交流等。

交流技能（communication skill）

交流指令、信息时运用语言的能力。直接与飞行是否安全、正点、有序及高效相关联。包括 4 个方面：① 运用通话标准语言的能力，这种语言具有不容混淆性和高度清晰性，在语音上体现为无同音多义的字词，在术语表现为一词一义，无多重旨意，有严格的规范；这种能力包括正确判断、准确理解、正确执行的能力。② 掌握语言速度的能力，能够在无线电失真、噪声干扰的环境中，在缺乏非言语交流的条件下，以标准的语言速度传达指令。③ 良好的心理素质，表现为沉着、镇静，处置果断，避免通话差错。④ 语言能力，说话简洁明了，语调平缓，声音清晰。

交流内部障碍（internal communication barriers）

指影响交流的心理因素。它存在于交流双方的大脑中，并在交流过程表现出来。它不但影响信息编码和解码，同时也影响信息的发送方式以及对信息的解释。内部障碍包括偏见、态度、生活阅历、所受教育程度、语词的选择、人际关系、知觉、假设、成见、担忧、首因效应、胆怯、自我意识、心理图式、身体语言、音调以及习惯、动机等因素。内部障碍较难理解，现有的程序也很难对它们做出准确的定义。

交流外部障碍（external communication barriers）

指影响交流的外部媒介。这些障碍包括噪声、灯光、温度、机组工作负荷、资源的物理位置、政策以及程序等。目前已经形成了许多程序和技术用以预防和克服这些外部障碍。例如，耳机可以用于防止驾驶舱内的噪声，检查单的使用可以使飞行机组的操作程序标准化并有助于他们合理地分配工作负荷。

交流障碍（communication barriers）

指信息在传递和交换过程中，由于信息意图受到干扰或误解，而导致沟通失真的现象，即干扰或者阻碍交流以及削弱交流的一切事件。交流障碍存在于交流过程的始终，并随时有可能影响我们的信息发送、接收以及反馈，其主要来自 3 个方面：发送者的障碍、接受者的障碍和信息传播通道的障碍。交流过程的有效性以及由此带来的处境意识水平取决于或者部分取决于飞行机组觉察和处理外部及内部交流障碍的能力。

交流障碍乘客（communication handicapped passenger）

有语言、听觉及视觉障碍的乘客。包括生理上的聋、哑以及听不懂、看不懂语言的乘客。与空勤人员和其他乘客交流困难，容易产生焦虑、忧郁、误解、恼怒等一系列心理反应。尤其是当飞机处于紧急状态、紧急疏散时，会与空勤人员一起，陷入极为困难的境地。因此，空勤人员必须熟知乘客状况，熟悉多种语言，并能用手势语言与之交流，以便防患于未然。

焦虑（anxiety）

一种复杂的复合性负性情绪，是预料到压力但又无能为力去应付的痛苦反应。每一个人都曾经历过焦虑，但程度和持续的时间却有很大的个体差异。它既可以是一种正常的具有适应意义的情绪状态，又可以发展到一定的严重程度而成为异常的神经性焦虑症。正常与异常焦虑的主要区别在于① 焦虑体验的持续时间长短及程度的深浅。正常焦虑持续时间较短、程度较浅。② 焦虑产生及消失的条件。正常焦虑的原因经当事者分析和解释后可以变得比较清楚，异常焦虑则找不到直接的原因。正常焦虑易于消除，而异常焦虑消减后又会反复出现，且来去突然。

接受学习（reception learning）

经验传递系统中，学习者对经验的占有和掌握，转化成自己的经验。即把前人经验变成自己的经验，从而获得经验的过程。与“发现学习”相对。由于接受学习过程中，主体经验的获得，是通过占有他人的经验而获得的，此类经验也叫间接经验，此类学习也叫间接经验式学习。经验的传递不同于物的传递，不可能以不变质、不变形的现成的方式直接进行。经验接受也不能像物的接受那样以现成方式进行，而是必须对传输经验的媒体或信号进行一系列的生理与心理的加工及变换才能实现。因而经验的接受不能视为简单的、被动的、消极的。接受学习具有高级与低级的不同形态。“呆读死记”“一知半解”属于低级状态；“心领神会”“融会贯通”属于高级状态。接受学习是人类个体获取经验的重要来源之一。从人类个体的经验总体来说，绝大多数经验是通过接受学习而获得的间接经验。接受学习是人类创造活动的前提，是保证人类精神文化得以继承发展的必不可少的条件。

结合原则（combination principle）

民航安全文化建设必须与民航发展、行业文化建设、安全管理等结合起来。民航安全文化不能单独发挥作用，必须融合于民航发展大局、安全管理体系、行业文化建设大潮，贯穿于民航安全生产的全过程和每个环节，否则，民航安全文化就会成为无源之水、无本之木。

节省注意（spare attention）

完成基本飞行任务所需要的注意以外的注意，常作为“座舱工作负荷”与“飞行员错误”之间的中间变量。受人员、环境装备、程序设计及任务复杂程度的影响。从“人”自身来说，具有丰富飞行经验和良好技术的飞行员，节省注意比飞行学员多。同一个人，身、心状况良好时比身、心异常时多，设计合理的座舱环境，硬件和程序有助于减轻飞行人员的工作负荷，使其具有较多的节省注意。在飞行的各个阶段中，高空飞行时，飞行员工作负荷较小，节省注意较多，而起飞、着陆阶段工作负荷较大，节省注意较少。一般认为，是飞行员错误和能否及时准确地处置特情的重要影响因素。一般用多重任务测验进行测试。

节律紊乱（desynchronization）

指一个人试图保持一定水平的活动，这种活动与内在节律及有关的唤起不能同步。节律紊乱一般发生在长途跨时区飞行（时差）和轮班之后，由于作息时间与正常的社会作息时间不符，常给飞行人员的工作、学习和生活带来困难和不便。他们的入睡和觉醒时间，可采取逐步或一次性调整以恢复到正常人的节律，并需不断巩固、坚持下去。为防止反复，可结合药物巩固效果。

紧急情况疏散（emergency evacuation）

在飞机失火，故障或迫降等情况下，按紧急疏散程序组织乘客迅速撤离飞机的过程。与人类在紧急情况下的行为表现关系密切。这一过程完成质量的好坏取决于 3 个方面的因素：① 紧急出口的设计是否合理。是否有足够量的紧急出口、打开紧急出口的程序是否繁复、是否符合人的行为习惯，是否考虑到了每一位乘客到达某一紧急出口的相对距离等。② 空乘人员的业务技术和组织能力。在客舱失火的情况下，浓烟很快会笼罩整个客舱，所有灯光熄灭，如果空乘人员没有经过良好的训练，不能在黑暗环境中迅速打开紧急出口，就会进一步引起乘客的恐慌和骚乱，增加乘客的危险。③ 乘客的心理反应强度和乘客的能力。在危险情境中，乘客的反应可分为 3 类：① 镇定自若，适宜的应激反应；② 呆愣不动、不知所措；③ 惊慌、不顾一切地逃命。对后两类乘客的疏散，空乘人员需要付出极大的努力和耐心。

进近程序（approach procedure）

航空器根据飞行仪表对障碍物保持规定的超障余度所进行的一系列预定的机动飞行。包括进场程序、进近程序及进近失败的复飞程序。必须符合人的心理生理和行为习惯。对进近程序的要求是安全、经济、简便，其整个程序要解决飞机高度的下降、速度的减小、外形的调整、对正跑道、安全着陆这 5 个问题。整个进近程序是飞行事故的多发阶段，约占整个飞行事故的一半，飞行员极易情绪紧张，发生飞行错觉。预防措施有① 飞行人员的心理卫生教育；② 保持飞行中的心身健康，加强医学监督；③ 确实提高仪表飞行技术，重点是仪表设备的使用，锻炼仪表空间定向能力；④ 做好飞行前准备，重点是特殊情况的处置及机组的分工配合；⑤ 飞行过程中实行仪表的交叉检查，综合判断。

近视（myopia）

屈光不正的一种。当眼在调节放松状态下，平行光线进入眼内，其聚焦在视网膜之前，这导致视网膜上不能形成清晰像，称为近视。在眼调节放松的状态下，外界的平行光进入眼内，其焦点正好落在视网膜上，则形成清晰像，称为正视；若焦点无法落在视网膜上，则称为非正视，也就是屈光不正。由于眼球的前后径距离变长、角膜或晶状体的表面曲率增加以及由糖尿病、白内障早期引起的屈光介质的屈光率增加所造成的光线的焦点落在中央凹之前的屈光不正。

进行近着陆中的视性错觉（visual illusion in approach/landing）

因跑道宽窄、坡度、能见度等引起的高度误差错觉。常见的形式有（1）由机场跑道坡度或地形起的视性错觉。向上带坡度的地形或跑道易引起飞行员进近高度偏高的错觉，从而导致进场偏低的后果。向下带坡度的跑道或地形，易引起飞行员高度偏低的错觉，导致进场偏高的后果。（2）机场跑道宽窄引起的视性错觉。比常规偏窄的跑道易引起飞行员进场高度偏高的错觉，导致进场偏低的后果。而比常规偏宽的跑道则易使飞行员产生进场偏低的错觉，导致进场偏高的后果。（3）能见度引起的视性的错觉。风挡玻璃上的雨滴和机场上空的霾，有可能引起飞行员进场高度偏高的错觉，导致进场偏低的后果。（4）“黑洞”效应，黑夜在无特征地形上空进近时，远处明亮的跑道进近灯易使飞行员产生进场高度偏高的错觉，引起进场偏低的后果。“黑洞”效应已在航空史上诱发过多起飞行事故。

近因效应（recency effect）

某些情况下，较近出现的信息会比较早出现的信息的影响更大，这种模式被称为“近因效应”。当人们能更加清楚地记得最后出现的信息而不是最先出现的信息时，近因效应便起作用了。初始效应与近因效应的不同是以时间间隔来区别的。如果人们连续列出有利原因和不利原因，就会出现很强的初始效应。但如果人们在列出有利原因和不利原因之间有 3 min 的间隔，那么就会出现近因效应。

经典条件反射（classical conditioned reflex）

指一个刺激和另一个带有奖赏或惩罚的无条件刺激多次联结，可使个体学会在单独呈现该一刺激时，也能引发类似无条件反应的条件反应。经典条件反射最著名的例子是巴甫洛夫的狗的唾液条件反射。经典条件反射具有获得、消退、恢复、泛化四个特征，它与操作性条件反射既有区别，又有相似之处。以经典条件反射理论为基础的行为治疗方法主要包括厌恶疗法和系统脱敏感疗法。

经验（experience）

亦称“主观经验”。（1）个体在日常生活中形成和积累的习惯、知识、技能、思想和观念等。到现在为止以前所积累的一切东西。不包括对未来的预期和想象。（2）R · R · 梅人格理论术语。个体通过自我意识对内在心理状态中所反映的东西的直接体验。类似胡塞尔现象论中的“现象”。不同于科学，是个人的直接体验，而科学是抽象的理论。亦不同于行为，是内在意识状态，而行为是外在的操作系统。

经验学习（experience learning）

从亲身体验或实际操作中进行学习。作为教育研究的一个课题，始于 20 世纪 30 年代的美国，源于反对传统的课堂讲授。经验学习包括 4 个循环不断的过程：① 获得体验；② 对体验的思考；③ 进一步抽象、概括，产生概念；④ 检验其适当性，并产生新体验。一般认为，经验学习可作为对课堂教学的补充，但不宜替代课堂教学与学习。

酒精的高度效应（alcohol altitude effect）

人体对酒精的代谢速度随飞行高度的增加而下降的现象。在海平面高度上，一般人代谢一盎司（约 28 g）酒精只需约 3 h，而在 4 km 高度上，则要花费 4 倍以上的时间。飞行人员或乘客在飞行前、飞行中饮用过多的酒精饮料，会产生较长时间的持续影响。这对保障飞行安全、维护客舱秩序极为不利。

局部疲劳（local fatigue）

指身体某一局部因持续运动或其他因素所导致的局部器官功能下降，又称器官疲劳；如局部肌肉训练后疲劳、用眼过度后的视觉疲劳等。局部疲劳表现为肢体酸痛、胀痛、乏力、运动能力下降。因劳动组织和劳动制度的不合理导致劳动时间过长、劳动负荷过大、工作速度过快、工作体位不良、工作岗位不稳定、夜班连续作业等。以上情况由于消耗劳动者体内大量能量容易导致疲劳。

聚合思维（convergent thinking）

亦称辐合思维。指人们把问题所提供的各种信息聚合起来得出一个正确的或最好的答案的思维，是依据已有的信息和各种设想，朝着问题解决的方向，求得最佳方案和结果的思维操作过程。以航路前方存在浓积云需要绕飞为例，机组成员最终从几种可能方案中选择出一个最佳解决方案，如从左侧绕飞，这就是聚合思维。只有当问题存在有一个正确答案或一个最好解决方案的，才会有聚合式思维。

聚焦策略（focusing strategy）

亦称“整体性策略”。概念形成策略。在概念形成中，将第一个肯定的概念实例中的全部特征作为初始假设，然后经过检验逐渐排除无关的特征，直至把握概念的全部特征。分保守性聚焦和博弈性聚焦两种。前者指选择一个正例作为焦点建立假设，然后根据新的例子不断对假设进行检验，每次检验一个维度，通过“层层剥皮”排除无关难度，最后形成概念。后者指在形成假设后，每次同时对两个或两个以上的维度进行检验，试图一举达到目的。博弈性聚焦不能保证成功，但有可能在短时间内迅速地确定概念，因此被试常常采用这种策略。聚焦策略的优点是在每次进聚焦检验时，只需要记住与假设有关的刺激维度，无关的维度可以排除在记忆之外，从而将对记忆容量的需求减少到最低限度。使用这种策略也不会发生反正矛盾的情况，有利于顺利地形成概念。

决策（decision）

对各种解决问题的方案进行评估比较，最后做出选择的过程。认知心理学的研究一般将决策过程划分为 6 个阶段：① 辨识问题；② 收集信息；③ 提出可能的解决方案；④ 评估备选方案；⑤ 选择方案；⑥ 付诸实践。H·A·西蒙作为现代决策理论的创始人在决策方面的主要贡献有：① 提出有限理论性决策，以满意解代替最优解。由于人们处理信息的能力有限，所以不可能达到“最优”的决策，只能找到“令人满意”的方案。② 提出非程序化决策。人类活动可分为两类：重复出现的例行活动和不重复出现的非例行活动。对前者的决策可建立一定程序，称为程序决策。而对后者的活动进行决策，称为非程序化决策。③ 非程序化决策的方法就是搜索式地解决问题。这是一种启发式的思维和解题过程。用这种方法找到一个“令人满意解”，要简单容易得多，可以以计算机模拟人的思维过程进行择优选择。

决策差错（decision-making error）

指可以的行为按照计划进行了，但是计划不充分，或者对形势分析不恰当而导致的差错。它常常被视为“诚实的错误”，这些不安全行为代表心地善良的个人的作为或者不作为，不过他们缺乏恰当的知识或者仅仅是做出了错误的选择。

决策训练（decision-making training）

飞行员对数据、资料、行为事件进行分析、评定的有计划练习。判断是对信息的价值和重要性进行评定，其正确性受飞行员生理、心理素质、专业技能水平的影响。主要训练方法：① 课堂学习和讨论；② 模拟机飞行专业技能训练；③ 面向航线的飞行训练（LOFT）；④ 情报交流和研讨。

决策陷阱（decision-making trap）

指在决策过程中，导致人类出现低劣决策的人类固有思维倾向性或常见的错误倾向。决策陷阱不是人类思维的缺陷，仅是人类思维的倾向性所致。决策陷阱可以分为以下几种：“沉锚”陷阱，“有力证据”陷阱，“框架”陷阱，“霍布森选择”的陷阱，“布里丹选择”的陷阱。

绝对感觉阈限（absolute sensory threshold）

那种刚刚引起感觉的最小刺激量。并不是任何强度的刺激都能引起人的感觉，刺激强度过弱或过强都不会产生感觉。绝对感觉阈限并不是一个单一的强度值，而是统计学上的概念。在测量感觉阈限时，随着刺激量逐渐增加，被试对刺激从觉察不到，到有时能觉察到有时觉察不到，再到完全能觉察到。随着刺激量的增加，被试报告觉察到刺激的次数百分数随之增加，这种曲线称为心理函数，它表示心理量（感觉经验）与物理量（刺激的物理强度）之间的关系。按照惯例，心理学家把有 50%的次数被感觉到的刺激值定为绝对阈限。阈限有一个逐渐过渡的强度范围。绝对感觉阈限可因刺激物的性质和机体的状况而有所不同。例如，活动的性质、刺激强度、刺激持续时间、个体的自身状况，都会影响绝对感觉阈限。

绝对感受性（absolute sensitivity）

刚刚能觉察出最小刺激量的能力。绝对感受性的大小用绝对感觉阈限的大小来度量。绝对感觉阈限越大，表明绝对感受性越低；绝对感觉阈限越小，则表明绝对感受性越高。因此，绝对感受性与绝对感觉阈限在数值上成反比例。用公式表示为 $E=\frac{1}{R}$。式中，E 代表绝对感受性，R 代表绝对感觉阈限。

K

卡特尔 16 种人格因素问卷（Cattell's sixteen Personality Factors questionnaire, 16 PF）

亦称人格调查表。美国伊利诺伊州立大学教授 R·B·卡特尔 1949 年基于人格词汇学和因素分析编制。包含 16 种人格特质：乐群性或热情性（A）、聪慧性或理智性（B）、稳定性或情绪稳定性（C）、恃强性或支配性（E）、兴奋性或活泼性（F）、有恒性或规则自觉性（G）、敢为性或社会果敢性（H）、敏感性（I）、怀疑性或警惕性（L）、幻想性（M）、世故性或私密性（N）、忧虑性（O）、实验性或变化开放性（Q1）、独立性或自主性（Q2）、自律性或完美性（Q）、紧张性（Q4）。这 16 种人格特质各自独立，与其他特质的相关系数极小，其不同组合构成个体的独特人格。英文版共有 A、B、C 三个复本（1956—1957 年相继出版），每本各有 187 题，每种人格因素由 10 ~ 13 个测题组成的量表测量。每种因素的测题按序轮流排列。每题采用陈述句形式，有 3 种答案可供选择：A 是的，B 介于 A 与 C 之间，C 不是的。凡答案与记分标准相符者为 2 分，相反为 0 分，中间者给 1 分。分数不能孤立解释，应把各因素分数与全体因素组合起来解释。既可个别施测，也可团体施测。高中以上有阅读能力者应当在 45 ~ 60 min 内完成。

康复心理治疗（rehabilitative psychotherapy）

对残疾人进行的心理治疗。目标在于消除患者的负性情绪反应，促进其人格的成长。一般根据健全人致残后心理上所历经的几个调整阶段而采取不同的治疗方案。D·W·克鲁格认为，致残后的心理变化分为以下阶段：① 震惊阶段。受伤致残后即刻发生的心理反应阶段，对突然和巨大的打击还未来得及整合，表现为情感上的麻木。② 否定阶段。患者采用心理防御机制，对可能终身残疾这个残酷的现实加以否定，好像什么事也没发生一样，以免引起心理上太大的痛苦。③ 抑郁反应阶段。一旦认识到自己将终身残疾，患者立即产生抑郁反应，甚至出现自杀想法或自杀行为。④ 对抗独立阶段。患者出现依赖心理，不积极参加康复训练，不愿出院，怕面对社会。⑤ 适应阶段。患者开始在认知上、情感上和行为上采取一定的应付策略，以适应残疾。具体治疗方法：① 震惊阶段以支持疗法为主，及时来到患者身边，给予温暖和支持；② 否定阶段仍以支持疗法为主，慎重而恰当地告知患者以后，采取防范措施，防止患者一旦知道自己可能终身残疾而出现自杀行为；③ 抑郁反应阶段采用合理情绪疗法，巧妙运用“补偿”“升华”等心理防御机制，让患者看到希望，能用自己尚存的特长，补偿残疾的不足；④ 对抗独立阶段，把生活自理、独立和自强的精神贯穿到患者的生活和康复训练中；⑤ 适应阶段，帮助患者学会自我生活管理，并学习谋生技能。

科里奥利错觉（Corioli’s illusion）

亦称交叉力偶错觉。当人体绕垂直轴（*Z* 轴）旋转的同时，头又绕纵轴（*X* 轴）倾动所产生的绕第三轴即绕横轴（*Y* 轴）的滚转知觉。这是一种十分严重的飞行错觉。它常常突然发生，且强度大，可使人产生强烈的植物性神经反应，眩晕感、旋转感、翻转感等，往往使飞行员不知所措，因而易导致严重飞行事故。有人认为它是最具威胁性的飞行错觉之一。在实际飞行中，当飞机在做盘旋、改变坡度、横滚的同时飞行员又做低头、仰头、左右倾动头或弯腰等动作时，最易发生科里奥利错觉。一种典型的情况：飞行员在按仪表做下滑转弯飞行时，必须转头操纵侧仪表板上的开关、旋钮，这种情况便易诱发科里奥利错觉。

客舱失压（cabin decompression）

当飞行高度超过 3 000 m 的客机客舱因为空调、增压设备故障或玻璃、机体受损等原因导致客舱内气压降低直至等于客舱外气压并持续的过程。客舱的失压过程可能是渐进而缓慢的，某些情况下可能也会发生快速失压，比如舱门或玻璃、机身受损，导致客舱内空气迅速流失。当失压发生时，机组和乘客会暴露于极端的高空环境之中，缺氧症、寒冷、减压病都会发生。失压发生时，在客舱内，飞机会自动放下氧气面罩，机组也可以在必要时主动放下客舱氧气面罩，在驾驶舱内，机组必须主动戴上氧气面罩才能获得氧气。需要注意的是，氧气面罩的供氧时间十分有限，通常在 10 ~ 15 min，这段时间内，机组必须将飞机降低到足够低的高度以获得氧气供给。

客舱文化差异（cabin cultural difference）

来自不同国家、民族及不同阶层的乘客行为习惯的不同。主要表现在① 语言不同，不同的国家、民族使用不同的语言，乘客之间或乘客与空乘人员之间的交流存在一定困难，甚至引起误解；② 公共道德伦理观念不同，有人视在公共场所吸烟、高声交谈等为不道德，也有人认为别人无权干涉自己的嗜好，有人把客舱视为休息的场所，也有人把它视为娱乐场所；③ 饮食习惯不同，不同的人对饮料和航空配餐的喜好不同，如果空乘人员与乘客不能相互理解，便容易产生冲突。客舱文化差异是引起客舱冲突、甚至暴力事件的主要原因之一。

客舱压力（cabin pressure）

飞行过程中，客舱大气的压力大小随飞行高度的变化而不同。客舱内绝对压力低，将引起人体高空低压症：胃肠道气体膨胀引起胀痛感，在 8 000 m 则有明显“气胀”，同时还会引起关节周围组织疼痛，并造成呼吸困难，影响飞行员及乘客的心肺循环。客舱压力变化速度同样会影响飞行人员和乘客的舒适与安全，当高度增加快即客舱压力减小过快时，敏感的中耳内外压力来不及平衡，就会产生“胀耳感”；当高度下降快即客舱压力增大快时，外压高于内压而生产“压耳感”。胀耳感与压耳感在起飞、着陆过程中尤为明显。

客舱职员动机（cabin staff motivation）

客舱职员从事乘务工作的内在动力。客舱职员之间存在很大差异，并且随工作年限的增长，在性质和强度方面发生一定变化。参见“客舱职员厌倦”。

客舱职员厌倦（cabin staff boredom）

工作满意度下降，甚至厌恶空乘工作的现象。因职业工作动机不足而引起。从事空乘工作的人员有着不同性质和强度的职业动机。随着工作时间的延长，她（他）们常常因不得不经常应付乘客的文化差异、不定期的工作、时差效应以及不能经常与家人团聚等而导致职业动机下降，不满意现有职业，产生希望有相对固定的工作的愿望。常在客舱职员的行为中表现出来，如工作热情不高、服务质量下降、与乘客发生纠纷等。

客观心理学(objective psychology)

19 世纪末至 20 世纪初兴起的以强调心理学的自然科学的客观性为根本特征的一些心理学派别的总称。与“主观心理学”相对。包括俄国别赫捷列夫的反射学、巴甫洛夫的条件反射心理学以及由美国华生倡导的行为主义心理学。其共同倾向是强调心理学的客观性，强调研究引起心理活动的外部条件及其在行为中的客观表现，拒绝仅以所谓心理规律解释意识活动。但在意识是否存在、心理学可否涉及意识作用等问题上，又存在极大分歧。美国行为主义心理学创始人华生完全否认意识的存在及对之进行研究的可能，而巴甫洛夫的心理学与之有很大不同。尔后，华生的观点在美国行为主义后继者中亦有很大改变。这表明客观心理学的极端表现不符合心理学发展的需要。但这一派别兴起的事实及以后心理学的发展，亦说明客观性为心理学研究所必需，具有进步意义。

空管班组安全文化（air traffic control team safety culture）

指空管班组在长期安全生产过程中，逐渐形成的或有意识塑造且为全体班组成员接受并遵循的，具有空管班组特色的安全思想和意识、安全作风和态度、安全管理机制及行为规范。有关空管工作价值观念、行业准则、道德规范、管理制度、管理制度、经验总结等因素构成了富有竞争力的空管班组文化。空管班组安全文化是客观存在的，它沉淀、形成于空中交通管理的内部，随着空管的发展而发展变化。

空间失定向（loss of orientation in space）

指飞行员在飞行中不能辨识飞机的状态和位置的现象。空间失定向可分为飞机状态失定向与地点失定向。在飞行中，突然丧失自然定向目标或视野内出现一时难以辨认的定向目标时，可使飞行员产生空间失定向。飞行员情绪过度紧张时也可诱发空间失定向。例如，未受过复杂气象飞行训练且仪表飞行技术差的飞行员，将飞机飞入云层后，因天地线和地标被云层淹没，他又不能利用航空仪表判明飞机状态，从而使飞机处于不明状态下飞行。又如，有的飞行员在黄昏时在海上作横滚飞行，当滚到一半时，看不见海天线，只看到上边一个太阳，下边还有一个太阳（太阳在海中的倒影），从而不能判断自己的飞机状态。发生空间失定向后，飞行员会产生强烈的紧张情绪。这种不良的情绪反应往往会加重失定向程度和延长失定向的持续时间，影响飞行质量和危及飞行安全。

空间表征（spatial representation）

（1）对一个区域的地理学三维特征（位置及地形地貌）的记载和表示。有两种形式：① 言语描述表征。即用描述性的语言记载和表示一区域的三维地理特征。描述是相对的，如上海是位于长江的出海口；也可以是绝对性的，如上海市位于北纬 30°40′ ~ 31°53′，东经 120°51′ ~ 122°12′，市区海拔高度 10 m 左右。② 类比的图示表征。即，将该区域的三维地图特征用心理地图的形式记载和表示。

（2）有机体脑中保持和重现周围环境中熟悉的某些物理空间关系的某种神经活动密码模式。因动物种系发生水平的不同而异。如大鼠以自身运动的动作反馈为主要成分，而人类则以语音为主要记载方法。

空间近视（empty-space myopia）

在外景无特征的飞行中，由于机舱外环境中无特殊景物可吸引注意，飞行员眼睛的焦点常位于眼前 1 ~ 2 m 的某个地方，眼睛保持 0.5 ~ 2.0 屈光度，呈功能性近视状态。空间近视一般发生于高空、海上、雪地上空、浓雾或云中和夜间飞行中。此时，飞行员的视野缺乏具体目标，因此称为空虚视野。出现空中近视时，飞行员不能发现已进入视野、在正常情况下能看清的远处物体，易引发事故或漏失目标。为避免空中近视的发生，飞行员应定期注意自己飞机的机翼或无穷远的目标，以便放松晶体调节。

空间意识（space consciousness）

是指显示器能够提供良好的与任务相关的三维空间信息，使飞行员保持正确的位置意识。由于飞行员需要在充满风险的三维空间中进行各项操作，空间意识要求在不增加注意负荷的条件下飞行员对信息进行一系列的认知加工。在驾驶操作中，飞行员进行认知活动或信息时面临着巨大挑战：第一，系统有 6 种变量需要监控和控制。以飞机为轴线的 3 种方向变量——倾斜、翻滚和偏航，以及 3 种位置变量——高度、飞行路径侧偏和沿飞行路径的位置。第二，在飞行动态环境中，6 种变量具有互相联系性。

空间知觉（space perception）

对物体的形状、大小、远近、方位等空间特性获得的知觉，即对个体生活而言，空间知觉显然是一种必不可少的能力，因为个体生活在三维空间内，在一切活动中，必须随时随地对远近、高低、方向做适当的判断，否则就难免发生困难甚至遭遇危险。动物的猛虎跳涧、猴子攀登、飞鸟归巢，人的上下台阶、穿越马路、工具操作等，无一不是靠空间知觉的判断。空间知觉是多种感觉器协同活动得到的产物，包括视觉、听觉、触觉、运动觉等的活动及相互联系，其中视觉系统起主导作用。空间知觉包括形状知觉、大小知觉、距离知觉、深度知觉（立体知觉）、方位知觉等。空间知觉是在人的后天实践中形成、发展和完善起来的。

空速表（AirSpeed Indicator，ASI）

是指示航空动力学参数的一个非常重要的一个仪表，是飞行器相对周围空气的运动速度。测量和显示空速的仪表称为空速表，是重要的飞行仪表之一。空速表安装在驾驶舱仪表板上，为飞行员测量和指示航空飞行器相对周围空气的运动速度。常用的空速表有指示空速（即表速）表、真实空速（即真速）表和马赫数表 3 种。有的表把几种功能综合在一起构成组合式空速表。

空虚视野近视（empty visual field myopia）

空中功能性近视，在目标物不明确或无特征的空域中飞行时发生，亦称“高空近视”或“空间近视”。发生机理：在霾中、夜间或高空飞行时，由于外景没有特征，飞行员注意力降低，睫状肌收缩，晶状体前凸，屈光力增强，对远处物体的成像发生困难。预防与克服的方法：夜间飞行时，尽可能搜索远处的光源，昼间飞行时，在机翼与无限远之间来回扫视。

空晕病（air sickness）

亦称晕机病或航空病，主要是由于飞行活动的各种加速度，尤其是科里奥利加速度作用于飞行人员的前庭器官而引起的一种综合症。视觉信息和本体感觉信息强烈持久地不一致时也可能引起空晕病。其症状主要表现为头晕、恶心、困倦、出汗、苍白等。飞行人员发病时注意力难以集中，工作绩效下降。空晕病在民航旅客中并不常见，在飞行人员中发病率较高，需通过严格的飞行人员选拔和各种地面训练加以防止。

空中管制员成套测验（air traffic controller test battery）

亦称人员管理办公室成套选拔成套测验。由美国人员管理办公室编制，1981 年 10 月投入使用的管制员心理选拔测验。该套测验由 3 个分测验组成:（1）多重管制能力倾向性测验（MCAT）。该测验模拟空中交通情境和空中交通管制所需要的活动。其中许多项目包含可能会导致飞机冲突的情境，要求应试者对这些情境进行识别。另一些项目则需要计算时间与距离的关系、解释信息以及空间定向。（2）抽象推理测验。该测验包容在多重管制能力倾向性测验之中。（3）职业知识测验（OKT），用于测验与空中交通管制工作有关的知识。

空中交通管制（air traffic control）

为保证飞行安全和提高飞行效率，由地面对飞机及其他航空器的飞行活动进行的监督和强制性管理。主要目的是防止飞机在空中相撞，防止机场区域内飞机与障碍物相撞，保证空中交通通畅有序。为有效地实施，通常在飞行航线的空间划定不同形式的管制区域，并在地面配备必要的导航设施。管制空域的主要形式有航路、空中走廊、航路管制区、塔台管制区和等待空域等。管制系统采用的电子设备主要有导航设备、雷达及各种通信设备。

空中交通管制环境（air traffic control environment）

航空活动中用来进行空中交通管理指挥的环境条件。与规则、程序和技术设施等组合在一起构成空中交通管制的实施保障。对管制员的心理生理以及工作绩效具有重要影响。包括① 塔台管制。包括起落航线、仪表进近程序航线及机场机动区等，主要负责提供塔台管制区内航空器的开车、滑行、起飞以及与其有关的机动飞行的管制服务。② 进近管制。主要负责提供一个或几个机场航空器的进场和离场的管制服务。③ 区域管制。负责对本管制区内飞行提供管制服务，并向有关部门通报飞行预报和动态。

空中交通管制技能（air traffic control skill）

管制、指挥空中交通的能力。与飞行安全、正点、有序及高效直接相关。包括以下方面：① 空中交通管制程序运用能力，指熟悉并能灵活运用飞行程序及相关规则和条例，严格执行规章制度；② 管制技巧，能适当、准确地对飞机进行指挥和调度，在飞机出现特殊情况时给予及时和准确的提醒或帮助；③ 良好的心理和生理机能调节能力，能消除精神紧张，沉着指挥，保证睡眠，防止疲劳；④ 通话技巧，指语言清晰、语速适中、通话时机掌握较好。

空中交通管制决策（air traffic control decision-making）

对有关数据、资料、行为、事件等信息进行分析、判断后做出决定。其正确与否，直接关系到飞行安全，取决于对飞行安全的个人态度、对风险的评估能力、认识及适应紧张压力的能力、改进行为的技术、对自己决策效能的评估等。可归纳为 6 个步骤：① 确定需要决策的情况；② 做出相应的反应；① 选择有利于飞行安全的理想方案；④ 判断方案可以成功控制发生的事情；⑤ 果断采取必要的措施；⑥ 评估措施的效果。

空中交通管制模拟训练（air traffic control simulation training）

利用与实际管制环境相一致的模拟系统对管制员进行的训练。包括塔台模拟、进近模拟、雷达模拟 3 种模拟训练。空中交通管制模拟设备能够模拟产生出接近真实效果的空中交通管制操作环境，解决训练场地和设备缺乏的问题，大大降低训练成本、缩短训练周期；同时还为灵活地进行课程调整提供了可能性；它所提供的学习考评系统可对技术素质进行综合评价和分析。其训练主要内容有管制程序、管制技巧、管制通话、特殊情况下的管制、心理和生理训练等。

空中交通管制员心理选拔（psychological selection of air traffic controller）

对特殊人群进行的心理学选拔。它采用心理学的手段和方法识别出不适合管制工作和适合管制工作的人，从而提高整个管制员队伍的基本素质，减少培训的浪费。20 世纪 60 年代开始，许多国家就开始对初始管制员进行心理选拔，迄今已有 50 多年历史，德国汉莎航空公司从 1989 年开始与德国宇航研究院合作，研制出了微机化管理的管制员综合能力仪器测试，1992 年又对管制员的工作任务进行了详细的分析，并在此基础上建立了管制员心理选拔体系。该职业的主要特点：① 需动态地收集、处理以及分配空中交通信息。② 高时间压力和高时间风险性以及高任务复杂度现象十分明显。③ 管制员培养的费用昂贵和时间漫长，经过 3 ~ 4 年的训练之后，初始管制员才能拿到有效执照。培养一名熟练管制员则需 5 ~ 8 年时间，职业培训费用高达 200 000 欧元，甚至更高。这远远超过其他行业的职业培训费用，甚至比培养一名航线飞行员所需要的费用更高。④ 从投入产出情况看，管制员训练的成功率有限，一般为 80%，但一些国家的通过率仅为 50%。空中交通管制员需要以下心理品质：① 能力品质，包括数字能力（敏感性和辨别力）、抽象推理能力（基于严密的分析与综合）、各种类型的记忆能力（视、听记忆、短时与长时记忆等）、任务计划能力和分时性工作的能力、心理运动能力、良好的注意品质、应变能力、空间定向能力（飞机的三维定向能力）、语义推理与论证、知觉速度、语言的流畅性和准确性以及逻辑性、错误倾向性以及理解能力、决断能力和解决问题的能力；② 个性品质，社会适应性和外倾性、成就动机以及应激耐受力、承受工作负荷的耐受力、情绪稳定性以及耐受厌倦的品质、自信心和挫折容忍力、群体协作倾向。心理选拔常用方法：① 纸笔测试；② 仪器测试；③ 心理会谈。

空中盲距（blind distance in flight）

飞行员在飞行中由于视觉和视觉-运动反应时间在生理限制与飞

机对飞行员操纵响应的时间限制而产生的来不及看清或回避迎面物体的距离。有研究表明，从视网膜接受光刺激到信息传输到视觉中枢引起视觉约需要 0.1 s 的时间。飞行员观察舱内仪表或舱外目标时，需转动视线使关键信息投射到视网膜中央凹位置；有时飞行员需要来回观察舱内外以获取仪表提供的精确信息和目视提供的直观具体信息；当他们看清目标后还要进行判断、作出决策、完成操作动作，以及让飞机作出相应的响应，改变飞行状态。这些过程都需要时间，这段时间将产生空间盲距。空间盲距的大小与飞机的飞行速度紧密相关。当飞行员接受信息、作出决策、完成操作动作和飞机产生响应等一系列时间一定时，飞机飞行速度越快，空间盲距越大。据估计，从飞行员察觉目标，作出决策、完成操作动作，到飞行状态改变需约 5 s 的时间。如果飞机的飞行速度为 1 000 m/s，飞行员将看不见 100 m 的目标，看不清 1 000 m 以内目标和回避 5 000 m 以内飞机正前方的物体。空间盲距是值得驾驶高速高性能飞机的飞行员重视的一个问题。

空中模拟飞行错觉训练（simulating flight illusion training in the air）

在仪表飞行中进行模拟错觉体验的训练。必须在双座教练机上，在教员或老飞行员的严密控制下进行。一般由教员操纵飞机，学员闭眼体验，然后看仪表指示，判断飞机的状态和位置，并与自身感知情况相比较。利用飞行动作可产生的飞行错觉：平飞加速，产生上升错觉；平飞减速，产生下滑错觉；上升加速，诱发上仰角过大错觉；缓慢转弯和改出转弯，产生俯、仰错觉；匀速转弯中突然改出，产生反旋转错觉。在匀速转弯中作不同平面内的头部运动，产生科里奥利错觉，可使飞行员体验和熟知各类错觉发生的条件，增强处境意识。

恐怖症(phobia)

亦称“恐惧性神经症”，神经症的一种。基本特征是对某类物体、某种情境或某些活动产生持续而强烈的紧张、恐惧和回避反应。患者若频繁遭遇恐惧情境会极大妨碍其正常的生活行为。患者害怕的客体或处境是外在的（患者身体以外的），尽管当时并无危险。恐惧发作时往往伴有显著的植物神经症状。患者极力回避害怕的客体或处境，是特征性的。患者也知道这种害怕情绪是过分的或不必要的、不合理的，但这种正确的认知并不能防止不合理的恐惧情绪发作。根据恐惧的对象，可分为 3 类：① 广场恐怖症。恐惧对象主要为某些特定的环境，如高处、广场、闭室、黑暗以及拥挤的场所。② 特定物体恐怖症。恐惧对象是某些特定物体，可以是有生命的，亦可是无生命的，如动物、鲜血或尖锐锋利的物品。③ 社交恐怖症。恐惧主要是发生在社交场合和人际接触时。

跨文化心理疗法(transculture psychotherapy)

亦称心理治疗方法。治疗者与病人的文化背景明显，强调文化因素对于心理治疗的制约性。如在强调个人独立的社会里，心理治疗的目标往往侧重帮助患者在社会中独立自主，不依赖他人，为自己奋斗。而在一个主张稳定、和谐的社会里，心理治疗则侧重于帮助患者接受现实、顺应自然，并以此态度处理人生问题。因而治疗中较多考虑患者的文化背景，尽力采用患者所能接受的治疗方式和内容。

快波睡眠（Fast Wave Sleep，FWS）

亦称异相睡眠或快动眼睡眠。此睡眠时相的脑电图特征是呈现去同步化的快波，出现与清醒状态时的脑波相似的高频率、低波幅脑波；全身肌肉完全松弛，但有的小肌肉如脚趾、手指、面肌还有抽动；呼吸变快、脉搏、血压升高变得不规则等交感神经兴奋现象；个体的眼球作间断性快速地来回运动。如果此时将其唤醒，大部分人报告说正在做梦。快波睡眠具有加工信息、储存信息和恢复心理疲劳的作用，是人类所必需的睡眠形式。在人类正常的睡眠过程中，快波睡眠则多出现在下半夜，因此对空勤人员而言，早出勤将导致更为严重的快波睡眠部分的缺失。

快乐（happiness）

一个人追求并达到所盼望的目的时产生的情绪体验。快乐的程度与目的达到的容易程度和突然性有关，一个目的越难达到，达到后就越快乐。人在意想不到的时候达到目的，带来的快乐越大。快乐有强度上的差异，从满意开始到愉快、快乐，直到狂喜。

狂信型人格障碍（fanatic personality disorder）

人格障碍的一种。主要表现：固执，敏感，多疑；心胸狭窄，好嫉妒；自我评价过高，遇有挫折时，责备他人或推诿于客观；固执己见，坚持一些不甚清楚或无意义的细节；较死板，缺乏幽默感。易发展成为偏执狂或精神分裂症。由于狂喜与固执，患者的社会适应不良，易与他人发生冲突，在不利条件下会进行暴力性犯罪行为。

L

劳动心理学（labor psychology）

应用心理学分支分科。研究人的职业特征和劳动者在掌握与改进生产技术过程中的心理活动特点和规律。研究内容包括① 劳动技能形成的特点和规律，探讨劳动者掌握新技能的方法；② 各种职业劳动的特点及对劳动者心理素质的要求；③ 动作时间问题，以寻求最经济的工作方法，为工作时间测量、制定劳动定额和劳动考核提供依据；④ 工作负荷、疲劳和工作应激对人体的影响，以分析导致疲劳的因素，探讨合理确定工作休息周期的方法和其他减缓疲劳的措施；⑤ 不同工作环境（照明、噪声、微气候和振动等)产生的心理效应，以进行合理的工作环境设计，提高工作效率和安全。该学科与人事心理学、职业心理学、安全心理学、人类工效学、劳动生理学有密切的联系。

老花眼（presbyopia）

一种因为年龄原因所导致的眼部生理性调节功能减弱。从 40 多岁开始，随着年龄增长，眼球晶状体逐渐硬化、增厚，而且眼部肌肉的调节能力也随之减退，导致变焦能力降低，使得飞行员在需要识读近距离的文件与信息时变得困难。

老年期人格（personality in old age）

个体老年期的人格变化和特征，老年人人格因遭受到各种丧失而易产生明显的变化。其明显特点是自尊心强、衰老感强及希望作出贡献传于后世，其类型有 5 种：① 成熟型。这一类型个体感到自己的一生富有成就，退休时心安理得，毫无挂念，对自己及自己的过去和现在都能很好接受，以强烈的关心和积极的态度对待现在。对人生抱乐观态度，对未来充满希望，满足自己一生完成的事业，在退休后还努力继续参加一些积极的社会活动，在人际关系上有充实感，努力保持亲密的朋友关系。② 安乐型。这类个体对退休的现状能够接受，但态度是消极的。③ 装甲型。这类个体为走向老龄化的恐怖所威胁，设置了牢固的防御体系，总是精力充沛地活动，以此来排除对自身功能降低产生的不安，从意识上来逃避自己老龄化这一现象。④ 易怒型，这类个体不服老，不能适应退休生活，对未能达到的人生目标而怨恨、绝望，将其原因归罪于别人，非难别人，自寻苦恼，攻击性强、充满偏见，往往表现为神经症倾向。⑤ 自我厌恶型。把自己的一生看作是失败的一生，并归罪于自己，责备自己，对别人也不关心。

冷生理效应（physiological effect of cold）

低温引起的生理反应和影响。在低温环境中，人体可通过代偿性生理调节功能来抵御寒冷，表现为① 外周血管收缩，更多的血液流向内部，皮肤温度下降，促使人体的对流和辐射散热量减少。然而在不很强的低温条件下，手足等部位会出现寒冷性血管舒张，使皮肤升温。这虽然不利于保护深部体温，但可以防止冻伤和改善手功能的作用。② 骨骼肌活动水平增强，人体出现寒颤。强烈的全身性寒颤可产生约休息水平时 6 倍的热量。寒颤的产热量可使体温不再下降或减少下降，但不能使体温上升。③ 代谢率有所提高。这是由一连串的神经-体液作用完成的，被称为“非寒颤性产热”。④ 与代谢率提高相适应，心率、心搏量、血压、呼吸率和肺通量都有所提高。人体的抗寒代偿能力是有限的，超过限度，低温将对人产生伤害。

离散性差错（discrete error）

指在一系列好成绩中或好成绩后偶尔出现一次离中趋势很大的错误形式，这是最难以预料和管理的一种差错。飞行训练中把那些通常着陆很准确，但偶尔莫名其妙的目测偏低的飞行学员称为犯了离散性错误。

立体视觉（stereoscopic vision）

双眼观察景物能分辨物体远近形态的感觉。陆上哺乳类动物都有两只眼睛，其中素食动物的眼睛大多生于头部的左右两边，这种构造有利的地方是任何时候都能看见四周的景物，有利于及早发现捕食者。人类和其他的肉食、杂食动物，无需处处提防捕食者，反之要在捕食时准确判断自己与猎物的位置，所以演化出两眼向前的头部结构，并发展出利用双眼所见之差别来计算距离的能力。

粒子辐射（corpuscular radiation）

由辐射源发射出的粒子，称“粒子辐射”亦称“微粒辐射”。已发现的粒子已有 30 余种，连同其共振态（激发态）共 300 余种，可分为带电粒子与不带电粒子两类，前者如 α 粒子、β 粒子，后者如中子。由于粒子辐射的能量大、穿透力强，故在一定高度以上即可能对人体造成危害。特别是太阳耀斑爆发时所喷射出的强大粒子流会给航空和航天活动带来严重威胁。

理性决策模型（rational decision-making model）

一种舍弃一些次要变量，使问题的分析得以简化，形成有效的分析框架，从而解释人类决策的理论。理性决策在实际中必须具备以下基本条件：① 决策过程中必须获得全部有效的信息；② 寻找出与实现目标相关的所有决策方案；③ 能够准确地预测出每一个方案在不同的客观条件下所能产生的结果；④ 清楚决策的影响因素；⑤ 可以选择出最优化的决策方案。

联觉（synesthesia）

联想的特殊形式。一种感觉引起另一种感觉的心理现象。常见的有颜色与温度联觉、色听联觉以及视听联觉。颜色中的红、橙、黄等颜色使人产生温暖的感觉，绿、蓝等颜色使人产生冷的感觉。色听联觉指个体听到某种声音时产生鲜明的彩色形象。视听联觉指个体在声音的作用下产生某种视觉形象，常出现在有一定造诣的音乐家身上。各种感觉相互作用的一种表现。个体差异性大，其鲜明程度及产生的难易程度因人而异，类型亦不同。在各种联觉中，视觉是主要成分，如视听、视嗅、视味、视触等联觉。其产生有时需要一定的条件，如闭眼、心境平和且注意力集中听音乐时，易引起相应的视觉而产生视听联觉。20 世纪兴起的彩色音乐及激光色彩音乐即利用视听联觉效应来丰富音乐作品中的形象。有些人具有很稳定的某种类型的联觉。联觉现象在教育、建筑、宣传、广告、烹饪等领域有广泛的应用价值。

联想学习（associative learning）

学习的一种形式，环境事件与有机体自身反应之间形成联系的过程。其基本假设是两个事件 A 和 B 在一起的经验使人在他们内部特征之间建立联想，这种联想会由于各种原因在强度上发生变化，从而影响当 A 进入意识时，回忆起 B 的可能性与速度。在动物主要指经典条件作用学习和操作条件作用学习两种形式；在人则还包括语言学习、感觉运动学习以及技能学习。它一直是联想心理学思考的课题。艾宾浩斯第一次用实验方法对它进行了定量的研究。他对语言学习中系列学习、自由回忆学习、配对联想学习 3 种模式进行了深入的研究。

连续筛选模式（successive selection model）

选拔飞行学员的一种理论。就测量有效性而言，一次性筛选可能达不到预期效果，应采取多级选拔的方法，才能达到择优淘劣的目的。日本、法国等国曾采用这一模式，通过入学前测试、入学后的带飞观察和飞行考核，逐级淘汰，对飞行员进行连续性筛选。

练习（practice）

以掌握一定技能为目的，进行重复性操作的行为过程。学员的练习一般是在教师指导下，有目的、有组织、有计划地进行的。学员巩固知识和发展技能的基本途径。有效的练习必须① 有明确的目的、要求和计划；② 采取正确的练习方法；③ 及时反馈，使学员知道练习的结果；④ 具有适当的练习速度；⑤ 合理安排练习的次数和时间分配。在练习的过程中技能进步的情况可用练习曲线来表示。从练习曲线上看出在技能形成过程中学习效率、活动速度和准确性等的变化。

练习效应（practice effect）

重复练习对个体行为显著改变的影响或以前类似的活动对新的学习成绩的影响。练习对新的学习会产生正面影响，也会产生负面影响。成就测验有很高的练习效应，能力测验很少或没有这种效应。

良性冲突（functional conflict）

有关冲突的互动观点的一种看法。这种看法认为，某些冲突可以支持群体或组织的目标并增进其绩效，这些冲突称为良性冲突，亦称建设性冲突。良性冲突有几个特点：① 仅限于观点讨论，不存在人身攻击；② 和“恶性冲突”或消极争吵有类似的表象，非常激烈、情绪化，有的人可能会气恼；③ 让人感觉不舒服；④ 良性冲突的目的是快速有效地找到最佳解决方案，需要彻底、公开地进行争论；⑤ 争论结束后，不会有残留的情绪、不满，而是马上进入另一个议题。

量表研究法（scale study）

运用根据一定的测量、统计原理编制的量表，对假设的某种心理学问题进行测评和检验的一种方法。被广泛运用在态度的测量与评定中。态度量表是一种较为精确的测量工具，它给被试提供由一组相关联的叙述句或项目组成的并以有关态度或价值观内容为主题的材料，以了解被试反应。测量时，由于人们反应的方向不同（赞成或反对），在肯定或否定的程度上也有差异，研究者可据此推测其态度。

临近阈限技术（near-threshold technique）

飞行员处境意识的训练技术。西克瑞斯特（Secrist）1993 年开始使用。理论基础：处境意识既然是飞行员对处境信息（飞机、环境、操纵、他人及自身）的认知，那么便与人的知觉阈限有关。飞行员对异常情况的知觉速度和准确度是保证及时准确处理问题的前提。如果能对飞行员的知觉阈限进行训练，无疑会提高其知觉速度，进而提高其处境意识。基于这一认识，他采用临近阈限刺激对被试进行训练。结果表明，被试对临近阈限的辨别能力提高，表现为所需刺激强度降低、反应时间缩短、准确性提高，并且可以正迁移到其他情境中。

领导与管理（leadership and management）

指在飞行过程中，机长率领、引导、影响机组成员按预定的规范，为保证飞行的安全性、舒适性和经济性而进行的一系列事件活动。这些活动有着特定的基本功能，主要表现为以下两点：① 组织功能。一个领导需设置一个清晰的目标，并将其向机组成员交代清楚。所设置的目标既可以直接指向于某个特殊的飞行任务，也可以指向于一般意义上的飞行安全和飞行效益。② 激励功能。在飞行过程中，应合理应用精神激励和信息激励的方式，正确引导机组成员，把组织目标和个人需要有机地结合和协调起来，并采用各种手段，因地制宜地调动机组成员的工作积极性，主动创造良好的工作氛围，鼓励机组成员做好自己的本职工作，提高机组成员的工作效率。

逻辑记忆（logical memory）

以思想、概念或命题等形式为内容的记忆。这种记忆所保持的不是具体的形象，而是反映客观事物本质和规律的定义、定论、公式、法则等，如对数学定理、公式、哲学命题等内容的记忆。这类记忆是以抽象逻辑思维为基础的，具有概括性、理解性和逻辑性等特点。

逻辑判断（logical judgment）

判断的一种类型。按逻辑法则，通过推理对某一方案、假设、思想、理论等进行是非、正误、真伪的判断。如对“鲸不是鱼，是哺乳动物”的命题，逻辑判断过程：① 鱼为卵生，用鳃呼吸；② 哺乳动物为胎生，用肺呼吸；③ 鲸为胎生，用肺呼吸；④“鲸不是鱼，是哺乳动物”的命题成立。判断的法则是三段论。逻辑判断与经验判断、实践检验不同。逻辑判断可在一个方案或假设付诸实践前，检查它的正确性和可行性。一个方案或假设只有经过逻辑判断证明是正确，才能付诸实践；若在逻辑判断上证明它不符合逻辑，在事件时也必然不符合客观实际。在实践中，仍要通过逻辑盘判断，对实际活动进行调整。

M

马斯洛需要层次理论（Maslow's hierarchy of needs）

马斯洛理论把需求分成生理需求、安全需求、爱和归属感、尊重和自我实现 5 类，依次由较低层次到较高层次排列。在自我实现需求之后，还有自我超越需求，但通常不作为马斯洛需求层次理论中必要的层次，大多数会将自我超越合并至自我实现需求当中。

满意感理论（satisfaction theory）

关于工作满意程度的学说或模式。主要有以下几种：① 需求满足理论。认为满足感取决于个体对工作或工作环境所带来他认为有价值的成果的满意程度。满足不仅与已经获得的成果有关，同样与那些期望获得或可能达到的成果有关。② 差异理论。认为满足感取决于个体感觉到他从工作中获得的结果与他希望从工作中获得的相符程度。其代表性的理论是 C · 莫尔斯等 1953 年提出的差异模式。他们认为，满足感就是“差异的水平”。期望得到的与实际得到的相差越大，满足感越小。③ 社会参照群理论。认为个体的平衡是参照一个群体中别人的观点与特征。特别是别人的特征在个体的平衡中起着重要作用，即与个体同类型的另一些人的某些特点（如工资水平）常常成为某个体平衡自己的一种社会指标。④ 多层面的满意模式。劳勒尔 1973 年综合公平理论与差异理论提出。该模式认为，个体的满意感取决于 3 个方面：得到的与期望得到的成绩之间的差异程度；个体认为取得的成果与工作要求取得的差异程度；个体感觉自己应该具备的特征（包括技术、经验、训练、年龄、表现等）与工作的要求（如水平、难度、责任感等）之间的差异程度。

满意决策模型（satisfactory decision-making model）

一种决策模型。在考察了理性决策、追求最大化和最优化的决策模式后，西蒙提出，由于人的观念、智慧、认知力、知识、技能、精力、时间等是有限的，所以人们不可能总是把所有的问题都考虑到，找到最佳的目标和最佳的方法，追求极大化；甚至，连最优化的可能都没有。有人认为可以是在特定条件下的最优，实际上，由于信息、认知、机遇、思考能力、未知的变化，甚至一念之差，他并不知道是不是当时的最优，其选择也不可能是已有条件下的最优。他可能对自己的偏好曲线都不知道，决策的依据是他当时的满意度。只要对决策的目标和执行的手段基本满意，他们就会做出决定，开始行动。

慢波睡眠（Slow Wave Sleep，SWS）

亦称正相睡眠或慢动眼睡眠。慢波睡眠的脑电图特征是呈现同步化的慢波，脑电波的总体变化趋势是，频率渐缓，振幅变大；在整个慢波睡眠中，以副交感神经活动占优势，可能引起心率减慢，血压降低，胃肠活动增加，全身肌肉松弛，但没有张力和活力，体温下降，生长激素分泌达到高峰，免疫物质产生最多。在人类正常的睡眠过程中，慢波睡眠则多出现在上半夜，由于人类昼夜节律具有保持其自身位相稳定的特征，因此当空勤人员值晚班以后，更多导致的是慢波睡眠部分的缺失。

慢性高空缺氧（chronic altitude hypoxia）

是长期（数日到数年，甚至更长时间）或者反复暴露于轻度或中等程度低氧环境条件之下所引起生理及病理反应。此种情况下，肺泡气氧分压长期或间断地处于较低水平。其主要表现：劳动能力下降，体力与脑力活动均容易疲劳且不易恢复，头痛，失眠，注意力、记忆力减退，消化功能障碍，甚至有更严重的症状和体征等。例如，在3 400 ~ 3 700 m条件下暴露 8 ~ 24 h 以后，几乎所有人都要发生程度不同的急性高山病症状，如气促、头痛、失眠、不能集中精力完成复杂任务以及恶心、呕吐等；但如在该高度停留 2 天以上，则大多数人的症状都有所减轻或者消失，可是，人在这种环境中的体力劳动能力与劳动效率较长时期低于在平原时的水平。以人体的最大氧耗量（反映体力劳动能力）来说，我国高山生理学工作者曾测得在 2 600 m 高度下降了 15%，在 4 000 m，下降了 21%。

慢性疲劳（chronic fatigue）

持续较长时间脑、体活动后产生的疲劳。为了便于研究，1994 年美国疾病控制中心将自我报告的持续 1 个月或 1 个月以上的疲劳称为长时间疲劳，将持续或反复发作 6 个月或 6 个月以上的疲劳称为慢性疲劳。将慢性疲劳又分为两类：如果疲劳的严重程度及伴随症状满足美国疾病控制中心制订的慢性疲劳综合征（Chronic Fatigue Syndrome，CFS）诊断标准，则归类为慢性疲劳综合征；如果疲劳的严重程度及伴随症状不满足该诊断标准，则归类为原发性慢性疲劳。

慢性疲劳综合征（Chronic Fatigue Syndrome，CFS）

是一组以长期极度疲劳为主要表现的全身性综合征，常伴有头痛、咽喉痛、淋巴结肿大和压痛、肌肉关节疼痛以及多种神经精神症状，其基本特征为新发生的、持续性或反复发作的虚弱性疲劳，持续时间≥6 个月，卧床休息不能缓解，而各项体检检查和实验室检查无明显的异常发现。CFS 对患者的工作和生活造成较严重的影响，受到医学界的高度重视。CFS 不属于亚健康，目前已被正式纳入疾病分类中。

慢性失眠（chronic insomnia）

亦称为临床性失眠，是指失眠症状至少持续 3 周的失眠。飞行员如果出现慢性失眠，就必须尽快采取措施，去医院就医。部分慢性失眠患者由暂时性失眠延续而来，另一些是由于躯体化焦虑状态所致，如不安、忧虑、过度警惕、反复思量等。同时，失眠的人往往会越想睡眠越难以入睡，越发变得对失眠过分关心和忧虑，这样失眠又反过来加重症状形成恶性循环。长期应用安眠药也可能是造成慢性失眠的重要原因，一些安眠药的长期使用不但对失眠没有帮助，反而会加重失眠。

慢性应激源（chronic stressor）

指持续时间较长，使人精疲力竭的应激源。如没完没了的家庭纠纷、人际关系长期紧张、长期过分担心生活安全等。一般而言，急性应激源较易应付，但慢性应激源则很难克服。

盲点（blind point）

亦称“生理盲点”，位于视网膜鼻侧部距中央凹 12° ~ 15°位置的小区。视神经节细胞的轴突汇聚成束，向内穿过眼球后壁，形成视神经，进入大脑。此处没有视锥细胞和视杆细胞，不能感受视觉刺激。射入眼内的光线如果落在此处，不会产生视觉信息。之所以没有感到它的存在，一是因为人有两个眼睛，双眼的视野有部分重叠，刚好覆盖了盲点的感觉区域，二是眼睛的注视点时刻不停地跳跃转换，掩盖了盲点的存在。

沉锚效应（anchoring effect）

指的是人们在对某人某事做出判断时，易受第一印象或第一信息支配，就像沉入海底的锚一样把人们的思想固定在某处。作为一种心理现象，沉锚效应普遍存在于生活的方方面面。第一印象和先入为主是其在社会生活中的表现形式。

冒险倾向（risk propensity）

个体具有的冒险意识和冒险行为倾向。研究表明，个体在冒险方面的差异十分明显，人的年龄、性别、职业、文化差异以及其他的一些人格特质与冒险行为相关。具有冒险倾向的人往往也是事故易发者，错误认知风险或有意接受风险是事故的主要原因。通过事故情景分析，发现导致事故的冒险行为可分为三级水平：操作性的（日常工作行为）、战术性的（事件决策）和战略性的（计划和长期决策）。

冒险迁移（risk shift）

群体决策比个人决策更容易出现冒险倾向的现象。这种现象表明，当人们集合在一起时，比他们单独活动更富冒险精神。社会心理学家进行了许多实验，实验中采用“选择困境问卷”，假设有几种情境，让被试作出选择，或让被试参加游戏，令其对两种情况进行选择（一是获利小但概率高，一是获利高但概率低）。研究首先让被试在单独情况下作出选择，然后让其所属群体共同讨论，再让被试单独进行选择。结果发现，经过群体共同讨论后，被试的选择都趋向于更冒险。对此，心理学家们提出了 3 种解释：① 责任扩散论。认为群体比个体更容易做出冒险决定，是由于决定的责任广泛地落到了每个成员身上，任何一个个体都不必对错误的决定承担全部责任，所以群体比个体更大胆。② 文化价值论。认为要看人们所处的文化背景中是否推崇冒险行为。如研究认为，西方社会竞争激烈，强调个人的发展和表现，所以更倾向于冒险行为。③ 领导者影响论。小群体中恰恰有一些极富冒险精神的领导型人物，其他成员受到他们的影响，也会倾向于冒险。

美国空军军官资格检查（American air Force Officer Qualification Tests，AFOQT）

美国于 50 年代中期研制的、用于选拔飞行员和领航员的成套纸笔测验。该测验共由 16 个分测验组成。其中，飞行员适用的分测验 8 项，由语词类比、机械理解、电子迷宫、表尺阅读、仪表理解、图表阅读和航空信息等测验组成。领航员测验除包括表尺阅读、表格阅读以及数学理解外，更侧重于对数学和空间定向能力的测查。该套测验在美国一直沿用至今。

美国陆军航空兵合格检查（american army airman qualifying examination）

1942 年美国开始用于选拔陆军航空兵飞行员的心理学成套测验。该测验全部为纸笔测验，检查项目有一般词汇、阅读理解力、判断力、计算能力、机械知识和时事常识等。飞行报考新生在经过该测验合格后，再进行“飞行人员分类检查”。根据分类检查结果将他们分配到飞行、领航、轰炸、射击等不同岗位。飞行员分类检查的项目分两类：一类是检查一般智力、语言词汇、阅读理解力、机械理解力以及感知觉等方面的 14 项纸笔测验。另一类是仪器检查，包括复杂协调能力测试、鉴别反应时测试、手指灵活性测试、旋转追踪和注意力分配测试、蹬舵控制测试和双手追踪测试等。采用上述心理学检查方法后，学员的技术停飞率由 60%下降到 25%～30%。

面向航线飞行训练（Line-Oriented Flight Training，LOFT）

亦称 LOFT 训练。在模拟机上实时进行的飞行操练。也是人的因素和驾驶舱资源管理训练的重要手段和方法。可使机组熟悉所有飞行操纵、飞机设备和正常航线飞行程序。1975 年由美国航空航天局和西北航空公司提出并在飞行训练中实施。它利用飞行模拟机和高保真视景系统反映整个航线飞行环境，要求飞行员完成所有航线任务。其主要目的是提高驾驶舱资源管理的效率。训练的主要内容包括① 识别有可能引起错误的应急情境、学会降低错误发生率的方法以及针对各种错误的应对措施。② 汇报飞行任务完成情况时的分析和自我分析。训练过程中，教员原则上持民主的态度，以主持人而非教员的身份出现。在一些航空公司或飞行学院还配备相应的录像装置，以便让学员进行更好的分析和教员讲评。这种训练方式的出现改变了 20 世纪 60 年代以来模拟机训练脱离飞行实际的弊端，把思维训练和动机激发原理融入模拟机高科技之中。这一概念及由此产生的训练技术目前仍处于发展之中，国内外许多著名航空公司、管理当局及飞行学院、学校等正在开展广泛深入研究。

瞄准点与着陆点（aiming point/landing point）

飞机在着陆过程中飞行员视野的中心落在跑道上的位置和飞机着陆拉平后接地的位置。与飞行员的视知觉关系密切。飞机下降接地过程中，视野不断在扩大，而视野的中心就是飞行员用来引导飞机沿着陆方向下降的线索，当飞行员向该位置飞行时，就向该位置周围的区域向外扩张，只要始终保持该位置在这一扩张区的中心，飞机就能准确地飞向跑道上该位置，实际上就是飞机的下滑轨迹，而飞机接地位置是飞机拉平后，飞行员根据接地位置上的物体和地貌结构向四周散开的速度和清晰程度来进行判断的。下滑轨迹则是依据瞄准点与着陆点离开的方向和程度进行判断：当瞄准点在飞行方向上着陆点的远端，则表明下滑轨迹出现偏差，其结果可能会使飞机冲出跑道；当瞄准点在飞行方向上着陆点的近端，则表明下滑轨迹出现偏差，其结果可能会使飞机在跑道外提前接地；其离开的程度越大造成的后果越不堪设想。因此，飞行人员必须综合各种信息进行准确的判断，做出及时的修正，防止出现飞行事故。

民航安全精神文化（civil aviation safety spirit culture）

指民航在长期的安全生产中形成的安全精神成果和安全文化观念，它包括安全哲学思想、安全价值观念、安全理念、安全精神、安全道德以及安全方针等，是民航安全意识形态的总和，是民航安全行为文化、安全制度文化和安全物质文化的升华，是核心层的民航安全文化。

民航安全文化（civil aviation safety culture）

民航各级组织和从业人员在民航安全生产中为保护身心安全与财产安全所创造的安全生产的价值观念、行为规范与物质财富的总和，由民航安全精神文化、行为文化、制度文化与物质文化组成。

民航安全文化变革（civil aviation safety culture reform）

由于受到内外部条件或因素的变化影响，民航安全文化特质发生改变并引起民航安全文化整体结构的变化，这种变革应该是以安全价值观为核心的深层次变化和创新。其变革的根源在于民航安全生产的生产方式以及客观条件发生了根本性的变化。当民航安全生产的内外部条件或因素发生改变，原有的安全文化体系难以适应民航安全生产需要而陷入险境时，就必然会发生文化变革。在一般情况下，民航安全文化变革对民航安全文化发展有着促进作用，而在某些特定条件下，民航安全文化变革也有可能引起民航安全文化的逆转。

民航安全制度的规范体系（standard system of civil aviation safety system）

指民航安全制度中包含行为规范，用以规范民航组织与组织之间、组织与从业人员之间、从业人员与从业人员之间的关系。

敏感性(sensitivity)

R·B·卡特尔提出的16种人格因素问卷中的因素之一。相当于因素I。此因素高分者的特征为易感多情、焦虑急躁、幼稚、富于想象和创造性，但过于神经质；低分者的特征为功利、现实、独立、成熟、自足。该因素主要由后天习得，娇养性情绪过敏者与父母的过度保护和娇宠有关，极度现实感者与父母的严厉、原则性强有关。

明尼苏达多项人格调查表（Minnesota Multiphasic Personality Inventory，MMPI）

人格检测。美国明尼苏达大学心理学家哈瑟韦（S.R.Hathaway）和精神病学家麦金力（J.C.Mckinley）编于20世纪40年代。早期版本包括566个问题。其中有16个重复问题、399个临床方面的问题，涉及情绪体验、思维活动等。由被试根据自己的实际情况对每个问题作出“是”或“否”的回答。这些问题组合成4个效度量表和10个临床量表。效度量表反映被试不合作、防御和掩饰等倾向。临床量表：① 疑病量表（Hs），测试被试的疑病倾向或对健康和身体的关怀程度；② 抑郁量表（D），测量情绪低落、焦虑问题；③ 癔病量表（Hy），反映对心身症状的关注和敏感、敌意和攻击性等倾向；④ 精神病态量表（Pd），测量病态人格倾向；⑤ 男性-女性倾向量表（Mf），测量男性或女性气质差异及同性恋倾向；⑥ 妄想量表（Pa），测量异常思维特征，如怀疑甚至妄想；⑦ 精神衰弱量表（Pt），测量强迫、恐怖等神经症特点；⑧ 精神分裂症量表（Sc），测量怪异思维和行为等精神分裂症特点；⑨ 轻狂轻躁狂量表（Ma），反映过分兴奋、夸大等轻躁狂症特点；⑩ 社会内向量表（Si），测量社会化倾向。各量表条目少则十几条，多则几十条。将分量表项目评分相加，得分表粗分，再将其按 $T=50+10(X-M)/SD$ 换算成 T 分。根据各量表 T 分的高低，进行剖图分析、常见病理变化的编码分析和计算机化的专家分析。问世以来经多次修改，具有良好的信度和效度，在许多国家和地区应用。已有修订版（MMPI-Ⅱ）和多种简化版本。最初目的：从心理学角度区分正常人和各类精神病患者。一度用于精神病诊断和分类。临床应用发现将其作为诊断工具是不恰当的，但作为诊断的辅助方法，反映心理病态或人格障碍，仍不失为一种较好的临床心理量表。

明视觉（photopic vision）

亦称“昼视觉”，是光刺激在较高的亮度水平上作用于视觉器官而产生的视觉现象。人眼视网膜上分布有锥体细胞，集中在视网膜的中央窝及其附近，接受强光的刺激，在强光下起作用，所以叫明视觉器官。锥体细胞能分辨物体的细节和颜色，这就是明视觉。在光亮条件下，视锥细胞能够分辨颜色和事物的细节，其数量决定着视觉敏锐程度。

目视飞行（visual flight）

飞行员直接利用天地线和地面标志等自然景物判断飞机的飞行状态和空中位置的飞行。为保证飞行安全，无论在管制空域内还是管制空域外，对其气象条件都有严格规定，包括云量、云幕高度、大气能见度等。如当云幕高度低于 450 m 时，不能在管制区域内的任何一个机场作目视起飞或着陆，也不得靠目视驾驶飞机进入该机场的交通地带或起落航线。

目视飞行训练（visual flight training）

飞行学员按照地标或天地线等自然视觉线索进行的训练。与视知觉和知觉速度以及动态视敏度等心理品质关系密切。主要目的是通过自然定向物判断飞机的空间位置，学会机械设备和地面设备的使用。飞行员通过飞机座舱的前窗口和侧窗口感知天地线和地标，即可实现空间定位，判断和保持飞机的空间位置和运动参数。必须遵守飞行和训练飞行的有关文件。包括地面准备、预先准备、飞行前准备、飞行实施训练、注意力训练和飞行后讲评。

N

脑电图（ElectroEncephaloGram，EEG）

通过脑电仪将脑部的自发性生物电位加以放大记录而获得的图形，是通过电极记录下来的脑细胞群的自发性、节律性电活动。脑电图由周期、振幅和位相 3 个基本特征组成，α 波，频率为 8 ~ 13 Hz 的正弦波，波幅一般在 10 ~ 50 μV，不超过 100 μV；β 波，波率为 14 ~ 30 Hz，波幅在 5 ~ 20 μV，不超过 50 μV；δ 波，波率为 0.5 ~ 3 Hz，波幅一般在 100 μV；θ 波，波率为 4 ~ 7 Hz，波幅一般在 20 ~ 40 μV；棘波是一种时限很短的电位（20 ~ 60 ms），呈垂直上升和下降；锐波，上升陡直，下降则缓，持续时间 80 ~ 200 ms；棘慢波，是棘波和慢波的复合波，为 25 ~ 35 Hz。正常人的脑电波几乎全由波组成，其波幅、波形和频率两侧均对称。

内呼吸（internal respiration）

人体组织内毛细血管血液与组织细胞之间的气体交换过程，也称组织呼吸（Tissue respiration）。主要包括由血红蛋白运送到身体组织的氧气从血液中解离出来，弥散性地进入人体组织；人体组织产生的 CO_2 反向进入血液。

内隐记忆测验（implicit memory test）

亦称“间接测验”“伴随测验”。记忆测验的一种，与“外显记忆测验”相对。用来证明内隐记忆存在的记忆测验。在测验中，给予被试不同的指导语以控制其反应方向，不要求被试作有意识的回忆，只要求测验任务与学习任务存在某种关系（如语音、语义或形状相似等）。

不要求被试使用学习阶段的某些经验来完成测验任务。测验逻辑是若被试确实未意识到学习任务与测验任务的某些关系，而事实上这些关系又影响了被试的测验成绩，则我们只能说这是无意识的。罗狄杰等将这种记忆测验分为知觉型内隐测验和概念型内隐测验。他们假定完成这两类测验时存在不同的认知操作和神经系统活动。

内隐学习（implicit learning）

学习的一种类型。在不需要意志努力和与任务直接相关的意识经验参与的情况下，被试无意识地获得关于刺激环境和复杂知识的过程。瑞玻在人工语法学习研究中发现，尽管实验字母串所隐含的规则相当复杂，以至无人能口头报告出这些规则，但那些只要求机械识记而不要求寻找语法规则的被试，却能无意识地掌握部分这些规则，具体表现为对语法和非语法字母串的鉴别力提高了。其特点：① 内隐认知学习系统不易受精神或神经异常的影响，具有持久性；② 具有更密集的总体分配特点，表现为个体差异和总体差异较小；③ 不易受标准认知能力测验（如智力测验）的影响；④ 具有自动性、高度概括性和无意识性（不能用语言表达）的特点。其理论存在争议。有人对人工语法学习中的抽象性和无意识性特征提出质疑。

能见度控制（visibility control）

飞行活动中对一定条件下能够看清目标物轮廓的最大距离进行有效的分析和应用。与视知觉有密切关系。它贯穿于整个飞行过程中，特别是起飞、进近着陆阶段对能见度的控制尤为重要，是影响飞行安全的重要因素。飞行要根据气象台预报的能见度及自己得到的信息进行综合判断、决定是否起飞。进近着陆过程飞行必须对机场通报的能见度根据所处的天气环境综合分析、判断，必须注意这时飞行员需要的是倾斜能见度，同时充分利用着陆的灯光系统、目视助航标志进行飞行，防止飞机盲目下降高度去找目标，飞行充分相信飞行仪表，防止出现飞行错觉。

匿名群体决策（anonymous group decision-making）

群体成员在隐蔽个人身份的前提下共同决定群体活动的战略和策略的行为。公开群体决策有许多优点：减少偏见；满足成员的自尊心，提高决策效率；加强成员间的信息沟通，改善群体内人际关系等。同时亦有许多弊端：群体一致性的倾向会压抑不同意见，而这种不同意见可能恰恰是正确的；地位高或有能力的成员的意见可能会被盲目接受，这实际上是借群体决策之名而行个人决策之实。

年级常模（grade norm）

常模的一种。以各年级学生为常模团体建立起来的常模。各年级学生学业成绩的平均值。其功能是为测察在校学生学业成绩程度提供参照标准。一般适用于教育测验。可按月计分。单位通常为10个月（假设一学年中的两个月假期在测量目标上的发展是不重要的）。在年级常模表中，各个原始分与某一年级某一月相对应。由于不同地区的各年级组织、教学内容、教学速度等差异较大而有较大的局限性。

年级分数（grade score）

测验结果以年级为单位表示的分数。把学生的测验成绩与各年级学生的平均成绩相比较，看该生相当于几年级的水平。如一个学生的测验成绩与五年级学生在该测验上的平均成绩相同，那么他在该测验上的年级分数为5，而无论他实际读几年级。属发展量表的一种。反映被试的心理行为发展水平，常在教育成就测验中用于解释测验结果。

年级量表（grade scale）

发展量表的一种。以年级常模为参照点，以年级为测量单位，测查学生学业达到哪个年级的程度。其基本要素：① 一套可区分不同年级组的题目，如大多数小学二年级学生能通过的那些题目代表二年级学生达到的水平；② 一个由各年级被试组成的代表性样本(即常模团体)；③ 一个表明答对哪些题或得多少分应该归入哪个年级的对照表（即常模表）。各地的教学内容不一致，使年级常模的使用受到一定限制。

O

耦合强化（contingent reinforcement）

亦称“后效强化”“随因强化”。一种强化作用。指学习过程中强化作用产生的原理在于，个体先有某种反应，随反应而出现某种对个体有益的结果。亦即由反应结果导致对反应本身的强化的现象。是个体学习某一反应的基本过程，组成一些复杂行为。

耦合契约（contingency contract）

一种行为矫正技术。根据操作条件作用原理设计。具体做法：治疗者与患者事先签订契约，详细说明患者在行为上须达到何种程度的进步才能获得某种奖赏。由于人的行为易受少量但及时、明确的强化物的影响，而不易被虽强大但很遥远、无法肯定的强化物所左右，故通过这种契约能将长远目标转化为近期的强化物，从而矫正行为。

偶然学习（incidental learning）

个体本身没有学习的动机和主动学习的意识，而在偶然或无意识的情况下学到某种经验的现象。与内隐学习不同，内隐学习是在有学习动机或学习意向时，发生在复杂事物学习过程中的一种心理现象；偶然学习是由于刺激与反应在时间上的接近造成的。

P

疲劳（fatigue）

因持续工作造成体力及工作效率下降，并伴随有疲怠感的现象。疲劳是一过性现象，除过度疲劳所造成的累积性疲劳外，经过休息，一般都可消失。疲劳分为生理疲劳和心理疲劳。生理疲劳又称肌肉疲劳或体力疲劳；心理疲劳又称主观疲劳或精神疲劳。疲劳对飞行安全有严重影响，疲劳的飞行员工作效率下降、错误率增加，1997 年 8 月 6 日大韩航空 801 次航班在关岛所发生的飞行事故就与疲劳有着密切的关系。因此，对疲劳进行有效的管理是我国民航当前的一个重要任务。

偏执型人格（paranoid personality）

亦称“偏执型人格障碍”，病态人格的一种。其特点：① 警惕、多疑、防御。常对他人的诚实表示怀疑，爱寻找他人行为的内在动机，易将他人无意的或友好的行为误解为敌意或轻蔑而产生歪曲体验，总认为自己受了蒙骗或愚弄，从而采取过分的探查和防御措施。② 在人际关系中，行为具挑衅性。爱争论，易怒、暴躁，好胜心强，爱嫉妒，对反对和挫折过分敏感，对侮辱和伤害长期耿耿于怀，总将过错推诿于客观或归罪于他人。③ 强烈的自尊心和自主性。害怕失去独立性和自我决策能力，固执己见，主观片面。④ 自我认识偏差，自我评价过高。

贫血性缺氧症（anemic hypoxia）

当血液的携氧能力被破坏时，所出现的缺氧症类型。如患贫血病、献血以及一氧化碳中毒引起血红蛋白与氧的亲合力下降都可导致贫血性缺氧症。一氧化碳中毒是民用航空中引起贫血性缺氧症的最常见原因。发动机散发出的气体、烟草制品，如香烟和雪茄产生的烟雾等都可引起一氧化碳中毒。由于一氧化碳与血红蛋白的亲合力比氧气大200倍以上，因此，只要在吸入气体中存在一氧化碳，血红蛋白便首先与一氧化碳亲合，从而使血红蛋白携带氧的能力大大下降，导致全身性缺氧。一旦发生一氧化碳中毒，轻则损害大脑的功能和视觉，重则导致死亡。

平视显示器（Head Up Display，HUD）

普遍运用在航空器上的飞行辅助仪器。平视的意思是指飞行员不需要低头就能够看到他需要的重要资讯。平视显示器最早出现在军用飞机上，降低飞行员需要低头查看仪表的频率，避免注意力中断以及丧失对状态意识（Situation awareness）的掌握。因为HUD的方便性以及能够提高飞行安全，民航机也纷纷跟进安装。部分汽车业者也以类似的装置作为行销的手段吸引顾客，不过使用上并不广泛。

评定量表（rating scale）

亦称“等第评定量表”。个人行为特质评定工具。其特征是就所要测量的行为特质列举若干有价值高低的项目，由评定者从中选择与受评者最相符的一项，然后化为数量予以评定。项目数量可依实际需要增减。依具体情况，可由受评者自己或他人评定。广泛用于尚无客观测验加以衡量的行为及人格特质评定。其形式有①数字评定量表。提供一个顺序的数字系列，由评定者为受评者的行为确定一个数值（等级）。②描述评定量表。为所要评定的行为提供一组有顺序的文字描述，如好、中、差等，由评定者选出最适合受评者的一个。③标准评定量表。事先提供不同类型人的行为标准，由评定者将受评者的行为与标准对照，把受评者归于某一类型。④强迫选择评定量表。即迫选式评定量表，提供多组词汇或陈述句，评定者必须从中选出最接近受评者的一个。⑤检选量表。提供一个由多个形容词、名词或句子构成的一览表，评定者将所有能描述受评者的项目选出来，最后对结果加以分析。在国外，常用于职工选择评定，作为雇用或晋升职员的辅助工具。

普遍迁移（general transfer）

一译“一般迁移”，亦称“非特殊成分的迁移”。指一种学习中习得的一般原理、原则、方法或态度等，对另一种学习的影响。与“特殊迁移”相对。布鲁纳认为它应是教育过程的核心。学员获得的概念越基本，则适应面越广，迁移范围越大。

PSI 周期理论（physical，sensitive and intellectual cycle theory，PSI cycle theory）

以体力（Physical）、情绪（Sensitive）、智力（Intellectual）的周期为主线，认为人自出生之日起直至死亡终止，体力、情绪、智力都进行着相当于正弦曲线的周期性节律变化，如图 P-1 所示。其中体力周期 23 天、情绪周期为 28 天、智力周期为 33 天。众多事例表明，PSI 周期理论能够在一定程度上对人的身心活动表现予以预测和解释，并且美国和日本的一些公司利用人体的 PSI 周期，合理安排员工工作时间。尽管这些工作也取得了一定的成效，并在 20 世纪 80 年代前后在美日风靡一时，但迄今为止，PSI 周期理论与事故之间的因果关系并未得到科学实验的证实，而且对大量飞行事故的统计学分析表明飞行事故的发生时间与所谓的 PSI 周期没有任何相关。鉴于此，如今美日等国家对该理论的研究热潮也已大大减退。

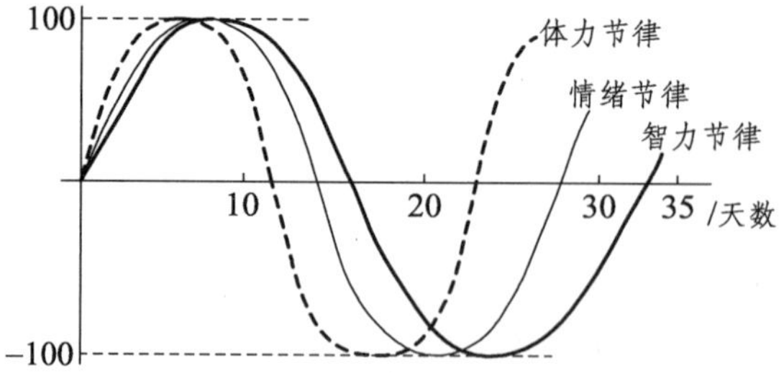

图 P-1　PSI 周期理论

期望（expectancy）

一译“预期”“期待”。在有关经验或内在需求的基础上产生的对自己或他人的行为结果的预测性认知。托尔曼认为，期望是一种可变化的心理状态，学习即期待的获得，即理解手段与目的间的意义联系。加涅、鲁梅尔哈特等人亦强调期望在人类信息加工过程中的作用。罗森塔等人的实验研究表明，期望不仅严重影响着个体自身的行为，而且影响他人的行为。

期望效应（expectancy effect）

亦称“皮格马利翁效应”（Pygmalion effect）、罗森塔尔效应。人们基于对某种情境的知觉而形成的期望，会使该情境产生适应这一期望的效应。期望是对自己或他人的一种判断，希望自己或他人达到某种目标或满足某种行为预期；而由期望而产生的行为结果就是期望效应。

起飞滑行视错觉（visual illusions in taxing）

飞机从停机坪（或客机坪）到起飞位置滑行过程中所产生的一种飞行员利用视觉信息进行空间定向时产生的错误知觉。在滑行过程中，易出现飞机滑错滑行道、滑错方向、滑出滑行道、碰撞拖车（或电源车、气源车、油车）、碰撞廊桥（登机桥）、与其他飞机相撞等地面事故。主要原因是滑行中飞行员目测距离出现差错，注意力分散或分配不当，缺乏机组配合和交互检查、提醒。避免的方法主要有（1）严格听从地面人员指挥，加强观察和机组的协调配合，交互检查和相互提醒；（2）预先熟悉滑行道、联络道的灯光及标志；（3）注意力分配要恰当、灵活，防止注意力固着。

起飞决断速度（decision speed）

起飞滑跑过程中允许开始中断起飞操作的最大速度。即当飞机滑跑速度小于决断 V_1 时，飞行员可以决定并按程序中断起飞，此时飞机能够航空条例规定的条件下，在剩余跑道内停下来。而当飞机速度超过决断速度 V_1 时，只要飞机能够飞行，就应决断并实施继续起飞，飞行员应当果断，机组成员应当分工协调，保证安全。决断速度用校正空速表示。

起降训练（landing-take off training）

飞行活动中，飞行员操纵飞机进行起飞及下降着陆的练习。这个练习主要是训练飞行人员的飞行程序、操纵动作、注意力分配。由于起飞和降落训练的时间短、动作多、连贯性强、准确性要求高，因此是飞行人员心理训练的有效方法。它贯穿于每次飞行中，是最基本的飞行训练内容。在整个起飞和着陆训练过程中，飞行员应该调节好心理状态，自然轻松，动作柔和均匀，快慢适当，注意力分配恰当、灵活，并注意交叉检查，防止出现飞行错觉和空间位置丢失，影响飞行安全。

起飞视错觉（visual illusions in take-off）

起飞过程中飞行员利用视觉感受器信息进行空间定向时所产生的错误知觉。在这一过程中飞行员易出现因光线明暗不同产生的错觉，因能见度和物体大小及亮度不同产生的视性距离（高度）错觉、将跑道标志和跑道灯光认错的辨认错觉。为防止起飞过程出现视性错觉，飞行前准备时必须熟悉跑道标志和跑道灯光，并在飞机滑跑过程中加以充分利用；必须注意视线的分配，充分利用模拟机进行起飞训练。

气功心理疗法（Qigong psychotherapy）

采用放松入静等内向性的气功锻炼，发挥人的主观能动性进行自我调节和自我治疗的一类心理治疗方法。“气功”一词最早见于晋代许逊《净明宗教录·气功阐微》，包括 3 项基本内容，即调息（调整呼吸）、调意（又称调心、调神，即调整意念）、调身（调整身体动作姿势），最终达到调整锻炼真气的目的。三者之中起主导作用的是调心，这是气功心理治疗之所以起作用的根本所在。通过三调，使个体达到意念集中、思绪静化、心神安定、内外和谐、全身放松的状态，有助于减轻以致消除紧张、恐惧、焦虑、抑郁等不良情绪，使心理功能得到改善。进一步，通过内分泌的调节，改善身体各方面的机能，如新陈代谢及免疫机能等，使身心均处于良好状态。由于三调的内容在相互配合中各自的强度、频率、时间、情态、姿势、部位等的要求不同，气功形成了种类繁多的不同流派，如导引、行气、吐纳、食气、服气、修真、坐禅、入静等。其流派虽源头各异，但基本原理相似，均有助于修炼者的心身健康。参见“动功疗法”“静功疗法”。

前景理论（prospect theory）

描述和预测人们在面临风险决策过程中表现与传统期望值理论和期望效用理论不一致的行为的理论。发现人们在面对得失时的风险偏好行为不一致，在面对“失”时变得风险追求，而面对“得”时却表现得风险规避；参照点的设立和变化影响人们的得失感受，并进而影响人们的决策。

前庭-本体性错觉（vestibular proprioceptive illusion）

飞行中出现各种加速度时，前庭器官和本体感受器可能产生与人体实际所处空间位置不符的信息，并被输入大脑，由此引起的错觉称前庭-本体性错觉。例如，飞行员在飞机突然作直线加速运动时，由于误认重力方向而发生的上仰错觉；飞机直线飞行中突然减速所引起的下滑错觉；飞行中人体同时绕两个或更多个轴向转动时，由于获得科里奥利加速度而发生的交叉偶合旋动错觉；飞机作转弯、横滚、螺旋等转动运动时所产生的反旋转错觉等这些都属于此类错觉。在发生前庭-本体性错觉时，飞行员应保持冷静，坚信仪表，根据仪表指示操纵飞机。

前庭视错觉（visual vestibular illusion）

前庭感受器以视觉形式表现出来的错误知觉。原因：受到加速度作用后，引起前庭-眼动反射运动。主要包括：眼旋动错觉、眼重力错觉、压力眩晕。

前庭系统（vestibular system）

内耳中主管头部平衡运动的一组装置。主要有椭圆囊、球囊和 3 个半规管组成。由于上半规管与后半规管成直角，两者又与水平半规管互成直角，对任一方向的旋转运动都易觉察。椭圆囊和球囊内的感觉区叫囊斑，由感觉细胞的“平板”组成，被一种含有碳酸钙的“耳石”的胶状膜覆盖。由于解剖学上的朝向，椭圆囊斑对重力加速度特别敏感，像头部或身体倾斜时所感受到的那样。对非适宜性刺激，如温水、冷水或电刺激，也发生反应。因此，温水和冷水试验常被用作临床检查前庭功能的一种方法。

迁移（transfer）

已经掌握的知识或已经形成的动作技能对学习另一种新知识或新技能的作用。迁移具有正与负之分，若旧有知识、技能对学习新知识、技能有促进作用，既为正迁移；反之为负迁移。心理学家提出了几种不同的迁移理论：① 形式训练说或官能说。它假定人类大脑的许多区域代表许多不同官能，如观察力、注意力、记忆力、想象力、理解力、判断力、推理力等。某种官能经过训练，就可得到提高，并可在所有情境中发挥作用。② 共同要素说。指桑代克和武德沃斯提出的迁移理论，认为学习发生迁移是由于两种学习情境有共同因素。两种学习情境的相同或相似之处越多，则前一种学习越能对后一种学习发生迁移作用。③ 概括化理论。它是 C·H·贾德提出的。这个理论强调经验概括化的重要性，认为一个人只要对他的经验进行了概括，就能完成从一种情境到另一种情境的迁移。④关系理论。这是格式塔心理学家提出的迁移理论，认为学习者领悟学习情境中的关系是实现迁移的根本条件。美国心理学家 J·S·布鲁纳强调原理的迁移，其实质也在于领悟事物之间的关系，基本概念或原理掌握得越深透，就越能实现迁移。

潜在的人误原因分析（Potential Human Errors Cause Analysis，PHECA）

使用 PHECA 进行人误因素识别（Human Error Factor Identification，HEFI）时先从任务类型、反应类型、失误类型 3 个方面对可能发生的人误进行分析，并分别与 38 个人误原因进行匹配，只有原因与 3 个方面都相关时才被认为具有相关性，于是得到相关失误原因列表。这些原因再与光照、噪声、培训等 187 个行为形成因子进行匹配，得到相关行为形成因子的重要度分析表。

强迫型人格障碍（compulsive personality disorder）

亦称“强迫型人格”。人格障碍的一种。以要求严格和完善为主要特点。做任何事都要求完美无缺、按部就班，循规蹈矩，有条不紊，因而工作效率很低。并且要求别人也要严格地按照他的方式去做，否则心情就很不痛快，对别人做事很不放心。他们常有不安全感，穷思竭虑，反复考虑计划是否得当，反复核对检查，唯恐疏忽，因而经常犹豫不决。过分拘泥于细节，不放过无关紧要的小事。不仅苛求于人，也严于律己，过分沉溺于职责义务与道德规范。易悔恨，易内疚，业余兴趣少，拘谨吝啬，缺少友谊往来。

轻度飞行疲劳（mild flight fatigue）

反应能力基本正常；情绪高昂、活泼、愉快、能集中精神，做到全神贯注；兴奋性高，有持续飞行的愿望；能熟练、准确地完成飞行动作；飞行技术和能力不受影响；精力尚充沛，心率、血压正常。

青光眼（glaucoma）

一种由于眼内压持续或间断性升高，从而压迫眼部组织和视神经，使人视野缺失甚至全部失明的眼部疾病。病理性眼压增高是青光眼的主要危险因素。增高的眼压通过机械压迫和引起视神经缺血两种机制导致视神经损害。眼压增高持续时间愈久，视功能损害愈严重。青光眼眼压增高的原因是房水循环的动态平衡受到了破坏。少数由于房水分泌过多，但多数还是房水流出发生了障碍，如前房角狭窄甚至关闭、小梁硬化等。该疾病具有发病快、后果严重和难于治疗的特点。青光眼是导致人类失明的三大致盲眼病之一，总人群发病率为 1%，45 岁以后为 2%。

青年期心理新质（new psychological formation in youth period）

青年期的学生在其心理发展中形成的新的心理成分。苏联儿童心理学家艾利康宁、达维多夫等用以描述青年期心理发展。形成于学习和职业定向活动。包括① 对未来职业的兴趣，劳动的需要及初步职业技能的掌握；② 形成一定的研究能力，认识兴趣进一步发展，理论意识和思想更加成熟；③ 比较自如地解决智力和某些道德问题；④ 内心体验深刻，情感世界丰富，交往更具集体性和较大范围的选择性；⑤ 开始出现崇高的理想，逐渐形成稳定的思想品质、公民品质和世界观，以及与其价值观相一致的科学、艺术和道德、政治信念等。

倾斜错觉（inclination illusion）

前庭本体错觉之一。仪表飞行中常见。由于某种原因飞机急速向一侧倾斜时，由于角加速度值高于飞行员的前庭感觉阈值，飞行员感觉飞机向一侧倾斜。外在因素消失后，飞机自动缓慢地恢复平飞，角加速度值低于飞行员的感觉阈值，飞行员仍感到飞机带着坡度飞行，但航行仪表指示为平飞。这种矛盾心理，有的人可以迅速消除，有的人则可持续很长时间，直至看见地面。

情景意识（situational awareness）

是飞行机组在特定的时段里和特定的情景中对影响飞机和机组的各种因素、各种条件的准确知觉。包括飞行人员、飞机、环境、操作构成的一组情景，是每一位机组人员和整个机组的感觉和知觉的整合。有的文献译成情境意识、情境知觉或对处境的警觉性，飞行员叫处境意识。简言之，处境意识就是飞行员对自己所处环境的认识，也就是说飞行员要知道自己周围已经发生、正在发生和将要发生什么事情。SA 是 CRM 发展中重要概念，称为 CRM 技能的主要内容。

情境压力（situational force）

指影响个体行为、导致职工工作失败的情境因素。可由不同的情况引起：① 不利的经济压力造成激烈竞争，职业无保障，致使职工情绪不稳，容易造成工作失败。② 有害的工作条件，如噪声、照明、温度、工作位置及设备的设计等不符合人的生理特性，导致工作效率下降。③ 不利的工作地理位置，生疏的环境，恶劣的气候等，使人无法适应，而导致工作失败。④ 特别危险的工作环境，使职工产生恐惧心理、焦虑，甚至发生意外事件。这些因素不仅影响生产，而且会引起离职，管理者应及时发现那些可致使工作失败的因素，并给予矫正和改善，以提高工作效率，保证职工身心健康，人事部门应设法制定一系列对策，以消除这些情境压力。

情境训练（situational training）

一种与实际飞行具有相似心理内容的模拟训练。飞行训练心理学的重要内容。任何任务只要涉及效率便有分时问题，控制分时情境就是适应；任何任务都有适应性问题，干扰条件下足够控制就是适应；操作形式频繁改变时的行为控制也是适应；情绪因素作用下的自我控制是最基本的适应。通过生物反馈训练和用附加任务形成紧张情境的训练，能够达到自我控制，提高人的行为适应能力的目的，取得良好的心理训练效果。

情绪（emotion）

人对反应内容的一种特殊的态度，具有独特的主观体验、外部表现，并且总是伴有一定的植物性神经系统的生理反应。情绪在生理反应上的评价和体验，包括喜、怒、哀、乐等。情绪也是信心这一整体中的一部分，它与信心中的外向认知、外在意识具有协调一致性，是信心在生理上一种暂时的较剧烈的生理评价和体验。

情绪记忆（emotional memory）

以过去体验过的情绪或情感为内容的记忆。如学员对接到大学录取通知书时的愉快心情的记忆等。人们在认识事物或与人交往的过程中，总会带有一定的情绪色彩或情感内容，这些情绪或情感也作为记忆的内容而存储进大脑，成为人的心理内容的一部分。情绪记忆往往是一次形成而经久不忘的，对人的行为具有较大的影响作用。如教员对某个学员的第一印象会在很大程度上影响对他的态度、行为，就是因为这一印象是与情绪相连的。情绪记忆的映象有时比其他形式的记忆映象更持久，即使人们对引起某种情绪体验的事实早已忘记，但情绪体验仍然保持着。

情绪压力（emotional stress）

一译“情绪应激”。个体在焦虑或恐惧等情绪的作用下形成的心理紧张反应或状态。其产生与个体面临的某种意外的环境刺激以及个体对自身应付能力的评估有关。如来自自然或社会的重大压力等情境刺激，个体感到自己无力应付时就会体验到因紧张而产生的情绪压力，在这种状态下，就会出现肌肉紧张、血压升高、心率加速、呼吸频率上升以及腺体活动增强等生物性反应。短暂的情绪压力有助于个体适应环境，维护机体功能的完整性；但持续的压力状态，则会影响身体器官的正常功能，甚至引起多种疾病，如风湿痛、纤维组织炎症、神经性皮炎、胃溃疡等。加拿大学者塞里称由情绪压力引起的适应性不良一般称为综合征，包括惊觉、阻抗和衰竭 3 个阶段。在惊觉阶段，有机体受到外界紧张刺激时通过自身生理机能的变化和调节来进行适应性防御。在阻抗阶段，通过心率和呼吸加快、血压上升、血糖增加等变化，充分动员人体潜能，以应付环境变化。在衰竭阶段，紧刺激持续存在，阻抗持续下去，此时必须的适应能力已用尽，机体会被自身防御力所损害，而导致适应性疾病。

躯体旋动错觉（somatogyral illusion）

前庭本体错觉之一。发生于飞机作盘旋、横滚、螺旋等角运动时。发生机理：飞机开始做角加速度运动时，半规管中的内淋巴液由于惯性作用落后于管壁，使半规管壶腹嵴胶顶向一侧弯曲，神经冲动传入中枢，产生躯体旋转感觉。飞机进入匀速运动，壶腹嵴胶顶慢慢恢复到直立状态，旋转感觉逐渐减弱，以致消失。飞机停止旋转，改为直线飞行时，内淋巴液因惯性作用，短时间内仍顺旋转方向流动，冲击壶腹嵴胶顶，使之偏移，飞行员可产生与原旋转方向相反的旋转感觉。

躯体重力错觉（somatogravic illusion）

前庭本体错觉之一。飞机曲线运动时，在视觉受到限制或其作用减弱的条件下，飞机以缓慢的速度由平飞进入转弯，飞行员感到飞机不是转弯而是上升；当飞机从转弯改为平飞时，飞行员又感到飞机在下滑。平飞时突然加速，可产生“上仰错觉”，突然减速，可产生“下滑错觉”。发生机理：由于惯性离心力或惯性力和重力的合力作用，重力方面与飞行员身体垂直轴相一致，这一合力作用于耳石器，人便产生上升或下降的错觉。另外，与座椅相接触的臀、背部触压觉和本体觉的改变，也是引起这种错觉的重要原因。

全部学习法（global learning method）

学习与记忆的方法，与“部分学习法”相对。对学习材料从头到尾地学习，直到能完全记住并理解为止。采用此法可研究遗忘的规律和被试的记忆能力。若学习材料是一段文字，采用这种方法，则有利于理解其中心思想和培养自学的能力。若学习材料量多、难度较大，且互相间缺乏意义联系，则这种学习方法的效果可能不如采取与分段学习相结合的方法好。该学习法不适用于技能性学习。

全任务模拟（full mission simulation）

能够完成全部飞行程序和飞行操纵的一种仿真技术。飞行训练心理学的重要组成部分。其目的是通过模拟训练，科学地分析飞行训练各环节中的心理学问题，找出飞行行为障碍和症结，确定有效的训练方法和飞行程序，有针对性地帮助飞行人员克服飞行行为障碍，同时有助于提高飞行训练成绩，减少空中实际训练时间，提高经济效益。它包括两方面的训练：① 飞行技能训练，主要训练飞行人员的正常程序、非正常程序、特殊情况处置程序及技巧；② 心理训练，主要训练机长失能处理、机组协调配合、人员注意力分配、情绪控制与适应以及人的行为适应能力。通过上述两方面的训练，使飞行人员具有优良的飞行技能和心理素质，能够正确决策和准确操纵，保证飞行安全。

全身疲劳（general fatigue）

指由于运动和其他诸多因素所引起的机体调控技能和多器官功能下降而导致的疲劳，又称整体疲劳；如篮球比赛、足球比赛等运动可造成全身疲劳。全身疲劳表现为全身乏力、困倦、酸疼、语言无力、视物模糊、听觉不敏感、对脑力劳动厌恶、所承担的工作完成质量下降、席坐或躺卧。

劝告（persuasion）

指机组成员针对正在计划要做的和将要采取的行动毫无顾虑地提出自己的意见，即以预见的形式陈述他所知道的或者认为的事实。这意味着劝告者不仅应该陈述自己的观点，而且还应该坚持自己的观点，直至被对方完全接受。作为劝告的接收方来说，则应该乐意倾听其他机组成员提出的意见和建议，哪怕这些观点与自己原有的观点相矛盾也应该这样。

缺氧性缺氧症（hypoxic hypoxia）

当肺部不能提供充足的氧气溶入血液或肺部不能有效地交换氧气时产生的缺氧症类型。对于飞行员来说，引起缺氧性缺氧症的最常见原因是在没有使用供氧设备的情况下处于太高的飞行高度。在低于3 000 m的高度飞行时，缺氧的影响并不明显；但当飞行高度超过3 000 m时，缺氧所导致的影响将越来越严重。

确定效应（certainty effect）

指决策者加重对被认为是确定性结果的选择。确定性效应可通过概率权重函数进行解释。一般情况下决策者对小概率的评价值高于它们的客观值，对中等概率的评价值低于它们的客观值。

群体盲思（groupthink）

由于群体压力而导致的思考能力、事实和道德判断能力的退化，以及批判性的思维被代替的现象。在高凝聚力、具有强势领导或不太容易接触到不同意见的群体中经常出现。源于个体成员从众以及达成一致性的压力，导致群体思维封闭、高估群体权力和力量，并进而产生对专家和不同意见的排斥、不对更多的方案作评估、对新信息的偏见等决策缺陷，是群体高凝聚力的一个消极后果。

群体情境意识（group situational awareness）

指一个完整机组所具有的情境意识，包括积极接受、反馈、正确表达各自的观点以及提供掌握的重要信息等。群体情境意识不是每个个体情境意识的简单叠加，个体情境意识既有独立部分，也有和群体重合部分，它们都会对群体情境意识产生影响。机组人员个体素质好，体现出的整体情景意识就高。但个体的最优不等于整体的最优，无论个体情境意识多好，如果不能在飞行驾驶舱群体情境意识中体现和发挥出来，就不能对飞行安全带来任何正面作用。

群体压力（group pressure）

群体对其成员形成的约束与影响力。直接影响群体成员的一致性程度与群体效力的发挥，有助于群体任务的完成以及群体的团结与发展，但也可能限制成员的独特性和创造性。与权威命令不同，不是自上而下的强制的方式改变个人行为，而是一种平行的影响，体现为舆论等，使其成员难以违抗。可分为两种类型：① 信息压力。每个人都通过别人获得客观外界的信息，通常宁可怀疑自己的感知与判断能力，而愿意相信众人的意见。② 规范压力。所有群体都有成文的或不成文的规范，不允许成员违反。个人承受群体压力也有两种情况：一是主动的，即已将群体规范内化为个人的观点与行为方式；二是被动的，个人由于怕孤立、受谴责而被迫从众。其对个人产生影响可分为 4 个阶段：① 合理辩论阶段，群体成员发表意见，逐渐分为多数派、少数派；② 劝解说服阶段；③ 攻击阶段；④ 心理上的隔离阶段。每进一个阶段，压力更加增大。美国心理学家谢里夫用“游动错觉”实验证明群体压力的存在。后来阿希用线段做的关于从众的实验一直被认为是经典性的。但这些实验后来受到一些心理学家的批评。其原因有① 它们使用的都是无意义材料，对这些材料是否表现出从众，与被试并无切身利益关系，不会引起被试在选择了中的心理冲突；② 实验者对被试以及自己同谋的人格（是否容易顺从）不了解。也有心理学家认为阿希提出的行为模式过于简单（只有顺从或不顺从），只会在实验性群体中出现。在具有社会价值的群体共同生活中，会出现集体主义自决，即集体中对个人行为起决定作用的不是群体压力，而是人们的理想、信念和价值观。

群众（crowd）

由于具有共同情绪状态或知觉对象而在一定时空内偶然聚集在一起的无组织、松散的人群。如街头因马路新闻、谣言或某种事故而聚集围观的人。他们此时不是冷漠的，有时因相互感染而情绪激昂，导致循环反应，甚至引发一些意外的社会行为。无组织，无共同活动的维系，无共同的行为规范，无一定的凝聚力。与群体不同，但在一定的条件下可转化为群体。

R

人的不安全行为（human unsafe behavior）

指作业人员违反安全生产规章制度和安全操作规程的行为。从机组操纵的角度来说，不安全行为就是不遵守标准操作程序、操作手册及规章制度。这些不安全行为主要表现为操作的“错、忘、漏”以及忽视安全、忽视警告、未佩戴和正确使用防护品等。

人的错误率（frequency of human error）

描述人的错误性质的一种指标。在人的错误及其管理中具有重要意义。已有的研究表明，在简单重复性任务操纵过程中，人犯错误的频率大约为 1/100 ~ 1/1 000，可认为是人类的平均错误频率；在一定的条件下，经过程序性练习可使人类的可靠性得到改善，使错误频率降低到 1/1 000 ~ 1/10 000。上述数据说明，人的失误是难免的，但通过对人的错误的性质、类型和来源进行识别，采取有效的措施加以预防，可以减少人的错误。

人的错误的性质（nature of human error）

用于描述飞行中人的错误特点和倾向。是制定航空安全法规和确定航空人员训练范围以及训练策略的依据之一。可概括为 4 个方面：① 人皆有犯错误的可能，错误是人类行为的必然组成部分；② 人的错误具有很大的个体差异；③ 相同的错误其原因可能有着本质的不同；④ 类似的错误可引起不同的后果。

人的可靠性分析（Human Reliability Analysis，HRA）

以人因工程、系统分析、认知科学、概率统计、行为科学等诸多学科为理论基础，以对人的可靠性进行定性与定量分析和评价为中心内容，以分析、预测、减少与预防人的失误为研究目标的一门新兴学科。

人的因素评价（evaluation in human factor）

对系统或产品的硬件和软件性能及操作人员的效能进行的综合评价。包含在系统设计的每一项决策中。一般在产品的开发阶段已完成。通常采用控制实验法和人员系统测量法。控制实验法主要涉及对系统内各种关系和现象的解释，如说明为什么反应时是刺激数的函数。人员系统测量法主要是对操作条件，即对与系统、子系统有关的条件，特别是负责该系统运行和维护人员的功能及对人的作业绩效进行测量。

人的因素分析与分类系统（Human Factors Analysis and Classification System，HFACS）

为美国军事航空事故分析而设计的一种人误分类方法和工具，其理论基础是 Reason 的瑞士奶酪模型和使用该模型的大量事故分析报告。Reason 认为，事故的发生是 4 个核心系统层崩溃的结果：不安全的行动、不安全行动的前提条件、不安全的监管以及组织的影响。该理论的假设是，事故的因果关系可从包含事故场景的具体身体动作追溯到组织系统问题，如资源分配问题。该方法使用了 Reason 模型的 4 个系统层，同时对每个系统层进行恰当的分析。

人格（personality）

指人固定的反应倾向性。人格一词来源于拉丁语 Persona，原指演员在舞台上所戴的假面具，类似于中国京剧中的脸谱，后引申为一个人在生命舞台上所扮演的角色。人格包括两方面的意义：一是个体在人生舞台上所表现出的种种言行，这就是我们可以观察到的外显行为和人格品质；另一方面是内隐的人格成分，即面具后面的真实自我，是人格的内在特征。人格标志一个人具有的独特性，并反映人的自然性与社会性的交织。它是个体在适应环境的过程中所表现出来的系统的、独特的反应方式，由个体在其遗传、环境、成熟、学习等因素交互作用下形成，并具有很大的稳定性。

人格动力（personality dynamic）

驱使个体进行特征性行为活动的内在原因。人格理论家对此解释不一。早期人格理论家推崇人格动力的驱力降减说。后有人格理论家运用能力动机理论来解释。认为在生理需要获得满足的情况下，还有寻求刺激、追求好奇的需要。也有人格理论家用理想、信念、价值观、世界观等来解释。

人格发展（personality development）

个体心理发展的一个方面。个体自出生经成年到老年的整个生命全程中人格特征形成和表现的过程。个体人格的发展取决于遗传与环境的相互作用。在受精的瞬间，受精卵的遗传基因已决定相当数量的人格特征。这些基因决定个体的肤色、发色、大致的体格、性别，并在一定程度上决定了个体的智力和气质。早在出生后的头几周，婴儿就在活动水平对周围环境变化的反应程度和压力方面显示出差异。与生俱来的遗传特性与成长过程中的经验相互作用，决定了个体人格的发展，个体的经验则依赖特定的文化社会团体及其受教养的家庭。就现有的研究成果来看，人格发展具有以下的特征：① 婴儿期的社会依恋是形成成人人际关系的基础。冷漠的母亲可能逐渐伤害孩子的信任并造成不安全依恋。安全依恋的儿童则更好地处理新经验并能更融洽地与他人相处。同兄弟姐妹及同伴的相互作用，对正常人格的发展也很重要。② 个人人格特征的形成是遗传和环境、成熟和学习的交互作用的结果。不同的人格特征的形成，遗传因素和环境因素的作用是不同的。智力、气质，这类人格特征主要由遗传和成熟因素决定，性格、兴趣、价值观这类人格特征则主要由环境和学习因素决定。③ 人格具有稳定、持久的特征，但不是静止的，也不是纯行为反应的。人格特征包含着动态的动机趋向，以及寻求或建构有利于其表现情境的倾向。

人格特征也有其年龄特点，如同样是焦虑，在少年时表现为与同龄人关系的紧张，在成人时表现为缺乏职业信心，而老年时则可能表现为对疾病和死亡的过度恐惧。④ 人格发展既有连续性也有阶段性。按年龄划分可分为婴儿期、儿童期、青少年期、成年期和老年期。处于特定年龄阶段的行为是围绕着一个优势主题而组织起来的，某一阶段的行为与较早或较晚阶段的行为有质的差异。⑤ 人格发展不因身体发展的成熟而结束，它是一个从出生经成年到老年的持续过程，即人格的蓬荜发展。在个体的一生中身体机能会发生许多变化，个体要应付的各种问题在不断的变化，其社会态度、认知和行为方式也会发生变化。

人格分离（dissociated personality）

自我意识障碍的一种。感到自己的一部分内心体验或活动已不属于自己，而属于另一个体的体验。既感到一个人同时体现着两个人或更多人的活动，常见于精神分裂症，也可见于脑器质性精神障碍。

人格关系理论（relation theory of personality）

一译“个性关系理论”。一种人格形成理论，认为人格是人际关系的产物。由苏联心理学家米亚西舍夫创立。后经包达列夫经过一系列实验研究得到进一步丰富与发展。以马克思关于人的本质的论述为依据，认为人通过交往，参与到社会关系系统之中，并以群体人际关系的形式表现出来。群体中的人际关系以微观的形式存在，但是受宏观社会关系系统的制约。人格就是在这种关系系统的影响下形成的。

人格过程（personality process）

人格心理学用以解释人格内部动力机制的术语。是动态的，与人格结构是稳定的不同。使人格结构系统中的各元素相互联系，并与外界相互作用。有学者扩大其涵义，把智力、焦虑、利他行为、侵犯行为、自我控制、性别角色化等均包含在内。

人格结构（personality structure）

人格的组成成分。人格心理学家用以解释个体差异的假设性概念。通常认为，人格有能力、气质、性格、情感、益智、认知、需要、动机、态度、价值观、行为习惯等组成。多数心理学家认为，人在心理特征和行为倾向上存在稳定的个体差异。但解释这种个体差异的人格结构观并不一致。有的用特质或类型来解释，有的用自我或需要来解释，也有的（如斯金纳）则完全拒绝人格结构（如特质、类型、自我、需要等）的概念，认为人格是由一些反应组合而成的行为模式。人格理论家对人格结构的性质、构成要素及其组织方式、某些要素是否控制其他要素等问题的见解不一。

人力资源（human resources）

广义定义为一个社会具有智力劳动能力和体力劳动能力的人的总和，包括数量和质量两个方面。而狭义的定义为组织所拥有的用于制造产品和提供服务的人力。人力资源，又称劳动力资源或劳动力，是指能够推动整个经济和社会发展、具有劳动能力的人口总和。经济学把为了创造物质财富而投入于生产活动中的一切要素通称为资源，包括人力资源、物力资源、财力资源、信息资源、时间资源等，其中人力资源是一切资源中最宝贵的资源，是第一资源。人力资源包括数量和质量两个方面。人力资源的最基本方面，包括体力和智力，从现实应用的状态，包括体质、智力、知识、技能 4 个方面。人力资源与其他资源一样也具有特质性、可用性、有限性。

人体测量学（anthropometry）

飞行中人的因素的重要组成部分，主要是用测量和观察的方法来描述人类的体质特征状况。在设计工作界面和大多数设备的过程中，身体测量和肢体运动特点的评估是一个重要的环节。人体参数不仅在不同种族、不同年龄和不同性别的人群中存在着差异，就是在特定的群体中这些差异也是明显的。因此，在一项设计之初，首先就必须测量人体的各种参数。人体测量学的知识与技术便成为解决上述问题的途径。为了设计出适合人操纵的飞机以及使人合理、有效、安全地操纵飞机，设计者和操纵者就应该知道人体肌力的种类、动作的方向、幅度等生物力学特征。

人体节律航路研究（body rhythm's route study）

对人体节律受跨时区飞行影响的研究。结果表明：向东飞行，上半夜易惊醒，睡眠脑电图波型呈紊乱状态；向西飞行，除下半夜容易惊醒外，睡眠的质与量相对较好，受干扰小。这与时间的提前和滞后有关。比较而言，向东飞行，人体节律重建的时间比向西飞行要长，受时差的影响要比向西飞行大得多。

人为差错（human error）

指人的行为结果偏离了规定的目标，并产生了不良影响。它包含两方面的含义：一是没有完成规定的、正确的适当的动作和行动；二是做了不合规定的、不正确的、不适当的动作和行为。主观因素：粗心大意、理解能力、判断能力、记忆能力、急躁情绪、侥幸心理、虚荣心理；不良作风、安全意识、技术水平、操作能力、身体素质及心理素质等。客观因素：无章可循、资料不全、资料错误、工具设备、器材供应、管理不善、培训不足、思想教育、习惯势力、工作交接、信息交流、工作环境、工作时间、疲劳作业、企业安全文化等。

人误模板法（Human Error Template，HET）

由 ErrorPred 联盟专门为民用飞机驾驶舱适航认证开发的技术。人误模板法是一种简单易懂的差错模板，可应用于层次任务分析的每个底层任务步骤。分析者使用人误模板法的 EEMs（外部差错模式）和主观判断来确定每个任务步骤可信的差错。其中外部差错模式包括无法执行、任务执行不完整、任务执行方向错误、执行了错误任务、重复任务、在错误的界面要素上执行任务、任务执行太早、任务执行太晚、任务执行过多、任务执行过少、误读信息和其他。

人误内在机理（Psychological Error Mechanisms，PEMs）

主要描述人误的心理机制，阐述在人误原因因素影响下失误产生的内在心理本质。传统信息处理模式从人的角度出发，认为人的认知行为可分为感知—解释—计划—执行 4 个阶段。根据人行为的原理，可知人因失误主要表现：人感知环境信息方面的失误，信息刺激人脑；人脑处理信息并做出决策的失误；行为输出时的失误等方面。针对这 3 个方面，威特森又把人因失误的原因归结为超负荷、决策失误和人机学原因。

人误因素识别（Human Error Factor Identification，HEFI）

指识别在人与系统相互作用过程中可能促使人误产生的有关因素、类型、人误模式及产生机制。早期的 THERP、PHECA 方法中，得到的人误因素数量很有限，仅限于个体因素、规程和人-机界面方面，辨识技术中加入专家判断元素，如 IMAS 更多地考虑了团队和组织中的人误因素。而较新的方法，如 CREAM 和 CES 方法中则把团队和组织因素、系统特征及目标与任务特征同时考虑进来，并加强对系统动态因素的监督。

人误原因因素分类（Cognitive Reliability and Error Analysis Method，CREAM）

利用人因事件前因后果之间的联系把前因，即人误原因因素分为 3 类：个人的（individual）、技术的（technological）、组织的（organizational）。每一类都可以继续细分，第一类包含了与人的心理特性有关的原因，例如认知、情感、个人品德等；第二类包含了与技术系统，特别是系统状态和变化状态相关的原因；第三类包含了与组织特性、工作环境和人-人之间的相互作用。

任务意识（task consciousness）

指操作者在多任务中进行合理的任务管理和注意分配。飞行中实际上通常包含 4 种常规任务：驾驶、航行、交流和系统管理，飞行员按照先后次序执行任务。飞行员面临繁重的飞行任务时，必须意识到什么任务需要执行，以怎样的顺序进行。飞行中这类任务较多，这些任务的执行在一些情境中显得非常关键，一系列核查表会提示飞行员做什么、何时开始做，从而克服人类前瞻性记忆的弱点。尽管这种程序化的核查表进一步强化了飞行员从训练和经验中获得的相关知识，但它同时存在一些缺陷。首先，在一些情境中，要求飞行员同时执行两个或多个任务，或者迅速在多个任务之间转换，然而核查表并不能明确告诉飞行员如何实现这种要求。其次，对于突发事件所需的行动无法完全写入核查表中。许多认知任务（如情境意识）难以编入核查表中，但这类任务的执行对于突发事件的处理至关重要。因此，任务意识要求飞行员能够很好地进行任务管理。

人-软件界面（Liveware-Software interface，L-S）

指系统人员与其工作场所中的支持系统之间的关系，如程序、手册、检查单、出版物和计算机程序等之间的界面。这一界面不匹配时，可能诱发人为差错。如平显姿态信息符号与人的识别习惯不匹配，任务界面选择层次多、结构不合理，造成了维护和使用不方便。比较而言，这一界面的问题通常不及“人-硬件”界面那样直观和可再现，因此也更难解决。如现代飞机座舱的自动化程度越来越高，飞行员的任务由原来的直接操纵飞机为主，逐渐改变为监视信息和操纵飞机并重，一个非常重要法人任务便是对软件的利用和管理，因此，飞行员与飞机间的交互更加频繁和复杂，对人的要求更高。

人-硬件界面（Liveware-Hardware interface，L-H）

指系统中人与设备之间的界面，它决定了人员如何与物理工作环境相互作用。如驾驶舱座椅的人体工学设计、显示器与人体信息处理特征的匹配。这是人为差错最常见的发源地。如果装备的设计及制造不符合人的生理特点，或者缺乏对意外情况的考虑，就容易诱发人为差错。如早期的填充冷气设备，由于没有限压设置，容易诱发充爆差错；没有自动放余气装备，容易诱发机务人员，忘放余气直接松充气接头，导致接头回射伤人。某型飞机发动机启动按钮未加装保险盖，且安装位置位于机务人员通电检查时动用电门的密集区域，导致机务人员地面通电误碰启动按钮引发发动机启动。

人-环境界面（Liveware-Environment interface，L-E）

指人员与内部、外部环境，自然与非自然环境之间的关系。内部环境包括机场环境和公司企业环境，外部环境包括气象自然环境和政治、经济环境。这是诱发人为差错的常见来源。比如噪声问题，地面试车时有些飞机座舱内噪声可高达 110 ~ 119 dB 的正常承受值，容易导致听力受损，在这样的噪声背景下工作，无疑会使认为差错概率增加。

人-人界面（Liveware-Liveware interface，L-L）

指工作场所中人与人之间的关系，包括机长、副驾驶、乘务员、安全员、管制员甚至旅客。它并不像人-硬件界面那样可以被监视或控制，人与人之间总存在着很多可变和不可知的因素，这些都能体现在机组之间的交流和协作上，交流和协作的好坏直接对飞行安全的保障起到决定性的作用。

任务复杂性（task complexity）

指飞行员进行中任务的复杂程度，其可能会影响飞行员对插入任务的注意和资源分配能力，因为插入任务一旦发生，就会与进行中任务竞争操作者的注意和资源。如果要迅速地完成两个或多个连续任务，操作者为了加入新任务必须脱离进行中任务，而且这些操作也需要注意资源。当进行中任务特别复杂或要求较高时，那么对于任务转换就很难获得充足的注意资源。然而，在有些情况下，即使任务复杂性处于中等水平，进行中任务也会“锁定”注意资源。

任务优先（task prioritization）

指飞行员给同时进行的几项任务主观分配优先权的过程。在实际飞行过程中，如果一个优先权较高的任务没有得到优先执行，将会对飞行安全产生重要威胁。任务优先是CTM功能的核心和关键，影响飞行员在任务执行中的选择、监控和调整，而且还直接决定了任务资源分配的方向，可以作为多任务绩效评估的有效指标。

任务重要性（task importance）

独立于复杂性和吸引性的另外一个变量，通常与维护飞行安全和完成飞行总任务的目标相联系。因此，从这种意义上来讲，任务重要性将会增加人物的优先性。合理的任务执行策略可能是在注意其他一些较低优先任务前，首先执行最重要的任务并使其达到一种满意状态的水平。例如，当飞机越来越接近地面时，连续监控高度对飞行员来说可能更具有价值。事实上，进行中任务的重要性可能比其他同时性任务具有更高的优先性，包括着陆设备故障诊断任务。通常状态下，操作者能够根据与其他任务重要性的比较，合理地分配注意资源。然而，有些情境下则会违背这种任务优先的资源分配向导。

认知策略学习（cognitive strategy learning）

获得用于调节、控制学习者自己内部注意、学习、记忆与思维活动的技能的过程。美国心理学家加涅所划分的5种学习结果之一。认知策略并不着眼于具体的知识内容，而是具有广泛适用性的各种信息。它是较抽象的、一般的方法、技能，例如复述策略、组块策略、表象加工策略、组织策略、生成策略等。通过教育及教育学手段，可以教授、改善学习者的有关注意、编码、提取、迁移、问题解决等方面的认知策略，使之成为一个独立、自主、高效的学习者。

认知性判断（cognitive judgment）

基于思维，尤其是逻辑思维基础上的判断。与知觉性判断相比，其主要特点是（1）获得的信息更不可靠；（2）飞行员需要更多的时间去思考；（3）通常具有两种以上的可能性或可选方案；（4）每一种方案的风险系数很难确定；（5）最后的决策更容易受非飞行因素（如应激、疲劳、经济压力、个人功利心等）的影响。

人因差错（human error）

为实现某一功能或目标而分配给人员的任务未能按照要求成功被执行，包括差错的执行和超过允许的偏差。为实现某个目标或达到某种状态，操作员执行的一系列动作（感知、决策和反应）的组合。任务可分解为若干个子任务，子任务还可以继续分解成动作，而动作可以理解为分解到最底层的子任务。

人因工程学（human factors engineering）

研究人在某种工作环境中的解剖学、生理学和心理学等方面的各种因素；研究任何机器及环境的相互作用；研究在工作中、家庭生活中和休假中怎样统一考虑工作效率、人的健康、安全和舒适等问题的方法学科。

认知可靠性与差错分析方法（Cognitive Reliability and Error Analysis Method，CREAM）

在已有 HRA（人因可靠性分析）方法基础上开发的人误识别或人的可靠性分析方法。它兼具预测性和回溯性分析两种功能，从预测性功能来说它可以预测潜在的差错，从回溯性功能来说它可分析、量化差错。Hollnagel 指出，CREAM 能够使分析者完成以下操作：① 识别需要人的认知或以人的认知为基础的那部分工作、任务或场景，这些工作、任务或场景都可能受到人的认知可靠性变化的影响；② 确定认知可靠性可能降低的条件，而这些条件下的行动有可能成为风险源；

③ 评价系统安全方面的人的绩效因果关系，可用于概率风险评估（Probability Risk Assessment，PRA）/概率安全评估（Probability Safety Assessment，PSA）；④ 制定并具体说明改善这些条件的改进措施，从而有助于提高认知可靠性和降低风险。

S

散光（astigmatism）

由于部分角膜或晶状体表面的曲率不一致，造成光线不能准确地汇聚在视网膜上形成清晰影像的现象。眼睛的一种屈光不正常表现，与角膜的弧度有关。平行光线进入眼内后，由于眼球在不同子午线上屈光力不等，不能聚集于一点（焦点），也就不能形成清晰的物像，这种情况称为散光。

扫描策略（scanning strategy）

亦称“部分性策略”、概念形成策略。在概念形成中，各题将第一个肯定的概念实例中的全部特征作为初始假设，然后在其他概念实例出现时，保持或改变假设以和这些实例相一致。若以后出现与假设一致的正例，则坚持初始假设；若出现与假设不一致的反例，也不能完全推翻初始假设，而只能改变初始假设，采取与过去所有实例相一致的新假设。分为同时性扫描和继时性扫描两种。

色盲（achromatopsia）

因为视网膜上的锥状细胞中的光敏色素异常或不全导致的色觉紊乱。大部分人天生具有正常色觉，他们可辨认由三原色调配出来的不同颜色。但亦有人是二色视者，他们只可看见光学三原色中的两种。二色视者又称色弱，他们仍能看见颜色，只是他们看不见其中一种三原色，他们会混淆某些颜色，例如会看不出黄黑条纹颜色，不过可以分辨出对比大的色样，所以我们设计机动部分的时候，应考虑这一点，提高使用者对危险部分的警觉。但亦有人是全色盲的，他们完全不能分辨颜色，在他们的眼中，世界是全黑白灰的。

闪光性眩晕（flash vertigo）

4 ~ 20 Hz 的闪烁光所引起的眩晕、恶心以及痉挛等现象。此种现象存在较大的个体差异，有的人对闪烁光很敏感，而有的人则抵抗力较强。此种现象发生的情景：① 当飞行员透过慢速转动的螺旋桨（240 ~ 120 r/min）看前方的太阳时，或者位于后面的太阳映射在螺旋桨上，飞行员注视这一反射光后，就会诱发出闪光性眩晕。② 在霾中或云中用选通脉冲型防撞灯飞行时，反复有规律的闪光反射入座舱可引起闪光性眩晕。③ 直升机的旋翼将阳光反射入座舱也可引起闪光性眩晕。克服闪光性眩晕的方法：① 避免透过螺旋桨看某个光源；② 经常作较小幅度的螺旋桨转速的变化；③ 尽可能快地使飞机偏离太阳光源。

上仰错觉（climb illusion）

飞行中的躯体重力错觉。当飞机作直线加速运动时，飞行员把加速度引起的向上惯性力作用感知为飞机向上爬升的错觉。

舌尖现象（Tip-of-the Tongue Phenomenon，TOT）

指在回忆过程中，对某事物原本熟知的部分信息暂时遗忘的现象。该现象是由于来自环境或主体自身的一些干扰因素引起的暂时性抑制造成的。如环境的杂乱、自身的情绪紧张以及注意集中在其他无关经验上等，都会对回忆产生干扰，造成提取失败。但这种现象是暂时的，一旦这些干扰因素消失或获得正确的线索，所需的信息就会提取出来。

社会懈怠（social loafing）

指个人与群体其他成员一起完成某种事情时，或个人活动时有他人在场，往往个人所付出的努力比单独时偏少，不如单干时出力多，个人的活动积极性与效率下降的现象，也叫社会惰化作用、社会惰化。在工作任务界定不明确、个人工作成果不易观察、群体规模大时易产生。主要原因是责任分散。

深度睡眠（deep sleep）

睡眠的一个部分，只占整个睡眠时间的 25%。深度睡眠也被称作“黄金睡眠”。人的夜间睡眠，一般分 5 到 6 个周而复始的周期，每个睡眠周期为 60 ~ 90 min。根据睡眠中脑电波、肌电波及眼球活动的变化，睡眠周期由非快速眼动周期和快速眼动周期组成。非快速眼动睡眠又分为浅睡期、轻睡期、中睡期和深睡期 4 期，然后进入快速眼动睡眠期，算是一个睡眠周期结束，而后继续启动下一个睡眠周期。研究表明，占整个睡眠时间大约 55%的浅睡期和轻睡期，对解除疲劳作用甚微，而只有进入深睡眠状态的中睡期、深睡期及快速眼动睡眠期，才对解除疲劳有较大作用。因为在深睡眠状态下，大脑皮层细胞处于充分休息状态，这对于消除疲劳、恢复精力、免疫抗病等都有至关重要的作用。然而这种深度睡眠，只占整个睡眠时间的 25%。因此对睡眠好坏的评价，不能光看时间，更重要的是看质量。提高睡眠质量，最终要看深度睡眠时间的长短。在睡眠科学来说“深度睡眠”是个人入睡以后大脑不进行活动的深度休息，在睡觉的这一个晚上，先进入浅睡眠然后自然进入深睡眠，然后又是浅睡眠然后又深，来回交替直到醒来。

深度知觉（depth perception）

亦称立体知觉和距离知觉，是个体对物体的远近距离的反映。客观事物在网膜上的投影是二维平面的影像，人依靠各种深度线索，将其反映为三维立体的。人在深度知觉常用的深度线索有生理线索、双眼线索、单眼线索等。产生深度知觉的主要线索：双眼视差、双眼辐合、水晶体的调节、对象的重叠、线条透视、空气透视、运动视差、对象的明暗等。前两种只对双眼视觉起作用，后六种对单眼视觉和双眼视觉都起作用。

神经类型（neurotypes）

巴甫洛夫依据神经兴奋与控制过程的强度、均衡性和灵活性对神经活动组合特点的分类。神经类型分为兴奋型、活泼型、安静型和抑制型 4 种。兴奋型的人，兴奋和抑制都较强，但兴奋占优势，其行为特点：容易激动，脾气急躁，热情奔放，克制力差，性格开朗，遇事不够细心，有时粗枝大叶。抑制型的人，兴奋和抑制都较弱，但抑制占优势，其行为特点：胆小怕事，性情忧郁、多疑和多愁善感。活泼型的人，兴奋和抑制都较强，而且均衡和灵活，其行为特点：活泼好动，反应灵活，好交际，精力旺盛，工作效率高，工作喜欢从兴趣出发。安静型的人，兴奋和抑制也较强，均衡，但灵活性低，其行为特点：性格稳重、安静，动作稳而不慌，能吃苦耐劳、有坚持性，但反应迟钝，不好交际。

神经系统（nervous system）

由体内神经细胞形成的各种组织与结构的总称，分为中枢神经系统和周围神经系统两部分。神经组织在颅腔内形成脑，在脊椎管内形成脊髓，脑和脊髓共同组成中枢神经系统。神经系统是机体主要的机能调节系统，全面调节着体内各器官的活动及各种生理过程，以适应体内外环境的变化。脑可分为延脑、脑桥、中脑、间脑和大脑两半球 5 大部分。除大脑半球和小脑外，其他部分统称为脑干。它们在结构和机能上是不可分割的整体，但各个部分又有特定的机能。脑和脊髓以外的神经组织形成周围神经系统，包括脑神经、脊神经和脑脊神经节。周围神经系统可分为躯体神经系统和植物性神经系统。躯体神经系统包括脑神经和脊神经。脑神经共 12 对，主要分布于头面部；脊神经共 31 对，主要分布于躯干和四肢。它们的主要功能是在神经活动的反射过程中，一方面通过传入神经纤维把来自感受器的信息传向中枢神经系统；另一方面通过传出神经纤维把中枢神经系统的命令传向效应器官，从而导致骨骼肌的运动。通常认为，躯体神经系统是受意识调节控制的。植物性神经系统分布于内脏器官、心血管、腺体及其他平滑肌。它也包含感觉（传入）神经纤维和运动（传出）神经纤维。植物性神经系统对机体内环境的调节起着重要作用。当环境发生紧急变化时，它促使机体发生应付紧急情况的一系列内脏活动。植物性神经系统也叫自主神经系统。植物性神经系统可分为交感神经系统和副交感神经系统。

神经纤维（nerve fiber）

主要机能是传导神经冲动。各种神经纤维传导的速度不同，大致为 3～120 m/s。把感受器的神经冲动传到中枢神经系统的，叫传入纤维；把中枢神经系统的冲动传到效应器官的，叫传出纤维。全部由传入纤维组成的纤维束叫感觉神经；全部由传出纤维组成的纤维束叫运动神经；兼有传入和传出两种纤维的纤维束叫混合神经。此外，在传导冲动的过程中，神经纤维末梢会释放出不同的神经递质。按其所释放的神经递质的差异，又可分为胆碱能神经纤维、肾上腺素能神经纤维和嘌呤能神经纤维。

生成学习模式（generative learning model）

美国心理学家威特罗克等人提出的有关学员学习过程的模式。该模式的提出依据两个基本观点：① 大脑在学习过程中并非被动地接收信息，而是积极地对输入信息加以理解，即主动地选择或忽视某些信息，并从中进行推论。② 在构建对信息意义的理解时，总是涉及其原有的认知结构与认知过程。据此，威特罗克等人认为，学习的生成过程就是学习者将原有的认知结构与从环境中接收的信息或新知识相结合，主动地选择注意信息并积极地构建信息的意义的过程。该模式表明，学习过程不是始于感觉，而是始于对感觉经验的选择性注意。具体过程：① 激活长时记忆中的有关信息进入短时记忆；② 激活的信息成为学习动机的一部分，使学习者进行选择性注意、知觉，并伴有努力；③ 初步将感觉信息与长时记忆中储存的有关信息联系起来，主动建构新信息的意义；④ 通过将感觉经验与长时记忆中的信息的对比等活动来构建意义；⑤ 若构建意义失败，则返回到感觉信息，并再次与长时记忆中的有关信息生成联系；⑥ 若意义构建成功，则实现了意义理解；⑦ 将理解的信息从短时记忆归入长时记忆，导致长时记忆中原有认知结构的充实、重组或形成包容性更大的新的认知结构。

生活应激（life stress）

应激的一种。由日常生活事件或变化引起的应激。现实的生活事件根据个体的环境、生活变化和社会活动等方面，可划分出几个主要类型：① 恋爱婚姻和家庭变故，如婚恋失败、家庭成员患病、配偶死亡等；② 人际关系问题，如与同事或上下级关系不和；③ 工作和学习问题，如工作学习负担过重、对工作或职业不满、工作环境不好、失败、降职等；④ 天灾人祸，如自然灾害、意外事故等；⑤ 经济状况改变，如失业、破产和贫困；⑥ 社会文化环境改变，如调动、迁居等。应激性生活事件，在人生中不可避免，但个体的人格特征、对事件的态度和认识评价、应付方式以及社会支持均可调节其影响。如积极的态度和应付方式、充分的社会支持等因素，可减少生活应激的不良影响。可根据以下生活事件评定量表来评定生活应激的强度。① 美国医生T·H·霍尔姆斯和雷赫 1967 年编制的社会再适应评定量表，包括离婚、丧失工作、与上司矛盾、搬迁等 43 项生活事件，并以生活变化单位衡量其致紧张程度。② 美国精神病协会编制的精神疾病诊断和统计手册（DSM）中的心理社会应激评定量表，列举了急性和持续性两大类生活事件，涉及婚恋问题、工作问题、子女问题、经济问题、环境问题等。③ M·J·霍洛威茨编制的事件影响量表侧重评估对生活应急的态度。④ 中国学者杨德森和张明园等也根据国情编制了具有不同特点的生活事件量表。

生理焦虑（physiological anxiety）

焦虑的一种，与"心理焦虑"相对。伴随着焦虑体验的生理变化及其相关的症状与体征。一般而言，轻度焦虑并无明显的生理改变。强烈的焦虑（病患式焦虑）尤其是惊恐发作，常伴有显著的植物神经功能紊乱表现。心血管系统可表现为心惊、心前区不适与疼痛，心跳加快、血压升高等；呼吸系统表现为胸闷、呼吸困难或过度换气；消化系统可表现为口干、吞咽困难、上腹部不适以及腹泻与便秘等。此外还可有皮肤湿冷、苍白、尿频、头痛、背痛、眩晕、失眠和多汗等。生化方面可发现为儿茶酚胺分泌增多。

生理性注意力分散（physiological distraction）

由影响个体操作能力的生理性或情绪性干扰因素所导致的注意力分散。

生理性应激源（physiological stressor）

指疲劳、身体不适、睡眠缺失、饥饿引起的低血糖以及胃肠道疾病引起的不适等一切可引发应激的生理学因素。

生理应激（physiological stress）

过高的生理负荷或恶劣的物理环境导致的生理心理状态。其效应可分为短期和长期两类。短期效应涉及认知、思维、情绪上的变化以及心血管、呼吸和骨骼肌等系统活动水平的变化。长期效应包括神经和消化等系统中出现的机能紊乱或疾病。某些应激效应可通过特定的方法克服或缓解。

生理疲劳（physiological fatigue）

亦称体力疲劳，是指由于过度体力劳动，身体不适或环境物化等因素所引起的体力衰竭和工作能力下降的现象，通常以肌肉疲劳为主要形式，其典型表现为乏力、工作能力减弱、工作效率降低、注意涣散、动作的协调性和灵活性降低，工作满意感下降等等。如飞行出现机械故障后需要保持长时间的人工操纵，睡眠不足、饥饿或肠胃不适，座舱温度过冷过热、湿度过高或过低、噪声过大等条件下表现出体温降低、四肢沉重、姿态不协调等。

生物节律（biological rhythm）

生物节律决定不同时刻的身体状态，是指以 24 h 为单位表现出来的机体活动一贯性、规律性的变化模式。生物的生理和心理功能活动周期性变化。

生物力学（biomechanics）

应用力学原理和方法对生物体中的力学问题定量研究的生物物理学分支。其研究范围从生物整体到系统、器官（包括血液、体液、脏器、骨骼等），从鸟飞、鱼游、鞭毛和纤毛运动到植物体液的运输等。为了设计出适合人操纵的飞机以及使人合理、有效、安全地操纵飞机，设计者和操纵者就应该知道人体肌力的种类、运动的方向、幅度等生物力学特征。

生物钟（biological clock）

亦称生理钟、内在钟或内在神经时钟，指生物机体内控制生理活动做有规律的周期性变化的机制或结构。人体内有规律的周期性变化成为生物节律，常见的一个生物节律的周期约为 24 h，如睡眠节律、体温节律、饮食节律等。生物节律有循环短于 24 h 的生理和心理功能周期性变化，如心律、呼吸律等；有循环超过 24 h 的，如体能节律等。

湿度（humidity）

表示大气干燥程度的物理量。人体感觉比较舒适的相对湿度为 40% ~ 60%，航线飞行高度外部环境的温度可能会低至−55 ~ 30 °C。在这种温度下空气非常干燥，相对湿度大概低至 5%。现代飞行器舱内的湿度通常保持在 15% ~ 25%。在这种环境下，飞行机组应该饮用充足的水分，避免脱水现象出现。

失眠（insomnia）

亦称为入睡和维持睡眠障碍，是由各种原因引起的入睡困难、睡眠深度或频度过短、早醒及睡眠时间不足或质量差等。作为一种最普遍的睡眠障碍，临床以不易入睡、睡后易醒、醒后不能再入睡、时睡时醒，或彻夜难以入睡为其症候特点，并常伴有白天精神不振、反应迟钝、体倦乏力、甚至心烦意乱，严重影响工作、学习和生活。

失热症（hypothermia）

由寒冷引起的应激。在寒冷的环境里，人体会自动地将较多的血液运送到体内，从而导致体表血流量减少。其主要作用是减少皮肤表面热量的丧失，使体内温度保持在 37 °C 左右。热量丧失的途径主要有① 辐射：从皮肤暴露处，尤其是从头部辐射散热，因为在头皮表面有丰富的血管。② 传导：当风吹过皮肤表面时便将热量带走，这种方式也称之为风寒因素。③ 蒸发：通过排汗或呼吸将热量从皮肤和口腔蒸发出去，从而引起寒冷。

失误（fault）

这种行动的初衷正确，但是在执行的时候有些问题，一般可以观察得到。失误是计划之外的行动，一般并不是一个很危险的事件（比如口误、笔误、行动失误等）。

时差（time difference）

指不同时区地方时之间的差别。地球每绕地轴自转一周完成一个转动周期，历时 24 h。随地球自转，一天中太阳东升西落，太阳经过某地天空的最高点时为此地的地方时 12 点，因此，不同经线上具有不同的地方时。按经线可把地球表面划分为 24 个时区，任何一个时区采用的当地标准时间与相邻两个时区的世界标准时间（Greenwich Mean Time，GMT）相差一个小时，即比西邻区早一小时，比东邻区晚一个小时，东西方向有时差，南北方向没有时差。

时差效应（time-difference effect/jet lag）

乘坐高速客机向东或向西旅行时，个体在短时间内穿越多个时区而导致对时差的不适应及一系列生理、心理与行为能力的节律失调。出现时差效应时，个体可能会表现出明显的疲劳感，头脑不清醒，昏昏欲睡，不能迅速集中注意力进行思考，精神抑郁，决断问题的时间及操纵反应时延长，工作效率降低；同时也可能会有胃肠功能变化、食欲不振、消化不良，以及入睡困难，醒得早、睡不实等睡眠障碍发生。

时间错觉（time illusion）

对时间的不正确认知，包括对时间延续性、时间的新近性、时间的系列位置、时距的判断错误等。在高空单调飞行环境中，或在远海飞行中以及焦虑情绪影响下，飞行员感到飞行时间较实际时间长的错误知觉，称为时间错觉。

时间知觉（time perception）

人对客观现象的延续性和顺序性的反映。也称时间感，指在不使用任何计时工具的情况下，个人对时间的长短、快慢等变化的感受与判断。时间知觉的特殊之处是它并非由固定刺激引起，也没有提供线索的感觉器官。在缺乏计时工具作为参考标准的情况下，获得时间知觉的线索可能来自两方面：① 外在线索，比如太阳的升落、月亮的圆缺、昼夜的更替、四季的变化等，或生活、工作中的工作程序，都为人们判断时间提供了参数；② 内在线索，如人体自身的呼吸、脉搏、消化以及生物节律等，也可成为判断时间的依据。

视差（parallax）

视觉心理现象。对物体在立体形象或距离上的变化产生的错觉现象。视觉对静止物体或活动物体，都可能产生视差。如注视同一方向而远近不同的两个静止物体时，若将身体左右摇动，则感到这两个物体呈相对方向移动。或用双眼看一个摆左右摆动时，使用遮挡物，让一只眼只能看到 10%~30%的光，而另一只眼无遮挡物，这样就会感到这个摆一会儿离得近，一会儿又离得远。

视杆细胞（rod cell）

视网膜中的一种感光细胞，主要分布在视网膜的周边部，越靠近视网膜中心部则视杆细胞越少。它把光刺激转换成神经冲动，其外段呈柱状，所以叫视杆细胞。这种细胞内含有感光色素视紫红质，它受到光线照射时发生化学变化，导致视杆细胞产生神经冲动。视杆细胞对光线的强弱反应敏感，而对不同颜色的光波不能区别反应。在人类的视网膜中视杆细胞约有 1.2 亿多个。当人在晚间、暗光下或月光下进行活动时，主要是靠视杆细胞起作用；但此时只能看清物体，而对物体的细微结构辨别不清，也不能分辨颜色，此现象又称为暗视觉。在视杆细胞中，普遍存在多个感光细胞同一个双极细胞联系，而多个双极细胞再同一个神经节细胞联系的会聚式排列。正因为如此，视杆细胞对物体的细微结构才会分辨不清。

视觉（visual）

指的是通过视觉系统的外周感觉器官（眼）接受外界环境中一定范围内波长的电磁波刺激。光作用于视觉器官，使其感受细胞兴奋，信息经视觉神经系统加工后便产生了视觉。通过视觉，可以感知外界物体的大小、明暗、颜色等信息，至少 80%外界信息经视觉获得，视觉是最重要的感觉。

视觉功能（visual performance）

人类视觉系统完成一定视觉任务的能力。主要包括① 察觉物体存在的能力。明视觉条件下察觉物体存在的能力主要是视网膜中央凹视锥细胞的功能，但在暗视觉条件下则是视网膜上视杆细胞的功能，通常用最小可察觉视敏度作为衡量指标。② 分辨物体细节的能力。主要是明视觉条件下视网膜中央凹视锥细胞的功能，通常用最小可辨别视敏度来衡量。③觉察物体色彩的能力。视觉正常的人在明视觉条件下可分辨可见光谱上的多种色彩，这种对色彩的分辨能力主要是视网膜中央凹视锥细胞的功能，通常用色盲图来检查人对彩色的分辨能力。④从视觉背景中分辨视觉对象的能力。这种能力的大小可用人的视觉系统辨别视觉对象时要求的视觉对象和背景的差异程度（如对象与背景的亮度差）来表示。

视觉固着（vision fixation）

指视觉过分集中于某物而将其他物体排除在外的现象。严格说来，这并非单纯的视觉问题，而是与注意力有着密切的关系。在仪表飞行时，飞行员利用升降速度表和高度表将飞机驶入预定高度。在此过程中，飞行员就可能将视觉固着在上述两个仪表上，从而忽视对其他仪表的查看和对前方空域的扫视。1991 年在美国佛罗里达州南部沼泽地所发生的空难就与此种情况密切相关。因此，在飞行过程中，良好的注意力分配是飞行安全的重要基础。

视觉疲劳（visual fatigue）

由于长时间不当用眼（如高度紧张地近距离目视、注视目标闪烁、目标亮度过高/过低、用眼过度等）之后出现视模糊、眼胀、干涩、流泪、眼眶酸痛等眼部症状，严重时会发展为头痛、眩晕、乏力等全身不适应的一种综合征。视觉疲劳不是独立的疾病，而是由各种原因引起的一组疲劳综合征。首先，视觉疲劳是由眼睛本身的原因引起的，如近视、远视、散光等屈光不正，调节因素，眼肌因素，结膜炎和角膜炎等。另外，如果佩戴的眼镜不合适也容易引发视觉疲劳。用眼环境不好可导致视觉疲劳，如光照不足或过强、光源分布不均匀或闪烁不定、注视的目标过小过细或不稳定等。另外，神经衰弱、身体过度劳累时也容易出现视觉疲劳。

视觉适应（visual adaptation）

人眼的感觉随外界亮度的刺激而变化的过程；有时也指这一过程达到的最终状态。视觉的适应可分为对暗适应和对光适应。对暗适应的过程称为暗适应（dark adaption）；对光适应的过程称为明适应（light adaption）。进入暗适应，人眼瞳孔放大，进光量增加；视锥的光敏度增加，以维持暂时的视觉功能；视杆细胞的光敏度迅速增加，取代视锥细胞的作用，在暗处由于视紫红质的合成大于分解，视杆细胞内的视紫红质含量逐渐增高，人眼完成对暗环境的适应，暗适应大致需要30 min 才能完全完成。进入明亮环境，人眼瞳孔缩小，进光量减少；视锥细胞光敏度缓慢降低；视杆细胞光明度迅速降低，这主要是由视紫红质分解速度大于合成速度所造成，人眼光敏度逐渐恢复正常，明适应大致需要 1 min 完全完成。在飞行过程中，建议采用以下措施保障飞行员的暗适应：① 夜航飞行前和飞行期间应避免强光源的照射。即在夜航飞行前 30 min 进入座舱，在此期间要避免诸如前灯、着陆灯、频闪光灯或闪光灯等强光源的照射。② 如突然遭遇强光，可闭上一只眼以保持该眼对暗光的感受性。③ 如果是由明亮的区域逐渐飞入黑暗的区域，飞行员可戴上太阳镜以便逐渐适应黑暗。④ 夜航飞行时，根据需要将仪表板内的照明灯调节并保持在适宜的亮度范围内，这有助于飞行员克服外景与仪表之间视线转移造成的暗适应现象。

视敏度（visual acuity）

亦称视锐度、视力。是指视觉辨别物体细节的能力。一个人辨别物体细节的能力越高，视敏度越好。根据是否在运动状态下视物或观察的物体是否是运动的，可将视敏度分为静态视敏度和动态视敏度。静态视敏度是指静止的观察者辨别静止物体细节的能力。而动态视敏度则是指运动的观察者辨别静止物体细节或静止的观察者辨别运动物体细节的能力。研究表明，当角速度达到 40°/s 时，人的视敏度可降至静止时的一半。这种下降随角速度的增大而加剧。说明动态视敏度较之静态视敏度要低得多。而且，视敏度与物像投射在视网膜上的位置有关。距视网膜黄斑区越远的视网膜视部，视敏度越低，反应潜伏期越长。偏离中央凹 10°，其视力大约是中央凹的 1/10，偏离 20°，大约为 1/20。因此，靠近视线的目标，可以在较远的距离上发现，而越是偏离视线的目标，在较远的距离上便越难以发现，被观察到的距离就越近。

视线转移反应时间（reaction time of vision transferring）

高速飞行中，视线由舱外转到舱内仪表盘上再返回到舱外所需要的时间。大约为 2.35 s（见表 S-1）。随年龄增长而增加。意味着飞行员在飞行中为察看仪表而要盲目飞行相当一段距离。对飞行员搜索空域、地标、寻找跑道等均有一定影响。

表 S-1　从舱外转向仪表再转向舱外目标的时间

	时间/s
头和眼转向仪表	0.225
视线对准仪表	0.07
对准焦点	0.50
判读仪表	0.80
头和眼转向舱外	0.255
把焦点对准远方	0.50
合　　计	2.35

视野（visual field）

人眼能看到的空间范围，往往用角度来进行表示。详细而言，视野概念有临床视野（visual field concept in clinical）与航空视野（visual field concept in aviation）之分。临床医学上的视野概念是指一眼固定、凝视正前方一点时所能感觉到的空间范围。航空学的视野概念则不仅包括眼球固定时所能看到的空间范围，还包括眼球最大运动时以及头和眼球联合运动时所能看到的空间范围。实际飞行中主要取决于驾驶舱视界的大小与飞行员的注意范围。因机种不同、驾驶舱视界不同而有所不同。与空间定向有直接关系。视野越大，在同一时间内感知的定向目标物和参照物越多，越有利于空间定向；反之，则定向困难。如图 S-1 所示。

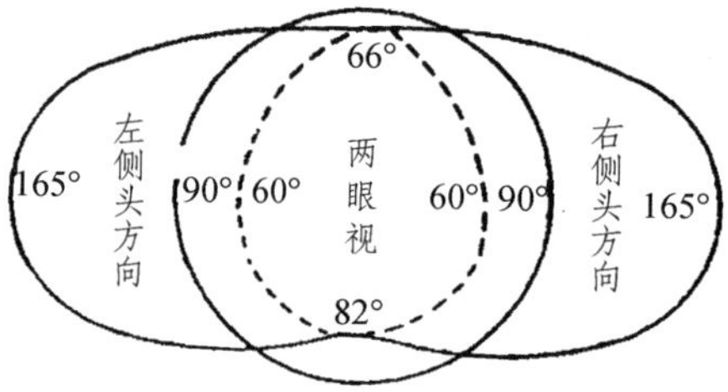

图 S-1　眼球最大运动时的视野

视锥细胞（cone cell）

视网膜中感光细胞的一种，是视觉的第一级感觉传入细胞。其外部尖端呈锥状，称锥体细胞。视锥细胞对光线的强弱反应不如视杆细胞灵敏，但这类细胞对不同颜色的光波有不同的反应。人类的视网膜中视锥细胞约有 700 万个。越靠近视网膜中心部，视锥细胞越多，在黄斑的中央凹处，感光细胞全部是视锥细胞。视锥细胞的功能是在明亮环境下活动时不仅能看清物体，而且对物体的细微结构和颜色都能够看清楚。在中央凹处一个视锥细胞只同一个双极细胞联系，而这个双极细胞也只同一个神经节细胞联系，这种无聚合现象的“单线联系”是视锥系统具有较高的细节分辨能力的结构基础。某些仅在白昼活动的动物，如爬虫类和鸡等，视网膜上只有视锥细胞而没有视杆细胞。视锥细胞含特殊的感光色素，称为视紫蓝质，其含量很少，尚不及视紫红质的 1%。其最大的吸收光谱是在波长 560 ~ 575 nm，这与人在明视条件下亮度曲线的最高峰部位也是一致的。

视空间知觉（visual spatial perception）

依靠视觉对物体的大小、形状、远近、方位等空间特性的知觉。人主要通过单眼线索（线条透视、重叠、明暗等）和双眼线索（双眼视差等）反映物体的空间特性。单眼线索主要强调视觉刺激本身的特点，双眼线索则强调双眼的协调活动所产生的反馈信息的作用。

事故地图法（Accident Maps，AcciMaps）

一种事故分析技术，其基本理论假设是事故中包含了多层因果关系，由 Rasmussen（1997）在其风险管理模型中提出。该方法将系统内影响事故发生的因素以图形的方式予以描述，考虑了社会-技术系统的6个水平（即便可以根据分析的需要进行修订）：政府政策与预算、监管机构和协会、地方政府计划和预算（包括公司管理）、技术与运行管理、物理过程和当事人活动以及设备和环境。水平 1～4 表示事故场景中的所有决策者，水平 5 和 6 用来描述他们在正常工作情景中所做出的决定。事故地图法侧重于对这些水平之间因果关系的分析，它能够对系统的各个水平进行纵向分析，而不是像以往的事故分析方法那样仅在个体水平上描述横向概况。

事故链（accident chain）

指任何事故的发生并不是单一因素引起的，而是多个因素和小事故共同作用的结果，若打破其中的一环，则可以有效地防止事故的发生。该理论由海因里希最早提出，他认为事故因果连锁过程包括遗传及社会环境、人的缺点、人的不安全行为或物的不安全状态、事故、伤害 5 个因素，若第一原因出现，后面则可能发生连锁反应。该理论的积极意义在于，只要去除事故发展的中间环节，则可以阻断事故的进程；但该理论的不足则是事故发展连锁关系的描述过于绝对化、简单化。该理论促进了事故致因理论的发展，成为事故研究科学化的先导，具有重要的历史地位。

《事故预防手册》(*Accident prevention handbook*)

国际民航组织（ICAO）在 1984 年出版的一本分析事故因素和研究事故预防措施的指导性文献。书中着重叙述了事故与人、机械及环境三者的交联关系，分析、预测“人-机-环境”方面的不安全因素，对安全飞行具有重要的指导意义。主要内容有① 航空事故的统计分析，主要包括历史回顾和近年来发生的航空事故；② 航空事故预防机构的作用，包括国际民航组织、航空当局、航空公司飞机制造厂、通用航空的作用和工作范围；③ 航空事故预防的概念，包括事故性质、人的因素、经营管理者、风险管理方法；④ 航空事故预防活动，包括危险因素的发现、评估、消除和避免以及安全标准，这一部分是重点内容；⑤ 航空事故预防组织，包括组织原则、人员、专业团体、安全活动的促进，这一部分重点是组织的组成人员和组成方法，以及安全活动的开展形式，如情报交流、安全讲座、标语、电影、安全研讨、安全资料及安全展览等。书中的附录部分主要包括事故预防制度的指导方针、安全计划、安全统计方法、预防活动训练、事件报告制度、用于促进安全活动的资料等。

事故致因理论（accident causation theory）

用来阐明事故的成因、始末过程和事故后果，以便对事故现象的发生、发展进行明确的分析。该理论的发展经历了 3 个主要阶段：事故频发倾向理论和海因里希因果连锁理论为早期理论，能量意外释放理论在第二次世界大战后占主导，现代的理论为系统安全理论。目前具有代表性的事故致因理论主要有事故频发倾向理论、事故因果连锁理论、能量释放理论、轨迹交叉理论，以及 Reason 模型理论。

事后聪明式偏差（hindsight bias）

指在事后看待事件结果时，会觉得事件结果比事前预测时更不可避免、更容易预见的倾向。当结果出来时，人们会加深自己对该结果预测的印象，而忽略之前另外的观点；可能选择性地修改之前的记忆；会根据结果来调整自己的预测。研究表明，如果人们开始考虑有哪些原因可能导致所做的事情出现不同结果，事后聪明式偏差就会消失。

事实判断（fact judgment）

判断的一种。与“价值判断”相对。对客观事实本身作出分析、评价和鉴别。一般回答“是什么”的问题。对客观事实的描述，而不包括推理，是一种低水平的判断。如在道德判断中的“他说了谎话”，即是一个对道德事实的判断。

试误学习（trial-and-error learning）

美国心理学家桑代克在大量动物学习实验研究基础上提出的一种学习模式。典型过程：当动物遇到一个新情境时被某个动机所驱使，而盲目进行各种尝试，偶然获得成功，导致动机满足。经多次尝试，错误反应逐渐减少，正确反应逐渐增多，最终在一定情境与一定反应之间建立起牢固的联结。这种联结的形成过程是“全属盲目”的渐进过程。

适应（adaption）

指在同一感受器中，由于刺激在时间上的持续作用，导致对后续刺激感受性发生变化的现象。适应能力指的是人随外界的改变而相应改变自己的行为方式、心理状态、思维方式等以适应变化与外界相和谐的能力。适应可以引起感受性的提高，也可以引起感受性的降低。

熟悉训练（familiarization training）

技能训练过程中的一个阶段。为熟悉执行任务的程序和方法而进行的练习。对训练设备和环境的逼真度要求不高。可利用部分任务训练器等设备来进行。

双耳强度差（binaural intensity difference）

指两耳在接受某一方向传来的声音刺激时，因波的反射和衍射而造成的两耳在强度上的差别。声波在传播过程中遇有障碍物发生反射和衍射时，在障碍物的背侧即产生强度降低的声影区，落于声影区内的对侧耳接受到的声强将会降低，由此产生双耳强度差。它随声波的频率而增加，如 1 000 Hz 的中频纯音，其波长为 34.4 cm，在 90°和 270°方位角时，两耳间的强度差约为 6 dB。而 10 000 Hz 的高频纯音，其波长为 3.44 cm，同样在 90°和 270°方位角时，两耳间的强度差则高达 20 dB。对于包括多种频率成分的复合音来说，两耳间同样存在强度差.双耳强度差是声源定位的重要线索。

双耳时间差（binaural time difference）

指因两耳间的距离而使声波到达两耳时产生的时间差。若以声速 344 m/s 计，则波阵面将以 1 cm/0.029 ms 的速度前进，当两耳在 90°方位角最大的距离差时产生的最大时间差约为 0.8 ms。研究表明，两耳间的时间差虽与声波的频率有关，但更主要的是与方位角的大小有关。

双眼视觉（binocular vision）

用双眼同时观察物体的视觉。尽管两眼分别形成视网膜像，但正常的双眼视觉能把两视像融合为单一知觉对象。若两眼观察的是平面物体，两个视网膜像均落在两眼视网膜的对称点，即一个视网膜的鼻侧和颞侧分别与另一个视网膜的颞侧和鼻侧重叠，产生的是两维平面知觉；若两眼观察的是立体物体，两眼视网膜像不完全对称，形成双眼时差，产生立体知觉。

双眼线索（binocular cue）

主要指双眼的辐合作用和双眼视差所提供的距离信息，强调双眼的协调活动所产生的反馈信息的作用。① 辐合作用（binocular convergence），即指两眼视线向注视对象的合拢。看远物时，两眼视线近似于平行；看近物时双眼视线向正中聚合并对准物体。② 双眼视差（binocular disparity），即物体到双眼的视觉距离不同所引起的视觉差异，双眼视差是空间立体知觉的主要线索。

水平迁移（horizontal transfer）

亦称“横向迁移”。迁移的一种类别。指处于同一抽象水平和概括水平的两种学习或经验间的互相影响。它是已经学习过的概念、规则或解决问题的方法在新的情境中的运用。如“直角”“钝角”“锐角”等概念，其抽象性、概括性处在同一水平，它们之间的相互影响即属于此类迁移。

睡眠（sleep）

指人体处于大脑进入弥漫性抑制时的状态。有人认为，睡眠是一种生理性的保护机制。它的作用是使皮质细胞不再接受刺激，防止皮质细胞的破坏，促进消耗物质的恢复。对睡眠的脑电波研究表明，睡眠有非快速眼动睡眠和快速眼动睡眠两个时相。前一时相又分为 4 个阶段：阶段 1 是睡眠的开始，脑电波开始变化，频率渐缓，振幅渐小，平常所说的昏昏欲睡，就属于这一阶段；阶段 2 开始正式睡眠，此时脑电波渐呈不规律状态，频率与振幅忽大忽小，为浅睡阶段；阶段 3、阶段 4，进入沉睡阶段，脑电波形态改变很大，频率只有每秒 1 ~ 2 周，振幅则大为增加，呈现变化缓慢的曲线。睡眠进入此两个阶段，人不易被叫醒。睡眠阶段 5 是快速眼动睡眠。此阶段除脑电波形态改变外，人的眼球出现快速跳动现象。如在这一阶段被叫醒，大多数人（80% 以上）报告说正在做梦。正常睡眠从非快速眼动睡眠开始，持续 80 ~ 120 min 转入快速眼动睡眠，如此持续 20 ~ 30 min，又转入非快速眼动睡眠。整夜睡眠期间这种转变约 4 ~ 5 次，接近睡眠后期，非快速眼动睡眠时间逐渐延长。

顺向迁移（forward transfer）

迁移的一种类别。与“逆向迁移”相对。顺向迁移和逆向迁移是根据迁移发生的方向来划分的。顺向迁移指先前学习中获得的经验对以后学习的影响。如加法的学习对以后乘法的学习的影响。

顺应性迁移（accommodative transfer）

迁移的一种类别。指将原有经验迁移于新情境时发生的一种适应性变化。当原有的经验结构不能将新事物纳入其中时，需调整原有经验或对新旧经验加以抽象、概括，取其共同的本质特征，以形成一种能包容新旧经验的更高一级的经验结构，来适应外界的变化。如学习代数与几何知识后，欲形成能包容这两类知识的更高层次的结构，则需调整原有经验，建立解析几何这一高层次的经验结构。解析几何的学习即是通过代数与几何的顺应而得以实现的。

思维（thinking）

指人对客观事物本质的特征和内在联系的反映，它具有间接性和概括性的特征。所谓间接性是指思维是以其他事物为中介，借助人已有的知识和经验，来理解和把握那些没有直接感知过（或根本不可能感知）的事物，以及预见和推知事物的发展。所谓概括性是指思维是从大量事物中抽取出共同的、一般的东西，从众多表面的和非本质的特性中抽象出本质的特征，从众多的外部联系中概括出内部的规律性联系。思维与语言有着密切的关系。人类思维活动过程，表现为分析、综合、比较、抽象、概括和具体化。思维常从问题解决的角度进行实验研究。人的思维能力是人的智力的核心。

似动错觉（apparent motion/apparent movement）

指实际上不动的静止之物，很快地相继刺激视网膜上邻近部位所产生的物体在运动的错误知觉。最常见的似动错觉主要有 3 种：① β 运动，亦称 PHI 现象。相互垂直的两条直线 A 和 B，如果以适当的时间间隔（0.06 s），依次先后呈现，便会看到A向B移动并倒下。实际生活中的电影和霓虹灯的运动都属于β运动。② 诱导运动，在没有更多参考标志的条件下，人可能把它们中的任何一个看成是运动的。在飞行中，我们既可以把飞机知觉为运动的，也可以把云团或地面知觉为运动的。③ 自主运动（auto-kinesis），如果在暗室中注视一个静止的光点，过一段时间便会感到它在不停地动来动去，此即自主运动，又称沙蓬特错觉或游动错觉。在夜航飞行中，如凝视星星或其他飞机的尾灯也会产生自主运动错觉。造成自主运动的原因至今尚未弄清楚。

速度错觉（speed illusion）

指飞行员对飞行速度的错误认知。飞机以同等速度飞行时，由海上进入陆上，飞行员感觉自己的飞机速度似乎加快了；由陆上进入海上，却又感到飞机的速度似乎减慢了。主要原因是视觉受连续对比感觉的影响及人对速度的适应性等因素。

速度应激（speed stress）

由工作速度不合理引起的紧张而带有压力的情绪状态。具体地说，当工作速度高出一定限度时，工作会变得非常紧张，疲劳显著增加，工作效率明显下降；工作速度过低，工作者除产生强烈的单调感外，会由于连续不断的等待变得不耐烦，并会出现注意力分散和动作错乱，反应能力显著下降。受个体的生理、心理状态等因素的影响。

算法（algorithm）

问题解决策略的一种。问题解决方法的精确描述或解题规则。不同的问题有不同的算法。若一个问题有算法，则只要按照其规则描述的步骤进行操作，就可以保证以有限的步骤获得问题的解，而不管问题解决者是否理解了该方法的含义。如天气预报说今日最高气温为30 °C，则华氏表的温度是多少？根据这个问题的算法，把摄氏表温度乘以 1.8，再加上 32，就可以获得华氏表的温度。算法能保证问题得到正确的解决，但在解决问题时还经常使用启发法策略。其原因在于①对某些问题来说并没有一个可用的、有效的算法。②问题虽有算法可用，但为节省时间和精力，不用该算法去解决问题。③有些问题的算法事实上是无法执行的。

随机性错误（random error）

指人的错误按随机分布的形式出现，没有任何规律可循。此类型的差错最容易出现在飞行训练的初期，对于飞行的初学者而言，由于没有任何的经验，所以其出现的差错也是没有任何规律可循的。

SHEL 模型（Software-Hardware-Environment-Liveware model，SHEL model）

描述飞行中人的因素的概念模型。最初由爱德华（Edwards，1972）提出，以后由霍金斯（Hawkins，1984）进行了修订，并在一份欧共体文献中发表，主要用于描述飞行中人的因素的概念和研究范围以及分析人的错误的来源。目前许多国家和组织正将其用于设计人的因素事故和事故征候调查分析程序的理论模型。该模型中心的“L”是人，在航空系统中特指飞行员或空中交通管制员。是最有价值和最易变化的因素。人的表现受许多变量的影响和限制：模型周缘的“S”是座舱软件或空中交通管制软件，“H”是航空硬件，如操纵器等；“E”是航空环境，包括驾驶舱人工环境和自然环境以及空中交通管制环境；模型周缘的“L”是其他航空活参与者。这 4 个要素与模型中心的人构成 4 个界面。这些界面都是凹凸不平的，意味着各要素间不可能完全相容，如图 S-2 所示。这就要求在设计、制作和使用的过程中，谨慎地对各要素进行匹配。否则，系统同各界面的应力就会过高，引起系统的解体或断裂，飞行事故也在所难免。航空心理学、航空工效学以及飞行中人的因素研究的主要课题都是围绕着该模型范围展开的，只是研究的角度和侧重点不同而已。

图 S-2　SHEL 模型图

T

态度（attitudes）

指个体对某一特定事物、观念或他人的相对稳定的，由认知、情感和意向 3 个成分组成的心理倾向。从态度的构成看，态度主要包括 3 种成分，即认知成分、情感成分和意向倾向成分。认知成分是指个体对态度对象的认识、理解与评价，即我们通常所说的印象，它是态度形成的基础。行为是指人的一切有目的的活动，是由一系列简单动作构成的，在日常生活中所表现出来的一切动作的统称。意向因素就是指个人对态度对象的反应倾向或行为的准备状态，也就是个体准备对态度对象做出何种反映。

态度的训练效应（attitude training effect）

训练可以改变态度的现象。态度训练是驾驶舱资源管理训练的重要内容。人们发现，驾驶舱资源管理训练虽然不能改变飞行员的个性，但可以改变影响飞行员判断的危险态度。主要训练方法：当飞行员出现并意识到某种危险态度时，要求其用逆向思维予以矫正。如飞行员出现“反权威态度”时，应该立刻想到“别人的意见也许是正确的”“条例一般都是正确的”等。这种训练，可使飞行员形成良好的思维方式，改变态度，提高判断能力。

态度学习（attitude learning）

通过经验形成的一种比较稳定的对人、对己和对环境的肯定和否定的持续反应的倾向，或决定个体行为选择的内部状态。美国心理学家加涅划分的 5 种学习结果之一。通常包括态度的形成与态度的改变。是调节个体社会行为的工具，个体社会经验的一个重要组成部分。态度可通过情感、认知与行为 3 方面表现出来。态度的建立要经过若干阶段，有观点认为包括联想、强化、模仿是 3 个不可缺少的阶段，也有观点主张须经过顺从、认同与内化 3 个过程。加涅认为它受制于一系列内外条件的影响，如态度将要指向的人、事或概念，与态度相连的个体行为，外界环境的有关信息、观念等，榜样的作用，强化手段的使用等。

体液沸腾（ebullism）

体液中饱和水蒸汽压与环境大气压相等时，体内开始出现的由液态水急剧转化为气态水而使皮肤发生气肿的现象。在 19 200 m 的高度，大气压力为 6.3 kPa，等于体温 37 °C 时体液的饱和水蒸汽压（6.3 kPa），此时及以上高度身体皮下组织充满大量水蒸汽，会出现体液沸腾。但由于人体各部位血压与体温有高低之分，组织弹性与疏松度亦有差异，其开始发生体液沸腾的高度也有所不同。达到体液沸腾的低压时，即使通过个人供氧装置紧急供氧，体液沸腾仍可造成以下症状：① 蒸汽胸，胸腔气压低，液体容易汽化，造成肺部局部萎缩，丧失气体交换功能；② 全身气肿，随着暴露高度增加，眼球结膜、内脏器官亦会发生气肿，其功能受到影响；③ 循环障碍，血管里含有大量蒸汽气泡，阻滞血液循环，涉及身体重要器官，将会危及生命。保持航天器人工座舱的正常压力制度是防止体液沸腾的根本措施。

替代错误（substitution error）

指在飞行过程中用一个错误的行动代替了本应采取的正确行动。当飞行中发动机出现故障时，飞行员关错发动机的现象便属此类，即飞行员用错误的动作代替了正确的动作。这种错误已导致了许多起灾难。

添加错误（commission error）

指飞行员做了不应该做的事情。例如，当宣布飞机因技术原因延迟 1 h 起飞时，机场人员却仍按原离场计划时间通知乘客登机；或在正常飞行过程中错误地放出减速板等。

条件反射（conditioned reflex）

指在无条件反射的基础上通过学习而形成的反射。动物凭借无条件反射，只能适应固定不变的外界环境。仅仅依靠无条件反射，高等动物还不能维持机体的正常生存。动物在个体生活过程中还必须建立各种条件反射，以适应千变万化的周围环境。动物和人出生后所学习的一切行为都是条件反射。例如，望梅止渴、谈虎色变等都是条件反射。

听觉疲劳（auditory fatigue）

较长时间接触强噪声，听阈升高超过 15 dB，甚至达到 35 ~ 50 dB 的现象。听觉疲劳严重时要离开噪声环境后数小时甚至十几小时到二十几小时才能恢复正常听力。恢复时间的长短，依接触噪声强度的大小和时间的长短而不同。这种听阈升高因其可以完全恢复，故称为暂时性听阈位移，属功能性变化。但如果继续接触强噪声，不采取防护措施，听觉疲劳不能完全消除，则可能发展成永久性听阈位移，严重者可造成噪声性耳聋。

听觉适应（auditory adaption）

持续的声音刺激引起听觉感受性下降的现象。短时间进入强噪声环境时，开始会感觉声音刺耳、不适、耳鸣，随后这些主观感觉趋于不明显或消失，同时出现暂时性听力下降，听阈上升可达 10 ~ 15 dB，如迅速离开噪声环境，经数分钟后可完全恢复正常的现象。

听觉线索（auditory cue）

依靠听觉方向定位时所参照的线索。人的两耳间有约 27.5 cm 的距离差，当某一侧的声音到达两耳时会在两耳间形成一定的强度差、时间差和位相差。人依据这些差异线索进行精确的方向定位。但当声源距离人的两耳相等时，上述差异线索就消失，使人的方向定位陷入混乱，需要转动身体或头部以重新形成一定的差异线索，作为方向定位的依据。一种基于言语听觉信息的短时记忆线索。康拉德在研究短时记忆中发生的错误类型时发现，记忆错误的性质与原有刺激的声音特性有关，听觉或声学特征相似的项目如 S 和 X 易引起记忆混淆。有人认为，在短时记忆中，正常的成人即使接受的是视觉信息，也都按听觉的声音特性对它们进行编码。

通用失误模拟系统（General Errors Models Systems，GEMS）

Reason 提出的辅助分析人员理解行为过程中，特别是进行规则型和知识型行为操作时可能发生哪些失误的方法。其中的 HEFI 从人误形成因子出发，把人误分为疏忽、遗漏和错误两类，但并没有指明两类人误具体属于哪种模式。GEMS 中的 HEFI 注重对认知失误的分析，提供了一个较为全面的认知失误模式分类。如判断上的偏见可能影响人的行为，从而导致在非正常情况或事故状态下出现诊断错误。不过方法中提出的人误形成因子是否全面，以及如何根据当前状态选择具体失误模式还是个需要深入研究的问题。

同化性迁移（assimilative transfer）

迁移的一种类别。指将已有经验应用到特征相同或相似的新事物中去，并将新事物视为与有经验系统具有相似特征的同类事物，或将新事物纳入已有的经验系统，作为该经验系统的一个例证。如“金属导电”这一命题的学习有助于理解铁的导电特性，“铁导电”这种经验又作为一种具体的例证，被归入“金属导电”这一经验系统。

同化原则（principle of assimilation）

桑代克提出的学习律的 5 条副律之一。有机体遇到与过去相似的情境时，会按照过去对类似情境发生过的反应作出反应。实际是一种学习迁移。行为主义者称之为刺激泛化。这里的同化指新情境与原先的学习情境相似。桑代克由此提出“共同要素论”：如果两种学习情境基本相同，就会产生类似的反应。迁移的产生取决于两种情境之间是否有共同要素。

同时性任务管理（Concurrent Task Management，CTM）

指飞行员为了实现整体飞行目标在同时进行多个任务中，有选择地注意其中一些任务的加工过程。它决定了飞行员在某个具体时间点上如何选择优先执行任务、如何分配注意资源以及如何管理其他任务。为了更好地推动 CTM 理论在复杂社会技术系统中的研究和应用，Funk（2001）将驾驶舱任务管理（Cockpit Task Management，CTM）更名为同时性任务管理（Concurrent Task Management），并将同时性任务管理定义为复杂操作系统中操作人员（如飞行员、汽车驾驶员和麻醉师等）对同时进行的多项任务进行有效管理的心理过程，包括操作者的注意分配、任务意识、判断和决策等。从这种意义上来讲，同时性任务管理是对驾驶舱任务管理的扩展和补充，可以适用于非航空领域的其他高风险行业中操作者安全作业的诊断和训练。

统计学（statistics）

关于认识客观现象总体数量特征和数量关系的科学。它是通过搜集、整理、分析统计资料，认识客观现象数量规律性的方法论科学。由于统计学的定量研究具有客观、准确和可检验的特点，所以统计方法就成为实证研究的最重要的方法，广泛适用于自然、社会、经济、科学技术各个领域的分析研究。分析实验数据、统计事故调查结果以及趋势预测的必不可少的工具。

团队任务分析（Groupware Task Aanalysis，GTA）

一种团队任务分析技术，目的是将团队活动的分析作为团队系统设计和分析的基础。在为团队或组织设计系统或程序时，GTA 的组成包括需要考虑的相关方面的知觉性概念框架。该方法需要涉及对以下两种任务模型的描述。任务模型 1：该任务模型提供对正在设计的系统当前情景的描述。模型的开发旨在提升设计团队对当前工作情景的理解。例如，设计 C4i 系统时，任务模型 1 可能包括当前运行命令和控制系统的描述。任务模型 2：该任务模型涉及重新设计模型 1 中描述过的当前系统或情景。该模型应包括对任务模型 1 中所强调问题的技术措施和对需求规范的技术回应。任务模型 2 代表着实施新设计时未来任务环境的模型。根据 Van Welie 和 Van Der Veer（2003）的研究，任务模型应当包含对以下系统特征的描述：① 当事人，指的是在所分析系统内执行活动的人员，包括团队和个人。对当事人应该按照其目标、角色（分配给当事人的任务）、组织（人员和角色之间的关系）和特征（当事人的经验、技能等）进行描述。② 工作，也应对任务或所要分析的任务进行描述，包括对单元任务和基本任务说明。建议使用 HTA 对任务模型 1 的这些方面进行描述。除此之外，还应对事件（任务触发条件）进行描述。③ 情景，描述应当包括环境和环境中所有对象的描述。

团队认知任务分析（Team Cognitive Task Analysis，TCTA）

用于描述团队或团队实施任务过程中使用的认知技能和过程。采用半结构化访谈和预定义调查来获得团队绩效和决策的相关认知数据。该方法以分析个体任务绩效认知因素的 CDM 技术为基础。Klein（2000）认为，TCTA 技术解决以下团队认知过程：① 注意力控制；② 共享情景意识；③ 共享心理模型；④ 运用策略/启发式进行决策、解决问题和做出计划；⑤ 元认知。

团体决策（group decision making）

由领导集体或团体的全体成员，经民主讨论协商对有关的管理问题作出的决策。研究表明，其准确性往往高于个人决策。但所需时间较长，可能会产生小团体意识及极端性迁移等有害倾向。

推理（inference）

思维形式的一种，指人在头脑中由具体事物归纳出一般规律，或根据已有的判断推出新结论的思维形式。由前提与结论两部分构成。前提是人在推理过程中运用的已有的真实判断，结论是经过推理得到的新判断。分为演绎推理、归纳推理和类比推理等形式。演绎推理是从一般原理到特殊事例的推理形式，其前提是关于事物一般特征的真实判断，结论是经过推理得到的新判断。归纳推理是从特殊事例到一般结论的推理形式，其前提是关于个别对象的真实判断，结论是对反映在前提中共同的、通常是本质特征的概括。类比推理是根据两个对象在某些属性上的相同（或相似），通过比较推断出它们在其他属性上也相同的推理形式。逻辑学主要研究推理的形式和规则，心理学则着重研究推理规则在人脑中的表征和运用。

脱离现象（break off phenomenon）

亦称“分离性感觉”。飞行人员的一种错误知觉。常发生在高空或其他单调环境飞行中。主要表现：飞行员感到自身离开了直接工作的环境或所操纵的飞机，有孤独感和远隔感，有时对飞机状态过敏，觉得仿佛在刀刃上保持飞机的平衡，一不小心就有从空中坠落的危险。有些人还伴有不安、恐惧、情绪紧张、出汗、动作笨拙等症状，另一些人则感到欣快和轻松，是一种乐趣。这可能与人的性格特点有关。主要发生在单座飞机在万米以上高空单调飞行时，如在高空固定航线作水平巡航飞行时。

W

外呼吸（external respiration）

指外界空气与血液之间的气体交换过程，也称肺呼吸（pulmonary respiration）。主要包括在肺泡内进行的两个过程：第一，从外界吸入人体内的氧气通过肺泡弥散入血，并由血红蛋白运送到组织；第二，血液中的 CO_2 弥散入肺并被呼出体外。

外周神经系统（Peripheral Nervous System，PNS）

由除大脑脊髓外的所有神经系统组成，从头到脚遍布全身分布，负责中枢神经系统信息的输入与输出。外周神经分布于全身，把脑和脊髓与全身其他器官联系起来，使中枢神经系统既能感受内外环境的变化（通过传入神经传输感觉信息），又能调节体内各种功能（通过传出神经传达调节指令），以保证人体的完整统一及其对环境的适应。

危机干预（crisis intervention）

心理治疗措施的一种。对处于心理危机状态的个体、家庭及群体采取的明确有效的措施。如针对家庭暴力进行的心理咨询与教育，给予经受意外事故（如火灾、车祸等）者的物质和精神上的慰问，对婚姻失败、事业与感情受挫者进行的劝导鼓励等。在危机状态下，个体无法用惯有的方式解决难题，体验极大的痛苦，产生紧张、恐惧、悲伤等情绪以及躯体不适，甚至无法适应而做出自杀等极端行为。在危机发生的最初阶段，可提供个体情感支持，以缓解其紧张情绪；然后指导个体根据自己的实际情况，寻求可能的援助；进而帮助个体分析危机情境与其人格的关系，与之讨论危机事件为何会以及怎样使其心理失去平衡，指导个体学习新的认识方法和应付方法，有效地处理危机事件，达到完善人格、提高适应能力的目标，以使个体最终战胜困难，重新建立人际关系，更好地适应社会生活。具有疏通思想、救人于危难的性质。

威胁（threat）

指在飞行期间应加以注意和应对的外部事件或差错。这些外部情况增加了飞行操作的复杂程度，容易诱发机组出现差错，并在一定程度上影响飞行安全，应加以管理才能保证足够的安全裕度。威胁可能是预料之中的也可能是预料之外的，如恶劣天气、组织失效、运行压力等。

违章（violation）

指偏离程序或各种作业规章、标准的现象。主要有惯常性违章（routine violation）和偶发性违章（exceptional violation）两种。前者会发展成操作者的习惯性行为；后者体现出的违章行为偏离操作者正常的行为模式，且是组织所不能容许的。

维修差错（maintenance error）

指维修者违背了装备的特性和运转规律而做出的错误维修行为，从而导致了偏离规定要求的结果。危及空、地安全的主要问题之一，即机务人员在维护修理实施过程中，因种种原因发生的丢、错、漏、损等问题。

位觉紊乱（disturbance of position）

指一个人对自身相对地面位置、姿态、运动或加速率发生的错误感知。就是说人对自身位置相对于实际环境的关系出现混乱。受位觉紊乱影响的人可能知道出现了问题，但也可能一点都未察觉。在严重紊乱的情况下，就算飞行员知道有问题，但在心理或情绪的压力下，飞行员也会回天乏术。

位相差（phase contrast）

低频声音因波长较长，头颅的阻挡作用小，两耳听到的强度差也较小。这时，判定方位主要靠两耳感受声音的位相差，即同一频率声波的波形的不同部位作用于两耳，内耳鼓膜所受声波的压力也有差别。虽然这种差别很小，但它是低频声源定位的主要线索。

位置恒常性（location constancy）

知觉恒常性的一种。对某一位置固定不变的物体，尽管观察者自身观察位置发生变化，而仍能判断出该物体正确位置的心理特性。学习和经验在其中起重要作用。

文化（culture）

人类社会中物质与精神的总和。确切地说，文化是凝结在物质之中又游离于物质之外的，能够被传承的国家或民族的历史、地理、风土人情、传统习俗、生活方式、文学艺术、行为规范、思维方式、价值观念等的总和，是人们之间进行交流的普遍认可的一种能够传承的意识形态，其核心思想和价值取向是长期实践活动的沉淀物，并物化于物质文化中，其生命力是长久的和有传承的，它影响着人们的一言一行，能够潜移默化地浸润人的思想和心理，形成特定的思维方式和心理定势，甚至演变为人性不可或缺的要素，从而使得人的行为多多少少打上文化的烙印。

问题处理差错（problem handling error）

指问题理解不彻底，没有正常的程序和对策可供选择的情况下，需要找到独特的处理办法所犯的差错。从某种意义上讲，人们发现他们面临从没遇见过的情况时，很多时候，不得不凭感觉决策。

问题解决（problem solving）

思维的一种形式，由一定的问题情境引起，经过一系列具有目标指向性的认知操作，使问题得以解决的心理过程。有创造性问题解决和常规性问题解决两种。前者指要求发展新方法的问题和解决；后者指利用现成方法的问题解决。J·R·安德森在 1980 年认为，问题解决具有以下 3 个特征：① 目标指向性。问题解决的目的就是把问题的初始状态转变为目标状态。② 操作系列性。问题解决的活动包含一系列认知操作，只有单一认知操作的过程不能称为问题解决。③ 操作认知性。问题解决的活动必须有认知操作的参与，单纯的身体动作系列不能称为问题解决。问题解决是一种复杂的心理过程，受问题的性质以及问题解决的动机、能力、经验等因素影响。从逻辑分析看，解决问题的过程可分为发现问题、明确问题、提出假设、验证假设 4 个阶段。但实验研究表明，问题解决并非按一个方案简单地、直线式地进行，而是一个反复的、曲折的过程。现代认知心理学采用口语报告和计算机模拟的方法研究人的问题解决行为，提出问题解决的信息加工模型。根据信息加工理论，问题解决的过程即运用一系列认知操作（成为算子），将问题由初始状态经过一系列中间状态转变为目标状态的过程。这些认知操作与问题状态构成问题空间。在问题解决的过程中，问题解决者运用各种策略搜索相应的算子，直到达到问题的目标状态。格拉斯 1985 年将问题解决的过程分为 4 个阶段：（1）根据问题的初始状态、目标状态、算子及其约束条件等，建立问题的初始表征；（2）利用各种方法制定问题的解决方案；（3）重构问题表征；（4）执行计划，检验结果。

问题解决策略（strategy of problem solving）

人们在解决问题过程中搜索问题空间、选择算子系列时运用的策略的总称。主要有算法策略和启发式策略两类。算法指解题的一套规则，精确指明解题步骤，该策略虽费时费力，但能保证问题得以解决。启发式即凭借个体已有的知识经验，采取较少的操作来解决问题的方法。除通用的问题解决的手段-目的分析策略（正向工作法）外，还包含许多具体的策略，如目标递进策略（指向性分析法）、目标递归策略

（逆向工作法）、简化计划法、爬山法等。策略适宜与否，决定问题解决的成败。其具体应用，依赖于问题本身的性质和内容以及个体已有的知识经验。

问题应对（problem-focused coping）

应激应对的一种。在应急条件下，个体将注意力置于考察分析所面临的问题或挑战，并采取应对策略。可对问题加以限定，找出各种可能的解决办法，依据利弊得失从中选出一种并付诸实施。应对策略的方式有内向策略，即当事人设法改变自己而非改变环境。内向策略更适应于某些慢性应激的场合。

无关交流（extraneous communication）

指并不与实际飞行情境直接相关的交流。它既可以是积极的和非常有价值的交流；也可以是消极的、降低机组警觉性和操作效能的交流。

X

虚无假设（false hypothesis）

在决策阶段导致人类错误的一个非常重要的诱因。这类错误已经诱发了不计其数的飞行事故。虚无假设最危险的特点是当事者一旦陷入便常常很难纠正。往往是采取虚无假设或错误推论容易，放弃它却异常困难。处于这种情境的人仿佛是被锁在了里面一样，很难自拔。飞行中，事故征候或言语警告虽然与飞行员的虚无假设相矛盾，但他仍然有可能坚持初衷，轻易地拒绝掉这些事实上是正确的信息和劝告，直到事情演变成不可逆转时才醒悟，通常是为时已晚。以下几种情境最易使飞行员产生虚无假设：第一，当一个人的期望过高时，它常发生于某人在长时间经历某一特定事件或情境后；第二，当飞行员的注意力转向其他方面时；第三，当飞行员处于防御心理状态时，处于这种状态的人都希望听到好消息，不愿听到对他们不利的消息，其潜意识目的是避免焦虑和回避问题；第四，当飞行员的注意力高度集中后的一段时间里，这是人类在竭尽全力维持注意集中后所发生的一般反应；第五，当飞行员的动作记忆出现问题时。

虚假天地线错觉（false horizon illusion）

指自然天地线模糊不清、或不明显时，飞行员将虚假的天地线当作自然天地线，并按虚假天地线去定位、操纵飞机的现象。常发生的情境有① 在起飞和着陆过程中，将城市或海岸排成一行的灯光误认为是自然的天地线，并按此来操纵飞机，这种情况有可能使飞机进入危险姿态。② 在巡航飞行中当带斜坡的云层线比自然天地线更突出时，飞行员便易产生虚假天地线错觉。此时，飞行员将倾斜的云层当作自然天地线使用，将使飞机进入倾斜状态。

虚假一致效应（false congruence effect）

倾向于假设其他人会做出与我们一样的反应，把自己的行为看作是典型的。有些因素会影响个人的这种虚假一致偏差强度：① 当外部的归因强于内部归因时；② 当前的行为或事件对个人非常重要时；③ 当个人对自己的观点非常确定或坚信时；④ 当个人的地位或正常生活和学习受到某种威胁时；⑤ 当涉及某种积极的品质或个性时；⑥ 当个人将其他人看成与自己是相似时。

需要（needs）

指人体组织系统中的一种缺乏、不平衡的状态。需要一般具有对象性、阶段性、社会制约性和独特性特征。人类个体需要的产生，受到诸多因素的影响，主要有生理状态、情境和认知水平。根据不同标准，需要可以划分为不同种类。

心理紧张（mental tension）

指在特殊情况下，飞行员的心理负荷陡然加大，精神紧张度升高，情绪极度不稳定。一旦特殊情况超过了飞行员的应付能力，超越了飞行员的心理承受力出现崩溃时，飞行能力就会急剧下降。通常表现为感知能力下降、注意范围缩小、反应速度锐减、操纵动作粗猛、综合判断能力弱等。

心理承受力（mental bearing ability）

个体在心理上能够接受某种事物的程度，包括理解能力、应激能力、耐压能力、平衡能力等。具有可塑性。通过教育和培训，特别是经过实践，可大大提高。

心境（mood）

一种使人的所有情感体验都感染上某种色彩的较持久而又微弱的情绪状态。心境的特点：① 缓和而又微弱；② 持续时间较长；③ 是一种非定向的弥散性的情绪体验，似乎在人的心理上形成了一种淡淡的背景。心境并不具有特定的对象，而是作为人的情绪的总的背景在起作用。生活中的任何事件都可导致心境的产生，如工作的顺逆、事业的成败、人际关系的亲疏、生活环境的优劣、自然景色的四季变化、身体健康状况、带感情色彩的表象、人体生物节律等。但对心境有决定性影响的还是人的理想、信念、世界观等。心境有积极与消极之分。良好的心境有助于积极性的发挥；不良心境会影响身心健康。培养良好的心境是人的个性修养的一个重要组成部分。

心理疲劳（mental fatigue）

一般是指人体肌肉工作强度不大，但由于神经系统紧张程度过高或长时间从事单调、厌烦的工作而引起的第二信号系统活动能力减弱，大脑神经活动处于抑制状态的现象。通常表现为头昏脑胀、失眠或贪睡、感觉体力不支、注意力不集中、反应时减慢、短时记忆受损、思维缓慢、情绪低落，以及工作效率降低等。其实质是由于心理功能、神经系统方面利用过度、紧张过度从而导致其功能降低所产生的疲劳，或者是由单调、重复的工作所引起的一种厌倦感。就飞行员而言，复杂气象条件下向不熟悉的机场进近、长时间严密监控机载设备故障，接受长时间飞行检查等，会比较容易出现心理疲劳，表现出记忆力下降、警觉性降低、反应时降低，以及焦虑、易怒等负性情绪体验。

心理应激（mental stress，psychological stress）

一译“心理压力”，亦称“心理紧张”。外界环境的变化和机体内部状态造成的生理变化和情绪波动。可能来自社会或家庭；可能是有利的，也可能是有害的。一般而言，长期的或强烈的心理应激使人在生理上产生过度反应，会造成种种疾病。如神经官能症、高血压、冠心病、胃溃疡、偏头痛、癌症等。美国心理学家塞里侧重应激的生理学方面。心理学研究认为，应激还包括心理方面，是个体的整体反应，其强度受 5 个方面因素影响：① 应激源本身的特点。包括其性质（积极的或是消极的)、可预见性、可控性、新异性、持久性等。② 个体的认知评价。同样的生活事件，不同个体会有不同的理解，应激反应的强弱也就不同。这与个人的人格特征、以往经历、价值观念、文化教育等因素有密切关系。③ 个人的适应能力。对环境适应能力愈强，应付应激的能力也愈强，反之则愈差。④ 个人的生理心理状态。个体的情绪和生理状态不佳，则其应激强度会增大。⑤ 应激发生时的环境条件，特别是人际环境，如是否得到有效的社会支持等。

心理性应激源 (psychological stressor)

指时间压力、难以取舍、缺乏自信、人际关系紧张以及心理压力过大等引起应激的一切心理原因。这往往是与不良的认知方式和过高的自我要求或过高的他人要求等心理因素有关。

心理社会性应激源 (psychosocial stressor)

亦称“心理社会性紧张刺激”。应激源的一种。能引起应激反应的心理社会性刺激物或情境。可分为社会性应激源和心理性应激源两类。前者指造成个体生活方式变化，并要求适应和应付的社会生活情境与事件，如社会动荡、战争、灾荒、社会经济制度的重大变化、日常生活中发生的变故以及日常琐事等。后者指发端于头脑中不切实际的预测、不祥预感及工作压力、冲突与挫折情境等。从心理生理学角度看，这类应激源不仅可引起心理应激反应，且可引起生理应激反应，已成为一类不容忽视的致病因素。

心理生理反应 (psychophysiological response)

亦称“心身反应”。应激反应的一种。由心理 (情绪) 活动引起或伴发的生理反应。如愤怒时的心跳加快、血压升高；恐惧使得皮肤温度下降、儿茶酚胺分泌增多等生理变化。该类反应大多为一过性的，只要消除情绪刺激，便随之消失；若过于强烈，在某些情况下则也会造成严重后果。该类反应应视为心理社会因素致病的一个基本途径或环节。

行为倒转（behavior reversion）

指飞行员在原来的机型上形成了适合这种飞机的操作程序，但随着机型的变化，仪表和控制器也随之发生了变化，而飞行员仍按原有的知觉习惯和相应的动作去操纵飞机的现象。其主要在以下情境中出现：①注意涣散，如身、心疲劳，飞行动机不足等；②过分紧张，如突如其来的意外情况出现，手忙脚乱，意识不清晰。在起飞、着陆等离地高度低的情况下，将严重危及飞行安全。

系统性差错（system error）

指具有较小的离中趋势，具有规律可循的差错形式。引起这种错误的因素比较局限，通常只有一两个，因而是有规律可循的。例如在飞行中把总是目测低的飞行学员定义为犯了系统性差错。

系统意识（system consciousness）

指自动化系统能够帮助操作者准确地察觉自身采取的行动。随着科学技术的进步，自动化已成为帮助飞行员减轻工作负荷的主要途径，计算机控制系统可以实现多种操作，如监控、飞机模式的改变等。但是自动化的应用同样存在缺陷，自动化设备操作复杂、工业标志显示设计拙劣，这些不利于飞行员系统意识的保持。飞行员通过记住操作行为从而进行操作的启动，优于通过外在提醒（如自动化）而启动行为。另外，飞行操作中的其他任务带来了较高的心理负荷，会降低飞行员对自动控制设备的监控。因此，如何通过自动化减轻工作负荷，同时又使飞行员在操作中保持足够的意识，成为航空心理学研究者面临的巨大挑战。

系统（system）

指由相互依赖、相互制约和相互作用的各个要素所组成的、具有整体功能和综合行为的统一体。而人-机系统则是指由人与机器所组成的，为达到某种目的的综合体。按照系统对自己的反应所能控制的程度，系统主要可分为“开环”和“闭环”两种类型。在“开环”系统中，动作一旦被激发，就不能再加以控制，反应的最后结果完全根据对系统的最初调整上。在“闭环”系统中，基本的原理是要进行“反馈”，反馈具有随时感知自身活动状况、不断比较任务要求与系统实际工作状态之间差异，并进行调整的能力。

寻因分析法（Why-Because Analysis，WBA）

一种使用规范的数学方程以识别复杂系统原因因素的事故分析方法。它的基本假设：形式逻辑能够使分析者发现导致事故发生的因素和这些因素之间的因果关系。它的理论基础是 200 年前形成、1973 年经 Lewis 修订的反事实检验（Udkin、Stpphom，2003），主要用于评估事故场景中涉及的原因因素。反事实检验认为，“假设 A 和 B 是事件，两者都已经发生（suppose A and B are phenomenon，both of which have occurred）；于是事件 A 便是事件 B 的必要原因因素，并且只有当 A 没有发生时，B 才不会发生”。除了对反事实的检验，该方法在分析结束时还提供了一个形式化的验证阶段，它的分析的输出是一个 WB 图（寻因图），即以图形化的方式来表达和说明配有原因因素的事故根源以及这些原因因素之间的因果关系。

循环停滞性缺氧症（stagnant hypoxia）

局部或全身性的血流量减少，血流速度较正常慢时所出现的缺氧症类型。在飞行过程中出现的循环停滞性缺氧往往是由 + G 效应引起。在正加速度情况下，人脑及视网膜组织的血流量将减少，导致其处于缺氧状态。通用机飞行员应对此引起重视。

巡航视错觉（visual illusion in cruise flight）

飞行员巡航中利用视觉信息进行空间定向时的错误知觉。包括视性距离（高度）错觉、飞机高低判断错误、飞机距离判断错误、自动运动性错觉、相对运动错觉（在海上和云中巡航飞行时尤为明显）、辨认错觉（如认错地面目标物和灯光）等。避免错觉的主要措施：① 作好飞行前的准备；② 通过模拟机训练，培养合理分配注意和形成飞机空间位置形象的本领；③ 飞行中注意交叉检查，进行综合判断；④ 加强心理、生理训练，保持身心健康。

眩光视力（glare vision）

指驾驶员的眼睛对耀眼强光的敏感度。夜间，驾驶员在刺眼强光照射下，会出现暂时性的视力下降，其视觉敏感度下降或瞬间为零。其强弱主要取决于眩光的强度、视线与眩光之间的夹角。眩光照射中断后视力从眩光影响中重新恢复所需要的时间，一般情况下，暗适应（从亮处到暗处）约需 6 s；明适应（从暗处到亮处）约需 3 s。其长短与刺激光的亮度、持续时间、受刺激人的年龄等有关。

系统化人误减少及预测方法（Systematic Human Error Reduction and Prediction Analysis，SHERPA）

一种人误识别技术，已成功应用于多个领域。其中的 HEFI 技术一定程度上采用 SRK 框架以确定失误模式及基本失误模拟系统，其过程与可靠性工程方法中确定硬件成分失效模式的过程有些相似。先用其失误心理机制分类详细分析失误的心理机制，然后采用计算机问卷调查进行任务分析，从而确定每个任务阶段可能出现的人误模式，主要是外部人误模式。

血小板（platelet）

最小的血细胞，其在止血过程中起着重要作用。

血氧饱和度（oxyhemoglobin saturation，SpO_2）

血液中被氧结合的氧合血红蛋白的容量占全部可结合的血红蛋白容量的百分比，即血液中血氧的浓度，它是呼吸循环的重要生理参数。

正常人体动脉血的血氧饱和度为 98%，静脉血为 75%。

血液循环（blood circulation）

血液循环有肺循环和体循环两条途径构成双循环。血液由右心室流出经肺动脉流到肺毛细血管，在此与肺泡进行气体交换，吸收氧气并排出二氧化碳，静脉血变为动脉血；然后经肺静脉流回左心房，这一循环为肺循环（pulmonary circulation）。血液由左心室流出经主动脉及其各级分支流到全身的毛细血管，在此与组织进行物质交换，供给组织细胞氧和营养物质，运走二氧化碳和代谢产物，动脉血变为静脉血；再经各级分支汇合成上、下腔静脉流回右心房，这一循环为体循环（systemic circulation）。

血压（blood pressure）

指人的血液输送到全身各部位时需要一定的压力，这个压力就是血压。

心率（heart rate）

指正常人安静状态下每分钟心跳的次数，也叫安静心率，一般为 60 ~ 100 次/min，可因年龄、性别或其他生理因素产生个体差异。

狭义决策（narrow decision）

基于某些标准从数种不同的可能行为方案中选出一个最优方案，也就是把决策仅仅理解为对行动方案的最后选择，即人们常说的“拍板”。更狭义的决策，仅指在不确定条件下的方案选择。

线索-依存遗忘理论（cue-dependent theory of forgetting）

亦称提取失败理论。这一理论认为应根据提取失败，而不是根据记忆中失去信息、干扰或抑制等来解释遗忘。例如，一个人回想不出某种信息，仅仅是由于他不能发现从记忆中回想该信息的方式，是没有良好的提取线索。

迅速减压（rapid decompression）

如果座舱结构由于工程技术或作战等原因突然发生破损时，座舱内气体将通过破孔迅速向座舱外流出，座舱内的气体压力可在很短的时间内（百分之几秒到 1 min）降低到和座舱外高空环境大气压力相等的程度。这种速度很快的座舱内气压降低，即称为“迅速减压”或“爆炸减压”。

小睡（napping）

即日常所说的打盹，是指持续 20 min ~ 2 h 的短时间睡眠。小睡有助于减少睡眠的累积性缺失、防止警觉性水平降低，预防和消除疲劳。具体来讲，白天的小睡有助于提高记忆力、提高反应时，使人感觉舒适，下午的小睡有助于延长夜间工作时间；夜间的小睡有助于补偿睡眠不足，防止工作能力下降。针对飞行员的研究也表明，长途飞行的巡航过程中，飞行员小睡 20 min，有助于消除疲劳，并足以恢复长时间飞行所需的警觉性；而且在这一期间，其他机组成员更易处于良好激活水平，不会出现警觉性降低的情况。NASA 非常强调机组人员轮流小睡的积极作用，许多国家已不再禁止在飞行中的短时间睡眠，只是必须予以仔细管理、做好计划。小睡 20 min 必须做出 40 min 的计划，其中 5 min 用于准备入睡、20 min 睡眠、15 min 恢复到完全清醒；在飞机下降 1 h 前，所有人员必须保持清醒状态。

效应器（effector）

传出神经纤维末梢或运动神经末梢及其所支配的肌肉或腺体一起称为效应器。这种从中枢神经向周围发出的传出神经纤维，终止于骨骼肌或内脏的平滑肌或腺体，支配肌肉或腺体的活动。反射弧的末环节，是运动（效应）神经元轴突的末梢装置，由中枢传向效应器的神经冲动在此发生转变，并传至各种器官、肌肉或腺体，从而以一定的活动表现出来。

形象记忆（image memory）

以感知过的事物形象为内容的记忆。这些具体形象可以是视觉的，也可以是听觉的、嗅觉的、触觉的或味觉的形象，如人们对看过的一幅画，听过的一首乐曲的记忆就是形象记忆。显著特点是保存事物的感性特征，具有典型的直观性。

信噪比（Signal-to-Noise Ratio，SNR）

信号强度大于噪声强度的分贝数。在噪声环境中，信噪比（信号强度大于噪声强度的分贝数）越小，对语言通信的干扰越大，可懂度越差。因此，在座舱噪声环境中，飞行员要获得可靠的收听效果，就需要提高信号的语言声压级，但需注意的是不能超过 110 dB，超过这一强度不但不能改善信号的收听，而且还会引起人耳的不适感。为了达到良好的通话效果，飞行人员在飞机噪声环境中进行无线电通话时，应该佩戴装有受话器的隔音帽或头盔或抗噪声送话器，才能获得满意的效果。

相关性归属迁移（learning of correlative subsumption）

亦称“相关学习”。美国心理学家奥苏伯尔提出下位学习的一种方式。当新学习的知识的概括程度低于学习者认知结构中的已有知识，但可使原有知识内涵得以扩充、深化或限定时，即产生此类学习。如学员已掌握“平行四边形”这一概念后，通过“菱形是四条边一样长的平行四边形”这一命题来界定菱形，“菱形”这一新知识不仅与上位知识“平行四边形”相联系，而且使原有的上位知识得以扩充、修饰或限定。

相同要素说（theory of identical element）

一译“共同要素说”。学习迁移理论。美国心理学家桑代克和武德沃斯 1901 年针对形式训练说提出。认为学习就是形成情境与反应的联结，只有当两种学习中存在相同的因素时，第一种学习的结果才会对第二种学习产生影响，形成正迁移。如，学会加法运算的规则可促进乘法运算的掌握。反之，只要有学习迁移，就必然存在相同的因素，且两者基本成正比，即相同因素越多，则迁移量越大。主要实验依据是 1901 年的知觉训练迁移实验。实验要求被试练习估计大小不同的长方体形面积（如 10 ~ 100 cm^2），直至达到准确估计。然后要求被试估计面积稍大或面积相同的而形状不同的长方形面积，结果被试的进步仅是原来的 1/3 左右。以长度和质量为内容所做的实验得到类似结果。据此认为，任何一种心理机能的改善未必使其他的机能得到改善，只有当两个技能有相同因素时，一个机能的变化才能改变另一机能。桑代克认为，相同因素包括目的、方法、普遍原则和经验上的基本事实 4 个方面，其生理学基础是共同的脑神经联结。该理论重视学习中的相同因素，在反对形式训练说中起积极作用。在西方流行 30 余年。但该理论忽视其他因素，特别是学习者的主动性和认知因素的作用，亦未认识到相同因素对迁移的干扰作用。

消退（extinction）

指没有得到及时的强化，条件反射减弱或消失的现象。也就是说在确定情境中，行为者产生了以前被强化的反应，若此时这个反应之后没有跟随通常的强化，那么当它下一次遇到相似情境时，该行为的发生率就会降低。因此我们可以通过强化程序来使某种行为的发生率增加，也可以通过消退程序即停止强化来使某种反应的频率降低。消退有两种不同的类型：一是由正强化建立的行为的消退；二是由负强化建立的行为的消退。由负强化建立的行为的消退较为不容易。心理疾病患者的许多症状往往是通过负强化建立起来的，所以根深蒂固，不易根除。

学习策略（learning strategy）

个体在学习过程中用来促进知识的获得与保持，以提高学习效率的一切活动。如利用技术提高记忆效率，利用记笔记、做摘要控制自己的注意，利用编结构提纲把握课文层次结构并加强理解等活动。既可以是一种一般性策略，也可以是具体策略。美国教育心理学家威特罗克发现，一般性学习策略主要有4种：①寻找深层意义的策略；②承认局部目标的策略；③灵活探索策略；④将局部整合为整体的策略。虽然它们适用于各种学科的学习，但在具体应用时，并不能脱离具体的专门知识。他认为①专门领域的基础知识是有效地利用策略知识的前提条件，学习策略是随专门领域知识的增长而发展的，而不准确和不完善的专门领域知识则可能抑制或干扰学习；②策略知识对利用和获得专门知识有帮助，而策略知识的不完善利用则有害于学习，学习策略的使用者应视学习者状态、学习材料、学习时间而定，没有千篇一律的策略支持；③由于学科性质的不同或它所应用对象的结构不同，可导致专门领域知识的相对重要性不同。关于学习策略的研究是教育心理学的一个领域，20世纪70年代主要研究一般性学习策略；80年代中后期，研究重点转向研究具体领域的学习策略。

学习动机激发（activation of learning motivation）

指在教学情境中，利用一定的诱因，使已形成的学习需要由潜在状态变为活动状态，形成学习的积极性。不仅为当前的学习任务提供有利条件，而且可促进已有学习需要的不断巩固与发展。应贯穿整个教学过程中，而不应仅限于教学开端。可从以下几方面着手：①把握教学难度，创设问题情境；②恰当控制动机激起水平；③变更作业内容与形式，使之具有新异性；④利用学习的反馈信息；⑤适当开展学习竞赛等。

学习方式（learning style）

个体在进行学习活动时所表现出的具有偏好性的行为方式与行为特征。反映个体学习活动中的个体差异。与个体的性格及学习习惯有关。有多种不同的类型，主要有①沉思型与冲动型。前者在思考之后做出反应；后者则凭直觉立即作出反应，易出错。② 场独立型与场依存型。前者较少受外界刺激的干扰，独立学习；后者易受外界因素干扰，难以独立学习，具有依赖倾向。③ 平稳型与敏锐型。前者习惯于以常规方式学习、思考问题，长于守成，短于创新；后者倾向于做新的尝试，思维灵活，反应敏锐。④ 冒险型与谨慎型。前者喜欢新奇，敢于冒险，力求成功倾向占优势；后者则是避免失败倾向占优势。⑤ 认知繁华型与认知简化型。前者倾向于全面、细致考察事物，力求面面俱到，但不易抓住重点；后者倾向于以点概面，易受表面因素影响，不易触及问题深处。学习方式的不同还体现在对感觉通路的不同偏好方面，如视觉型、听觉型、触觉型或多种感觉通道结合的混合型。

学习个体差异（individual difference in learning）

不同个体在学习方面的差异。表现在学习能力、学习方式、学习兴趣、学习成就等方面。其产生有主客观原因，主观原因包括学员的智力水平、生理年龄、身体状况、学习态度、意志、气质等；客观因素主要包括教材、教法、分班标准等。心理学家已编制出多种测量个体差异的测验、量表，为研究学习中的个别差异提供手段、工具。教学中应针对个别差异，因材施教，以充分发挥每个学员的学习潜能，取得最佳学习成效。

学习能力（learning capacity）

能够学习的潜力。包括能够学习什么、什么时候学习及如何学习。具体包括可以记录和储存的经验种类，可以习得的行为模式种类，可以形成的刺激与反应的联系，保持经验的效应、忘记联系及代之以新联系的能力，可以在任何时候储存已经学习过的信息等。在学习的比较心理学研究中，涉及感知觉能力、运动能力以及输入与输出之间的干预过程和程序。一般而言，其高低与种系演化密切相关，即种系演化越高，动物的学习能力越强，但也有例外，特别是具有非常专门化性质的学习。演化阶梯上接近的物种，在某些方面的学习能力，较大型动物要强于小型动物。学习能力在动物一生中会变化，其典型是印记。在遗传决定因素的范围内，与环境因素的交互作用影响物种特殊行为的形成。

学习压力（learning stress）

由学习引起的心理负担和紧张。来自两个方面：① 外部，如面临决定前途（升级、毕业、升学乃至就业）的考试等；② 内部，如学员个体感到与社会期望差距甚远，而又不愿意或无能力实现社会期望。消除方法：① 进行学习动机教育；② 教会学生学习，心理学家赞科夫和布鲁纳十分强调发展学生的智力，教会学员掌握知识的方法；③ 提高教学水平。

Y

幽闭症（claustrophobia）

亦称“幽闭恐惧症”“密闭空间恐惧症”，是对封闭空间的一种焦虑症。幽闭空间恐惧症属于场所恐惧症的一种，患者害怕密闭或者拥挤的场所，因为担心这些场所会发生未知的恐惧，严重的甚至会出现焦虑和强迫症状，一旦离开这种环境，患者的生理和行为都会迅速恢复正常。

压力眩晕（pressure vertigo）

前庭视错觉之一。由于中耳腔内气压急剧改变而引起。飞行空间失定向的原因之一。飞行中，飞机急速上升或下降时，中耳腔内压力急剧改变，敏感的人会产生眩晕。持续十几秒钟即自行消失。眩晕时，还伴有周围物体不稳定地跳动，甚至有飞机在旋转的错误知觉。如果发生在着陆阶段，可危及飞行安全。预防与克服的方法：建议采用吞咽和运动软腭法；忌用捏鼻鼓气法或萨尔沙瓦动作。

言语（speech）

指人运用语言材料和语言规则并通过语声（或字词）进行交流思想的过程。思想表达者把自己的思想、意愿、情感等用语音（或字词）按照一定规则（语法）组织成一段话，接受者将这一连串的语音（或字词）运用其所拥有的语言知识来理解其意义。言语和思维有十分密切的关系：一方面思维的内容是言语的意义，言语的存在依赖于思维；另一方面言语是思维的工具之一，是思维的最佳“物质外壳”。

言语交流（verbal communication）

以语词符号为载体实现的沟通，主要包括口头沟通、书面沟通和电子沟通等。

延迟或推迟任务（delay or defer tasks）

因某事中断了进行中任务后，飞行员会将注意转移至该中断事件，接下来，飞行员需决定对这个中断是否作出反应且稍后返回被中断的任务中来；或者相反，在对这个中断任务作出反应之前，把进行中的任务带入一个合适的停止点。在这两种情况下，飞行员必须延迟一个任务，并且记得在稍后将重回到那个任务中。另外，飞行员在延迟任务是因为条件不允许在程序序列中的那个正常点上执行。比如，准备起飞的检测表需要备用发动机设备被关闭，但是一些起飞类型在没有达到一定安全高度时还可能需要使用它。

眼旋动错觉（oculogyral illusion）

亦称“动眼错觉”，前庭视错觉之一。飞机开始旋转时，半规管感受器受角加速度的刺激，引起眼球震颤；其快相与旋转方向相同，睁眼注视物体，感觉物体顺旋转方向旋动。当飞机持续匀速旋转时，由于刺激半规管感受器的角加速度消失，眼震亦随之消失，如在无光黑暗环境中，飞行员可感觉不到飞机在旋转。当旋转突然停止，改为直线飞行时，半规管中的内淋巴液因惯性作用，仍冲击壶腹嵴胶顶，产生半规管——眼动反射，眼震快相与原旋转方向相反，睁眼注视物体，感觉周围物体逆原旋转方向旋动。常发生在目标物稀少的夜间或云中飞行时。其产生机理与躯体旋动错觉相类似，所不同的是，一个以视觉形式，一个以躯体感觉形式表现出来。

眼旋运动错觉（nystagmus illusion）

因为半规管感受器收到角加速度刺激，引起半规管-眼动反射即眼震，使所观察物体发生虚假运动，从而产生的错觉知觉，是躯体旋动错觉在视觉方面的表现。

眼重力错觉（oculogravic illusion）

前庭视错觉之一。伴随躯体重力错觉而产生，是躯体重力错觉在视觉方面的特殊表现。常发生于看不清天地线的云中或夜间飞行时。主要表现：飞机夜间向无光区加速，飞行员在产生机头上仰错觉的同时，感觉到被注视的正前方物体向上移动，产生飞机“下滑”的错觉；飞机突然减速，飞行员在产生机头下俯错觉的同时，感觉到被注视的正前方物体向下移动，产生飞机“上升”的错误知觉。与躯体重力错觉在方向上相互矛盾的机理，目前尚不十分清楚。

药物依赖（drug dependence）

为了获得某种快感或不出现某种不快而不断使用某种药物，并为维持这一效果而不断增加药物的剂量，一旦突然停止或减少剂量就会出现戒断反应（如焦虑、出汗、心跳加速等）的一种精神和躯体病理状态。当飞行员长期处于疲劳状态导致睡眠缺失时，会对镇静安眠药产生一定的依赖性。但飞行员在飞行前服用安眠药对飞行是极为危险的。他们会降低飞行员的运动反应能力，动作协调能力，注意及判断、决策能力。因此未经航医许可，飞行员不得以任何理由在飞行前服用这类药物。

氧中毒（oxygen toxicity）

指在医疗、高空或潜水等作业中吸入氧的压力、浓度不当或时间过长而产生的机体病理现象。氧中毒时，机体组织产生过多的过氧化物，体内的蛋白质和脂类氧化，损害了细胞膜和细胞内酶，导致中枢神经系统、肺和全身各脏器的损害。氧中毒一般会造成神经细胞线粒体破损，神经核、神经元坏死；肺充血，淤血，水肿，透明膜形成，肺泡上皮细胞和毛细血管内皮细胞溶解；脑垂体、肾上腺充血、淤血等。氧中毒的性质、程度与细胞酶反应的活性、人体暴露于高浓度或高氧压的时间及程度有关。氧中毒急救处理方法：及时吸入新鲜空气，静卧保暖；当抽搐时，可用 4%水合氯醛 50 mL 灌肠或阿米妥钠 0.2～

0.3 g 肌肉注射；同时积极防治肺部继发感染及肺水肿。

耶克斯-多德森定律（the Yerkes-Dodson law）

解释心理压力、工作难度与作业成绩 3 者之间的关系的理论。动机水平与工作效率之间的关系不是一种线性关系，而是倒 U 形曲线。中等强度的应激水平最有利于任务的完成。动机的最佳水平不是固定的，依据任务的不同性质会有所改变。在完成简单的任务中，动机水平高，效率可以达到最佳水平；在完成难度适中的任务中，中等的动机水平效率最高；在完成复杂和困难的任务中，偏低动机水平下的工作效率最佳。如图 Y-1 所示。

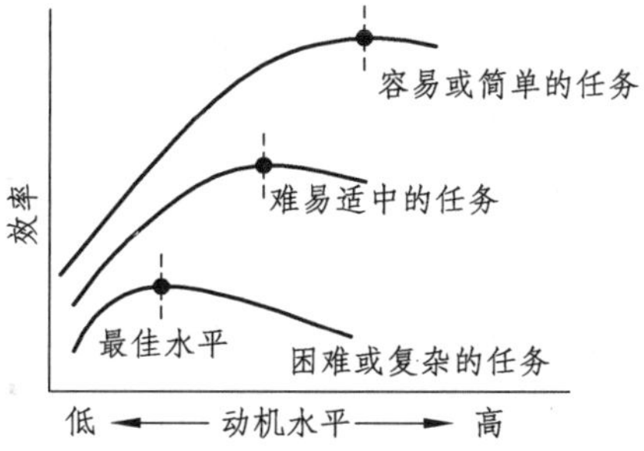

图 Y-1　耶克斯-多德森定律曲线

夜间近视（night myopia）

空中功能性近视，是一种与空虚视野近视相类似的现象，在夜间飞行时发生。其机理：在夜间飞行时，由于外界没有物体可供观察，飞行员注意力降低，睫状肌收缩，晶状体变凸，屈光力增强，飞行员眼睛会自动聚焦于眼前 1 ~ 2 m 处的空间某点。因夜间可供观察的物体更少，因而它比起空虚视野近视来，更为常见。克服方法：搜索和观察远处的光源，无论光源明暗与否都应这样做。此种方法在 10 000 m 以上作巡航飞行时是不适用的，但在飞行的其他阶段仍有重要价值。

夜间盲点（night blind spot/night spot）

夜间视物时，前方物体影像投射在中央凹处的视锥细胞上，由于视锥细胞对弱光不敏感，使人感到视觉模糊。视锥细胞密集排列在视网膜中央凹处，它具有感受昼光和色光的功能，在昼光条件下视物时多半都是视锥细胞的功能。视杆细胞密集排列在中央凹周缘，它对弱光敏感。正视前方物体时，物像投射在中央凹处，而带着一定角度看物体时，则投射于中央凹周缘。由于视锥细胞与视杆细胞的功能及解剖位置的分布特点，在夜间视物时，若正视前方物体，物像便正好投射在中央凹处的视锥细胞上，使人看不清物体，感到视觉模糊。因此，一般将视网膜中央凹处称为夜间盲点。克服夜间盲点的措施：偏离物体中心 5°～10° 作缓慢扫视运动，使物像投射在中央凹周缘的视杆细胞上，以充分发挥视杆细胞的夜视功能。

一般视性错觉（general visual illusion）

全人类普遍存在的、对知觉对象的歪曲现象。一般错觉分为几何图形错觉、视性立体错觉以及似动错觉。它们都与人脑对视觉信息进行错误的解释有关。

遗忘（forgetting）

指个体对识记过的材料不能再认或回忆，或者表现为错误的再认和回忆。遗忘可以分为暂时性遗忘和永久性遗忘两种类型，前者指在适宜条件下还可能恢复记忆的遗忘；后者指不经重新学习就不可能恢复记忆的遗忘。遗忘有着先快后慢的特点。德国心理学家 H.Ebbinghaus（1885）研究发现，遗忘在学习之后立即开始，而且遗忘的进程并不是均匀的，最初遗忘速度很快，以后逐渐缓慢，如图 Y-2 所示。遗忘是一个不可避免的现象，因此对于空勤人员而言，切忌单纯依靠自己的记忆完成工作。

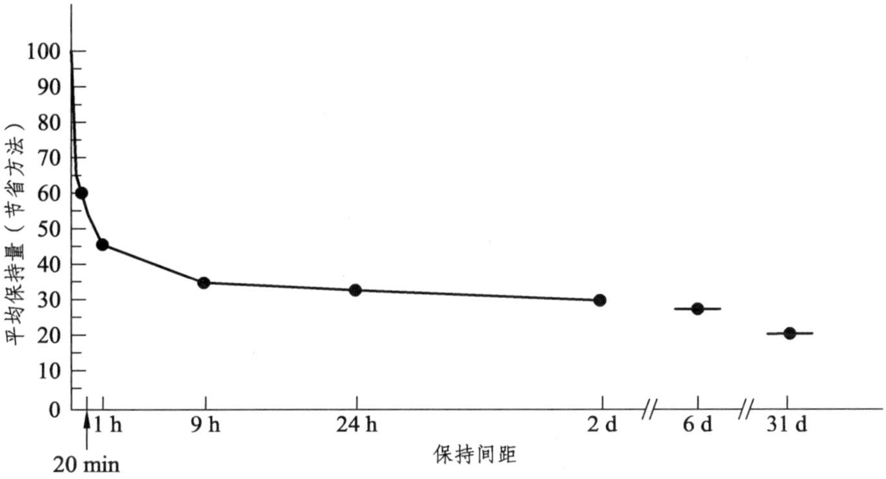

图 Y-2　遗忘曲线

遗忘痕迹说（trace theory of forgetting）

亦称遗忘的衰退说，是对遗忘原因的一种解释。这种理论认为，遗忘是记忆痕迹得不到强化而逐渐减弱，以致最后消退的结果。大脑皮层内的神经细胞因新陈代谢而不断变化，没有新生的细胞参与原有的活动，留下痕迹就会由浅变淡而最后消失。这种观点以“用进废退”的观点来解释遗忘，认为记忆经验如果不断被提取使用，其痕迹就会因强化而变得更为巩固，遗忘可能是不用的结果。但是记忆痕迹是很难用实验来证明的。

遗忘干扰说（interference theory of forgetting）

对遗忘原因的一种解释。目前，最流行的遗忘理论是基于干扰这个概念。干扰说认为，遗忘是由于在学习和回忆之间受到其他刺激干扰的结果，遗忘发生时记忆痕迹本身并未发生任何变化，储存的信息之所以不能提取是由于新、旧材料彼此干扰而产生的抑制所致。一旦干扰被排除，记忆就能恢复，如图 Y-3 所示。

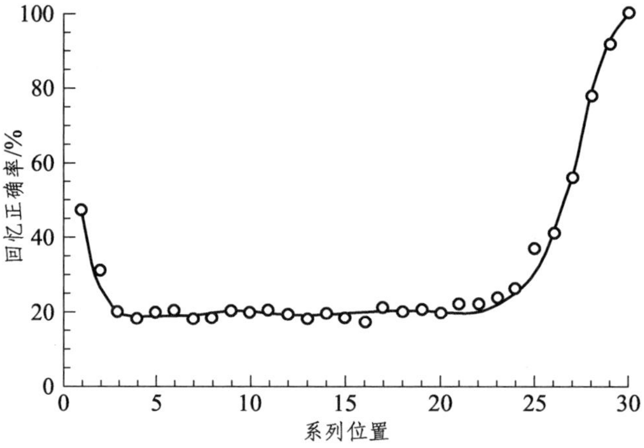

图 Y-3 遗忘干扰曲线

遗忘压抑说（repression theory of forgetting）

一种对遗忘原因的解释，认为遗忘的原因是由情绪或动机的压抑作用引起的，如果这种压抑被解除，记忆就能恢复。S·弗洛伊德在给精神病人施行催眠术时发现许多人能回忆起早年生活中的许多事情，而这些事情在平时是回忆不起来的。精神分析学派的学者们认为，许多遗忘的产生，既不是因为记忆的衰退，也不是因为经验的干扰，而是由于记忆受到压抑所致。所谓压抑是指个体不愿意去回忆某些往事，甚至有意将往事加以掩饰，不让其出现在自己的意识里。在精神分析学者看来，压抑具有自我保护的功能。那些羞耻、内疚、恐惧的记忆经验，每每触及都会增加个体的伤感和焦虑。压抑的作用在于使自我免受痛苦的折磨。压抑的结果，使那些压抑的经验存在于记忆的深处，难以回忆。

遗漏（omission error）

指在操作过程中漏掉了一些本应该进行的程序。例如在飞行过程中漏掉了一些检查单上的项目，即为遗漏。它有可能同时或相继地诱发其他类型的错误。

仪表飞行训练（instrument flight training）

利用仪表进行定向的训练。包括仪表认读能力训练和按仪表指示操纵飞机两个方面。要循序渐进、逐渐提高按仪表视觉操纵飞机的能力。有 4 个特点：① 在看不到地面的情况下进行空间定位；② 操纵复杂；③ 在看不到地面的情况下学习驾驶技能和本领；④ 飞行员容易情绪紧张。可利用模拟机进行。

仪表空间定向（instrument spatial orientation）

根据导航系统显示的信息，经分析与综合以及表象转换而进行的定向。一种复杂的智力活动。与地标定向相比，其特点是① 信息具有间接性，通过导航系统提供的数字、符号、模拟信号等进行间接地定向，飞行员必须在大脑中将仪表显示的抽象信息转换成表象；② 信息具有间断性，飞行中，飞行员同时具有两项相互关联的任务，一是操纵飞机，二是空间定向，若注意分配不当，这两种活动就会发生冲突和矛盾，使获取到的仪表信息呈现间断性；③ 定向不稳定，仪表定向建立在地标定向的基础上，虽然通过训练可以达到一定的熟练程度，但与地标定向相比，仍有易消退的特点。

易得性直觉（accessibility intuition）

人们总是喜欢偏向于自己熟悉或者容易提取的信息来对某事进行决策。决策者经常利用易得性直觉来估计事件发生的频率。易得性直觉可能是一个误导人们进行频率判断的因素。人们的直觉会根据事件在大脑中唤起的难易程度来估计事件发生的可能性。

异相睡眠（paradoxical sleep）

在睡眠过程中周期出现的一种激动状态。脑电图呈现快频低压电波，类似清醒时脑波。自主神经系统活动增强，如心率、呼吸加速，血压升高，脑血流及耗氧量均增加，男性则有阴茎勃起。此外，睡者时时翻身，面和指（趾）端肌肉不时抽动。在实验动物还记录到单个神经细胞的放电活动非但高于慢波相，有时还超过清醒状态下的活动水平。人的异相睡眠，和动物的一样，表现出3个特征：①低电压，快频脑波；②颈部肌肉张力松弛以及脊髓反射被抑制，此时运动系统受到很强抑制；③频繁出现快速的眼球运动，同时在一些和视觉有关的脑结构，包括大脑皮层视区出现高大锐波，统称脑桥-膝状体-枕区皮层波（PGO）。由于快速眼动只存在于异相睡眠中，故常被叫作快速眼动睡眠。

应激（stress）

亦称“压力”。有机体在生理或心理上受到威胁时出现的一种非特异性的身心紧张状态。可见于人类及其他高等脊椎动物。加拿大生理学家塞里认为，生物的应激是身体对加于它的任何要求的非特异反应，是通过特殊的综合征(一般适应综合征)表现出来的一种状态，包括生物系统内非特异地被引起的所有变化。心理学家认为，生理学的应激观不够全面和完整，它还包括心理方面，是个体的整体反应。可指①造成紧张的刺激物，即塞里称的应激源；②紧张状态本身，即特殊的身心紧张状态；③对应激源的生理和心理反应。已成为许多学科研究的重要课题，包括生理学、生物化学、免疫学、生物学、医学、心理学、社会学、人类学和工效学等。

应激反应（stress reaction）

一译“压力反应”。应激的组成部分。在应激状态下由各种紧张性刺激物（即应激源）引起的非特异性反应。大体上可分为生理反应和心理反应两大类。前者往往同交感-肾上腺髓质轴以及下丘脑-垂体-肾上腺皮质轴的过分活动相关联。后者又可分为情绪反应和自我防御反应、应对反应等。从理论上看，无论哪类应激源，都既可引起生理反应，又可引起心理反应；在应激条件下，这两种反应是作为一个整体出现的。关于他们之间的关系有两种观点。一种认为，生理和心理反应是先后发生的。对于心理、社会和文化性应激源而言，先引起心理

（或情绪）反应，再引起生理反应（即心理生理反应）；对于躯体性应激源而言，先引起生理反应，然后通过对生理反应的认知评价或归因过程再引起心理反应（即身心反应）。另一种观点则坚信，生理反应同心理反应是同时发生的。后一种观点有其神经解剖学基础和大量观察证据，代表了大多数心理学家的看法。个体的应激反应是刺激物同他本人的身心特征间交互作用的结果。探讨介于刺激物同应激反应之间的中介因素及其所起的调节作用，是应急研究的重要课题。适当强度和频度的应激反应对人有积极意义，可提高人的警觉性，增强身体抵抗力和适应能力，增进工作和学习效果。过于强烈、持久的应激反应则有害，不仅会妨碍人的工作与学习，还会损害健康甚至引起或诱发疾病。

应激管理（stress management）

个体主动应用一定的技术对付应激事件，渡过难关，从而减轻或消除可能导致的对自己的身心伤害。通常需要通过专门的学习和训练，才能有效地掌握和应用有关技术。在学习和训练中，个体首先要学会识别自己生活中的应激事件和评价自己的应激体验，其次要掌握认知行为管理技术、时间管理技术、行为松弛技术等，此外，还要养成恰当的饮食习惯、良好的训练习惯、社会交往的自信心，学会利用社会支持等调节技术。

应激效应（stress effect）

指应激对人的影响。这里应激效应具有两层意思：一是指应激的积极影响，同时亦包含着应激的消极影响。应激对于人类来说并非都是坏事，适宜的应激水平或强度有助于提高人的唤醒水平（arousal level），激发人的生理和心理能量去应付当前的应激情境，有利于解决问题，提高工作效率。只有过高或过低的应激才会使人的操作效率遭到破坏。

应激源（stressor）

指导致应激产生的因素、变量或条件。可引起应激的原因很多，既有工作特征和环境条件等方面的因素，也有心理特征和社会压力等方面的因素。常见的应激源可划分为如下几类：① 工作因素；② 环境因素；③ 组织和社会因素；④ 生理节奏因素。

营运性注意力分散（operational distraction）

指执行飞行操作任务所引起的驾驶舱注意力分散。这种注意力分散是在正常的飞行工作条件下，由于工作负荷过载所引起的注意力分散现象。执行检查单程序、交通情况观察、ATC（空中交通管制）通话以及简述进近航图等，都可能会引起这类注意力分散。

永久性听阈偏移（Permanent Threshold Shift，PTS）

指在高噪声反复长期刺激下，听觉疲劳不能再恢复，听觉器官发生器质性病变和不可逆转的永久性听力损失或丧失现象。对听力产生不利影响的噪声强度一般大于 65 dB。终身职业性地暴露于 65 dB 噪声背景下的人群，大约有 10%可能出现对某些频率声音的永久性听力损失，但这种损失不一定达到噪声性耳聋的程度。民用机型，尤其是螺旋桨和直升机飞行员以及机务维修人员都将面对噪声对听觉器官的影响这一问题。此外，随年龄增长，听觉器官老化会表现为听力减退，出现老年性耳聋，也属于永久性听阈偏移。

优先标准（priority standards）

当面临等价的备选方案时，人们并不是进行随机的选择，而是先识别出对自己来说最重要的标准，然后选择那些在这一标准上具有更高价值的方案。

有效视觉距离（effective visual distance）

在飞行过程中，飞行员从看到物体到作出相应反应以避免飞机与物体发生相撞的一段时间里，飞机所飞行的距离，如图 Y-4 所示。对飞行员而言，其视力要求应超过这一距离，这即为有效视觉（effective visual）。

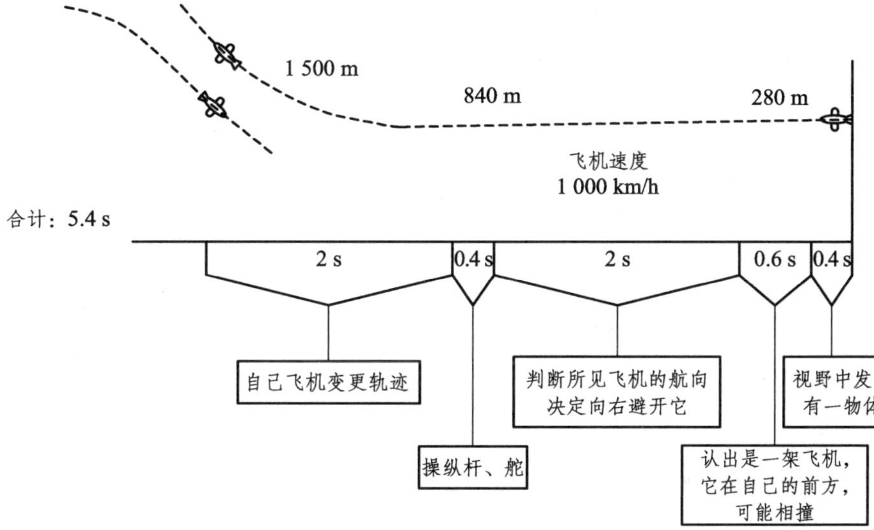

图 Y-4　有效视觉距离示意图

有用意识时间（Time of Useful Consciousness，TUC）

座舱失压缺氧后，可供进行合理的活命决策和实施措施的最大时间限度。或者指在没有氧气供给的情况下，飞行员能有效维持正常操作的时间。主要受以下因素影响：① 缺氧发生的高度和飞机上升的速度，缺氧发生的高度愈高，上升速度愈快，缺氧反应就愈严重，有效意识时间就愈短；② 飞行员是否有身体活动，活动量越大，有效意识时间愈短；③ 身体是否良好，身体状态愈好，有效意识时间就愈长；④ 飞行员是否吸烟，吸烟者的有效意识时间比非吸烟者短。一些研究表明：在 1 520 m 高度上飞行时，吸烟者的缺氧程度相当于非吸烟者在 3 050 m 高度的缺氧程度。与飞行高度及身体活动的关系如表 Y-1 所示。

表 Y-1 有效时间表

高度		静坐时	轻微活动时
ft	m		
40 000	12 200	30 s	18 s
35 000	10 670	45 s	30 s
30 000	9 140	1 min 15 s	45 s
25 000	7 620	3 min	2 min
22 000	6 710	10 min	5 min
20 000	6 100	12 min	5 min
18 000	5 490	30 min	20 min

语言障碍（logopathy）

干扰或阻碍交流的一切事件。根据其存在环境的不同，可分为外部障碍和内部障碍，语言障碍属于内部障碍。由于发音不正确，使用同音异体字，使用相近词组成或由于其他因素引起的影响正常交流的一切因素都可称为语言障碍。在飞行活动中，飞行员与 ATC 之间存在着大量的信息交流，这些信息交流基本上都是通过一定的通信工具，以非面对面的语言形式传达，不可避免地存在一些障碍。在语言系统中，交流双方对语言的使用和理解也都存在偏差，都可能给飞行员与 ATC 的信息交流带来语言障碍。

预防性干预（preventive intervention）

在某种可能的不良心理发展问题产生前，有目的、有计划地采取医学、心理与教育措施或社会治理措施，介入原发展过程，以改变发展方向、发展速度或发展形态，从而避免或减轻不良发展后果的一种干预方式。如对苯丙酮尿症患儿尽早控制其饮食，从而避免该儿童发生智力障碍。可采取单一性模式，如采取医学干预、心理与教育干预或社会干预中的一种，这类干预模式简单易行，但效果相对较差；也可结合医学、心理与教育及社会治理，采取“医学-心理与教育-社会”

综合性模式，这类干预模式效果好，但实际操作难度较大。干预的对象既可以为一个群体（如单亲家庭的儿童），也可以为某一个体（如有自杀意念的求助者）。

预期判断（anticipation judgment）

被试反应类型。在一连串配对呈现的刺激中，被试对每对刺激的判断，有时不待整对出现，而只根据每对先出现的部分就作出判断。其特点为不是根据对全部刺激的分析比较做出判断，而是抢先判断。

晕轮效应（halo effect）

亦称“光环效应”。是人际认知的一种偏见。从认知对象的某个特征泛化到其他有关特征，从而形成整体印象的现象。可能产生良好的作用，也可能产生不利于人际交往的影响。多半在知觉主体只获得被知觉者少量信息（如“一俊遮百丑”）或对被知觉者有鲜明的情绪态度（如“情人眼里出西施”）的情况下表现出来。

运动病（motion sickness）

人对运动或似动刺激不适应时表现出的以恶心、呕吐、面色苍白和出冷汗为主要特征的病情。运动病是一个总称，包括晕船、空晕、晕车、晕秋千（空中震荡病）、模拟装置病等，它因诱发的环境和运载工具的不同而有不同的病名。运动病可以由预期的运动没有出现而诱发，也可以由不熟悉的运动所导致。典型的运动病是循序渐进的，发病时间的长短取决于刺激的强度和个体敏感性。在航空活动中，运动病的病因可归结为①湍流或操作不当使飞机颠簸，带较大的坡度飞行时，施加于人体的加速度力超过人们所习惯的 1 *G* 作用力时，持续地处于这种状态便可能诱发运动病。②前庭信息与视觉信息不一致时，也可诱发运动病。③飞行恐惧、紧张、焦虑等心理因素在诱发和加重运动病方面亦起着重要作用。针对运动病可以采用以下一些预防与矫正措施：①不做不必要的动作，只要不影响观察，头动应减至最小程度。

②尽可能避免在湍流中飞行和防止动作粗猛所引起的飞行姿态的急剧变化。③提高自己的处境意识，明白特定的飞行情境可能导致的视觉——前庭觉信息冲突。④集中精力于特定的飞行任务上，避免对运动病即将到来的强烈的预期。⑤加强抗运动病的前庭机能锻炼。⑥飞行人员不能通过服用抗晕机药物来缓解晕机症状。

运动性疲劳（sport fatigue）

由运动引起的运动能力和身体功能暂时下降的现象；也即是，引起运动性疲劳的原因是疲劳，而不是单纯的脑力劳动，更不是疾病、药物、环境和营养等因素。这种运动能力和身体功能的下降是暂时的，经过适当休息和调整可以恢复，所以运动性疲劳是一种正常的生理现象。故运动性疲劳是身心的疲劳。

运动知觉（motion perception）

人对空间物体运动特性的知觉。它依赖于对象运行的速度、距离以及观察者本身所处的状态。例如，当物体由远而近或由近而远运动时，物体在视网膜上成像大小的变化，向人脑提供了物体“逼近”或“远去”的信息。物体运动太快或太慢都不能使人形成运动知觉。人们很难用肉眼观察到手表上时针的移动或光的运动，因为它们的速度太慢或是太快。物体距离与运动速度直接影响着运动知觉。以同样速度运动着的物体，远的感知运动慢，近的感知运动快，离得太远就看不出运动。可见，运动是人知觉运动的根本原因，但造成运动知觉的直接原因却是角速度，是单位时间内所造成的视角的改变量。实际上，世界万物都在运动，只是速度快慢而已。因此，我们要观察某物体的运动速度，就要与另一物体相比较。这个被比较的物体就是运动知觉的参考系统。选择的参考系统不同，运动知觉也不同。比如，骑自行车者以步行者为参考系统，感知则为快，与汽车行驶相比，感知则为慢。在参考系统少的情况下，两个物体的运动可知觉为其中一个在运动。一般规律是，人们倾向把较大的客体当作静止背景，较小的客体在其中运动。如薄云与月亮，可视为月亮在走，也可视为云彩在动。这种现象就是诱导运动。在暗室内注视静止的光点，过一会儿就会感到光点在游动，这是自主运动，是由于视野中缺乏参考系统而造成的。

Z

噪声（noise）

一类引起人烦躁、或音量过强而危害人体健康的声音。从环境保护和物理学的角度，噪声的界定还存在一定差别。从环境保护的角度讲，凡是妨碍人们正常休息、学习和工作的声音，以及对人们要听的声音产生干扰的声音，都属于噪声。从物理学的角度讲，噪声是发声体做无规则振动时发出的声音。

噪声应激（noise stress）

噪声引起的应激反应。噪声会引起人心率加快、呼吸反应变化、血压升高、烦躁不安等一系列生理心理反应。短时间的噪声应激反应会影响人的生理、心理功能，长期的噪声应激反应会导致高血压、冠心病、胃溃疡等身体疾病。不仅与噪声强度、暴露时间和噪声频谱特性有关，而且与个体的身心状态及社会生活等因素有关。

噪声反应（noise response）

飞行活动噪声对人的刺激效应。包括以下方面：①“特异性”效应，引起听力下降或合并有听觉器官损伤。人的听觉器官在临界噪声的刺激下，超过一定时间就会听力下降，但到安静场所停留一段时间，听觉又恢复原状，这称为听觉疲劳。如果长期接受强噪声刺激，听觉不能复原，内耳感觉器官会发生器质性病变，导致噪声性耳聋或噪声性听力损失，这是一种慢性损害。②“非特异性”效应，指对全身各系统，特别是对中枢神经、心血管和内分泌系统及心理方面的影响等。噪声作用于人的中枢神经系统，使大脑皮层的兴奋和抑制过程失衡，条件反应异常；严重时可精神错乱，交感神经紧张，引起心跳加快、心律不齐、传导阻滞、血压变化等现象。

暂时性失眠（transient insomnia）

亦称情景性失眠，是由于外在的工作、生活情景改变造成的暂时适应困难导致的暂时失眠。该类型失眠的时间通常较短，最长也不会超过 3 周。大多数人在遇到一些令人感到兴奋、压抑或焦虑的事件如严重的家庭、工作或人际关系问题，由于时差或轮班的工作等改变原有睡眠节律，睡眠环境不舒适或对睡眠环境的不熟悉时，都可能会出现这种类型的失眠。飞行学员在飞行检查前出现的入睡困难、早醒等现象就是属于暂时性失眠的范畴。这类失眠一般会随着事件的消失或时间的延长而改善，但是如果处理不当部分也可能转化成为慢性失眠。

暂时性听阈偏移（Temporary Threshold Shift，TTS）

较短时间接触强噪声刺激时，听阈升高，脱离噪声环境后阈限恢复原有水平的现象。这是暂时性的生理现象，内耳听觉器官并未损害。暂时性听阈偏移具有下列特点：① 听阈上移程度与噪声强度有关，噪声强度增大时听阈上移也增高，可上移达 35 dB 或更高；② 听阈上移愈大，恢复时间愈长；③ 一般人的听阈上移在 4 000 ~ 6 000 Hz 范围上移的最大；④ 噪声引起的听阈上移一般在噪声暴露最初 2 h 内就会发生；⑤ 一天 8 h 连续噪声暴露后 2 min 时所测定的暂时性停阈上移相当于在同样噪声环境中职业性暴露 10 年后所导致的永久性阈移；⑥ 暂时性阈移存在较大的个体差异，对噪声敏感的人，听阈上移大于对噪声不敏感的人。

增压座舱（pressurized cabin）

飞机上密封的可保持一定压力和温度以保证机上人员正常工作和生活的舱段，亦称气密座舱。增压座舱内的大气压力由飞机环境控制系统控制，使之高于环境气压并根据飞行高度自动调节，以保证乘员在高空飞行时具有舒适环境和工作条件。理想的客舱压力应与海平面保持一致，但由于飞机的重力和机身强度的局限性使得其不可能达到。商业航线飞机在 10 000 m 飞行时，客舱内部的压力会保持在高度为 2 000 ~ 3 000 m 的大气压力水平。

知觉（perception）

人脑对客观刺激物整体属性的反映，是人对感觉信息的组织和解释的过程。知觉以感觉作为基础，是现实刺激和已储存知识经验相互作用的结果，是一种主动的、有选择性的构建过程。当飞行员观察电子飞行仪表系统（Electronic Flight Instrument System，EFIS），所看见的不仅仅是一些数字、符号、线条和图形，而是进一步意识到它们所显示的是飞机的航向、高度、速度、飞行指引、模式选择等信息，随即在大脑中产生了飞机运行状态和运行趋势的整体形象，这就是知觉。

知觉差错（perceptual error）

指当一个人的知觉与实际情况不符时所产生的差错，如视觉幻觉、失去方位感、判断距离/大小/颜色错误等。当感觉器官的信息输入减少或与平常不同时，知觉差错就会发生。

知觉定势（perceptual set）

指主体对一定活动的特殊准备状态。具体而言，人们当前的活动常受前面曾从事过的活动影响，倾向于带有前面活动的特点。当这种影响发生在知觉过程中时，产生的就是知觉定势，它一般由早先的经验造成。当然，知觉者的需要、情绪、态度和价值观念等，也会产生定势作用。如人的情绪在非常愉快时，对周围事物也可产生美好知觉的倾向。定势具有双向性，积极作用使知觉过程变得迅速有效；消极作用则使定势显得刻板，妨碍知觉或引起知觉误导。

知觉恒常性（perceptual constancy）

指人在知觉客观事物时，知觉的条件发生了变化，但人的知觉并不随之而改变，而是保持相对稳定的现象。知觉恒常性现象在视知觉中表现得很明显，主要有大小恒常性、颜色恒常性、形状恒常性、明度恒常性等。一架 B737-800 型飞机，在停机坪上与在滑行道、跑道等不同位置，在起飞、爬升和空中巡航时，由于观察距离和角度的不同，它在飞行员视网膜上的影像大小和形状也存在着一定差异，但飞行员仍旧将其知觉为等大的同一架飞机，这就是大小恒常性。

知觉理解性（perceptual comprehension）

指个体对知觉对象常常会以自己的已有知识经验加以解释，并用语词予以标志。人的知觉是一个积极主动的过程，知觉的理解性正是这种积极主动的表现。知觉对象本身的特点，人的情绪、动机、态度以及实践活动的任务等因素，都会影响知觉的理解性。

知觉选择性（perceptual selectivity）

指人只能对作用于感觉器官的众多事物的一部分进行反映，即有选择地指向某个或某些事物，知觉的这种特点，称为知觉的选择性。知觉选择性受到多种因素影响，主观原因主要体现在个体的态度、需要、兴趣、人格特征、知识经验等，客观原因则主要体现在刺激的新异性、外在特征、与环境中其他刺激物的关系等方面。驾驶舱属于一种信息高度密集的空间环境，飞行活动中，飞行员面对与之交互的大量显示/控制组件。要确保飞行员能够在面临大量的信息时，能够在恰当的时机获得必须的或选择出正确的、特殊的重要信息，以便及时做出正确的判断，就需要按不同的飞行状态、执行飞行任务时使用的频率及优先级，对众多显示/控制组件进行科学有序的布局，并设计出合理的显示方式。

知觉性判断（perceptual judgement）

以知觉为基础的判断。它不需要飞行员进行复杂的思维，信息加工的水平相对较低，对飞行员完成简单的知觉性任务和操纵任务具有非常重要的作用。对于距离、间隔余度、高度、接近率以及速度的判断，熟练的飞行员便常常以视知觉的经验为基础进行。这类判断易于习得，且具有相对的稳定性，不需要飞行员进行复杂的思维便能很快地做出，似乎具有半自动化的性质。

知觉译码（perception of decoding）

在知觉时，人把当前感觉登记中的信息与以前储存在长时记忆中的有关信息进行匹配，从而赋予刺激一定的意义。知觉过程中作出的这种匹配是多对一的关系，即把许多不同特性的刺激物归入同一范畴。例如，人们在平时的阅读时，接触到形状、大小和方向不同的各种字母"A"，这些不同的字母"A"都被识别为属于同一范畴、具有同一涵义的对象，人们以相同的方式对它们作出反应。与此同时，它们之间的判别也被保持在记忆中，如果需要作出选择或区分的话，人们就会去注意这些不同字母"A"的个别特性，比如，是大写的还是小写的，是书写体的还是印刷体的，等。

知觉整体性（perceptual integrity）

指人在知觉客观事物时，总是将感觉到的客体的各个属性或特征（有时还根据以往的经验来补充）按一定的结构组织起来，使其成为一个整体来反映的。例如，面对一个残缺不全的飞机零部件，有经验的机务维修人员能够马上判断出它是飞机上的何种部件，甚至能够说出是什么机型的部件。

直接判断（direct judgment）

判断的一种形式。不需要复杂思维活动参与的感知形式的判断。分相对判断和绝对判断两种。如，给被视听频率为100、200、300、400、500的声音，要求他判断从最低到最高声音的频率差异；或两个光同时出现，要求其判断两个光的强弱。这种判断称为相对判断。若标准刺激不在面前，是依靠记忆对事物作判断的，称为绝对判断。如，在不用尺子的情况下对长度作出估量。在实验中，可用词表达，也可用动作表达。如，让被试看强弱不同的光刺激，要求他口头报告判断结果，也可要求他按光的强弱不同按不同的电键。

直觉判断（intuition judgment）

指飞行员在飞行中不依赖三段式的逻辑推理方式和步骤，直接导向问题解决的特殊思维方式。成熟的航线飞行员，尤其是经验丰富的机长的判断形式主要以直觉判断为主。其主要表现是，在飞行过程中，成熟的航线飞行员的判断主要侧重于对异常信息的觉察，一旦觉察到异常情况，便能迅速、甚至自动地提取已有的知识经验，使当前的问题得到解决。这便意味着这类飞行员的判断已经省略了导向决策和行动的中介环节，其思维具有高度压缩的性质。直觉判断的特点：迅速性；预见性；潜意识性；或然性。

质询（inquiry）

指针对特定的处境要求获得观点、意见或者建议的过程。质询使得机组成员对正在发生的事情进行提问和审视。质询是提高自己的处境意识的一个有效方法，它既可以用于证实某人的想法，也可以用于收集信息或者澄清误解。它对于处理模棱两可的处境或者信息、冲突的信息以及需要强化或者证实某些信息时显得特别有用。所有的机组成员都应该善于使用这种质询方法向其他人进行质询。需要引起重视的是，质询的本身也是质询者缺乏信息和需要信息以及他已经处于较低处境意识水平的一个信号。

治疗失当（malpractice）

心理治疗过程中，治疗者由于不负责任或对病人做出不适当的治疗，致使患者受到伤害的情况。有主动和被动两种。主动指不是因客观原因造成的，如言语或体态语滥用、对他人合法权益的故意侵害。这种侵害包括未经患者同意的治疗、性骚扰、经济剥夺等。被动指因治疗者缺乏经验或没有应变能力而造成的，或因使用不恰当的治疗手段而产生负性效果。

中度飞行疲劳（moderate flight fatigue）

反应能力下降；情绪有点低落，飞行基本愉快；飞行注意力开始不够集中，逐渐出现注意力分配不合理；积极性、兴奋性下降，想多休息，不想飞行；飞行时常出现小错误，完成飞行动作有时不准确、不稳定；飞行技术和能力下降；感觉全身乏力、思睡、精神萎靡，心率、血压下降。

中耳气压性损伤（otic barotrauma）

因体外气压急剧变化使中耳内外形成一定的压力差所致的中耳损伤，主要表现为耳痛、耳鸣、听力下降甚至鼓膜穿孔等后果，偶有眩晕等。气压性损伤主要发生于非增压座舱的飞行员身上，但在增压座舱的飞行员如患感冒、上呼吸道感染时也可出现。从飞行高度来说，中耳气压性损伤多发生于 4 000 m 以下，尤以 1 000 ~ 2 000 m 高度为最多。预防与克服中耳气压性损伤的方法主要有① 运动软腭法：手摸喉结，发“克”音，或张大口用力吸气或模仿打呵欠的动作等可达到开放咽鼓管的作用。② 捏鼻鼓气法：仅在飞机下降时适用。用拇指捏紧鼻孔，闭口用力向鼻咽腔鼓气，以增加鼻咽腔气体压力而冲开咽鼓管，并应注意，勿使面颊部鼓起和憋气过久，可多做几次。此即所谓的萨尔萨瓦技术。③ 吞咽法：可多次吞咽或咀嚼糖块。

中枢疲劳（central fatigue）

指由于中枢神经系统功能的改变或紊乱而引起的脑力或躯体的疲劳。谢切诺夫早就提出了疲劳的神经论观点，他通过实验认为，“人们通常把疲劳感觉归之于工作者的肌肉，而我对疲劳消除的解释唯一归之于中枢神经系统”。巴甫洛娃的研究发现静力活动疲劳时大脑生物电会发生明显变化。运动医学领域认为中枢疲劳是由于大脑皮层保护性抑制作用的结果，尤其是长时间的中等强度运动产生的疲劳，大量的冲动传至皮层相应的神经细胞，使之长期兴奋，导致了“消耗”增多，为了避免过度消耗，当消耗到一定程度时便产生了保护性抑制。

中枢神经系统（Central Nervous System，CNS）

由脑和脊椎组成，是神经系统的最主体部分。中枢神经系统接受全身各处的传入信息，经它整合加工后成为协调的运动性传出，或者储存在中枢神经系统内成为学习、记忆的神经基础。

重度飞行疲劳（severe flight fatigue）

反应迟钝；对飞行产生厌倦；飞行注意力无法集中；兴奋性丧失，想完全停飞休息；飞行活动的协调性大大下降，动作无力、不准确，甚至完全错误；飞行技术和能力明显下降；飞行员主诉头痛、胸闷、心慌、心率加快、植物神经功能失调。

昼夜节律（circadian rhythms）

人体生理、心理功能以近似 24 h 为一周期的内源性节律，简称昼夜节律。它并不是严格地遵循 24 h 进行的节律性波动，有时稍长、有时稍短，其周期可由人工调制而变更其长短。当向东或向西跨时区飞行时，人体昼夜节律与外环境的同步关系将遭到破坏。跨时区飞行对人体昼夜节律的影响有较大的个体差异。一般而言，猫头鹰型的人比云雀型的人、低神经质者比高神经质者、年轻人比老年人受昼夜节律的影响要小一些。应对措施：做好生理、心理准备，充分休息，飞行部门科学、恰当地安排好航班飞行计划。

昼夜节律重建（resynchronization）

亦称昼夜节律再同步，人体生物节律系统能够接受外界环境的信号，通过相位重置效应，调整内源性的生物节律，使之适应外界环境变化的现象。昼夜节律可以与外界信号重新同步化，但是需要过程和时间。频繁的，或者长时间的夜间飞行，尤其是向东或向西跨时区长时间飞行后，通常使人体昼夜生物节律与外环境的同步关系受到破坏，即处于去同步状态。人自身具有一定的适应能力，会不断调整人体相应机能的节律时相，与外周的环境节律重新达到同步关系。在适应阶段，人体昼夜节律的相位每天大约能向当地环境的昼夜节律相位移近60～90 min。一般而言，如跨越10个时区，需经7～10天左右才能达到完全适应。

昼夜节律扰乱（circadian rhythm disorder）

跨时区飞行对空勤人员和乘客的影响。现代喷气客机以高速向东、西跨时区飞行时，由于时差现象，乘客和空乘人员的似昼夜节律与当地的昼夜节律出现去同步现象，导致睡眠和饮食等日常生活习惯的改变。对于乘客来说，影响还相对较小，是暂时的。但对空乘人员来说，较为严重。由于职业的原因，她（他）们不得不经常应付迅速的时区变换，经常打乱自己的睡眠习惯和进餐时间，昼夜节律紊乱，身心状况受到损害。

主观疲劳（subjective fatigue）

飞行员在脑力或体力劳动后主观感觉到的工作能力下降现象。包括全身乏力、萎靡不振，工作吃力，头晕、思睡，全身酸痛等。飞行过程中的主要症状：① 感受性下降，如视敏度降低，夜间视力差，听觉、本体觉等的感受性下降，容易发生错觉；② 记忆力减退，注意力下降，如忘记照顾周围仪表，忽视重要工作，注意广度缩小而不稳定，转移、分配困难，忽视主仪表板外的仪表；③ 思维迟钝，动作协调性降低，如认读、综合仪表信息慢且困难，对行为缺陷缺乏认识，不能正确使用操纵程序，复杂思维与动作分离，多余、错误动作增加，操纵动作精确性下降，出现“错、漏、忘”现象；④ 言语减少，兴趣降低。长途飞行时表现最为明显。

主观期望效用理论（subjective expected utility theory）

由萨维奇（L. J. Savage，1954）提出，该理论认为直觉的偏好关系能够推导出由效用和主观概率来线性规范人们的主观决策备择方案的选择。这个模型假定，人们作出决策时是根据主观期望效用值的高低来进行的。主观期望效用理论由于其简单灵活，已经成为分析人们在不确定情况下决策行为的重要理论。但是由于现实世界的复杂性，人们不可能设定单个先验分布来描述不确定事件，因此主观期望效用模型在实际决策中是有缺陷的。

注意（attention）

作为一种心理状态，是心理活动（意识）对一定对象的指向和集中。注意贯穿于一切心理活动的始终，是一切心理过程的共同特性。例如，飞行学员在监控仪表时，可能只是关注到仪表上显示的相关信息，而对坐在身后的检查员或观察员的行为视而不见。

注意的分配（divided attention）

亦称时间分配，是指人在进行两种或者多种活动时能把注意指向不同对象的现象。注意分配的条件是① 要有熟练的技能技巧。在同时进行的多种活动中，只能有一种活动是生疏的，其余动作必须达到一定的熟练程度。② 有赖于同时进行的几种活动之间的关系。同时进行几种没有内在联系的活动，注意的分配要难些。③ 大脑皮层要保持正常的兴奋性。从理论上讲，大脑在同一时刻内信息加工的容量有限，注意不可能同时指向两个不同方向。飞行活动中，飞行员能在同一时间内将自己的注意力合理地分配到不同的对象上，如一边观察仪表，一边操纵杆、舵，同时还能够倾听管制员的指令，等等，就是注意分配的典型表现。

注意的广度（attention span）

亦称注意的范围。是指一个人在同一时间内能清楚地观察到对象的数量。注意的范围受两方面因素的影响：（1）知觉对象的特点，知觉对象越集中，排列得越有规律，注意的范围就越大。（2）知觉者的知识经验，人们对熟悉对象的注意范围要比陌生对象来得大。飞行员在同一时间内能够观察到的座舱仪表以及外景特征的数量，就是其注意广度的表现之一。飞行员的注意广度品质越好，便越有益于飞行员对于相关信息的获取。

注意的稳定性（attention stability）

指对同一对象或同一活动上注意所能持续的时间，这是注意在时间上的特征，可以用某一时间范围内工作效率的变化来表示。注意的稳定性可以划分为狭义的注意稳定性和广义的注意稳定性两种类型。狭义的注意稳定性是指注意保持在同一对象上的时间。人的注意具有波动性，要使注意持久地集中在一个对象上，是比较困难的。广义的注意稳定性是指注意保持在对一定活动的总的指向上，而行动所接触的对象和行动本身可以发生变化。例如，飞行活动中飞行员既要向飞行计算机系统输入数据，又要负责操纵飞机，还要不时与地面的管制员联系，但所有这些工作都服从于顺利完成飞行这一总的任务，因此他们的注意是稳定的。

注意的转移（attention shift）

指有意地把注意从一个对象转移到另一个对象上，或从一种活动转移到另一种活动上。飞行员需要不断地交叉检查和扫视飞行仪表或外景目视信息，这是飞行活动的重要特征之一。如飞行员使用检查单执行飞行前检查，必须不断地在检查单和所检查设备之间来回转换。注意的转移与注意的分散有着本质的不同。注意的转移是根据活动任务的需要，有意识地把注意从一个对象转向另一个对象，或者是从一项活动转到另一项活动上去；而注意的分散则是受无关因素干扰，注意力偏离当前本应加以注意的对象，在需要注意稳定的时候，不随意地改变了注意的对象。

注意通道（attentional tunneling）

指飞行任务对飞行员的吸引性，例如飞行员在操纵仪表着陆系统时仍能感知到他们周围的环境和飞机高度。只要压力水平不是太高，普通人都有足够的额外信息加工能力注意与目前任务不相关的事情。然而，当压力水平增加时，认知通道可能被建立；在损失其他任务的情况下，会给一个具体任务较高的优先等级，尤其是当选择的任务比那些忽略的任务具有较低重要性的时候，将会更加危险。在人因研究领域，注意通道经常受研究者的关注。

姿态显示仪（Attitude Indicator，AI）

或姿态指引仪（ADI），又称航空地平仪。用于测量和显示飞机俯仰及倾斜姿态的一种陀螺仪仪表。它是所有航空仪表中最重要的一种，以模像的形式向飞行员提供飞机相对于天地线的机翼和机头姿态，但是，迄今为止，该仪表设计也并非十全十美，它存在的一些缺陷仍然是诱发飞行员出错的来源。

自动化（automation）

用设备或系统替代部分或全部原来由人来承担的任务。自动化的定义强调了完成任务的主体由人向机器转移这一变化，而不是指由人控制机器来完成任务的这一事实。根据自动化的不同用途可以将自动化粗略地分为 3 类：① 执行人类因其自身局限而不能执行的任务的自动化；② 替代人类需要付出高昂代价或不可能完成得很好的工作的自动化；③ 对人类的工作绩效起辅助和增强作用的自动化。

自然直观决策模式（naturalistic decision making）

一种基于知识、经验、性格和认知倾向性等因素的基础上，在短时间内飞行员直接导向问题解决的一种决策模式。在这种方式的决策中，飞行员并未像理性决策那样详细地去对问题进行分析、对方案进行比较和优选最终方案，而是一种快速获得问题解决方案的决策模式。

自上而下的加工（top-down processing）

亦称概念驱动的加工（conceptual-driven processing），指由主体根据已有的有关知觉对象的一般知识（概念），形成对知觉对象的期望或假设，从而调整和制约对外部刺激的加工的所有阶段或水平。这是与自下而上的加工相对的一种加工。

自我概念（self-concept）

指飞行员与公司同事等参照群体相比较，形成的与其能力一致的自我评价。即飞行员对自身存在的体验，它包括飞行员通过经验、反省和他人的反馈，逐步加深对自身的了解。它涉及“我是谁”“我是什么样的人”“我应该是什么样的人”等一些基本的价值判断。自我概念是一个有机的认知结构，由态度、情感、信仰和价值观等组成，贯穿整个经验和行动，并把个体表现出来的各种特定习惯、能力、思想、观点等组织起来。

自我监控（self-monitoring）

机组来监视自己表现的能力。自我监控的过程包括认识到一个人自己的表现或精神状态一旦有“退化”，就能够有能力检测出。自我监控是一种认知活动，即清醒地认识自己的心理状态——能够检测到不良的心理状态，如注意力分散、缺乏关注等。对自己能力的认识构成自我监测的一个重要方面。高工作量或分心的时候不仅增加丧失情景意识的可能性，也会减少可用于自我监测的认知资源。

自下而上的加工（bottom-up processing）

亦称数据驱动的加工（data-driven processing），指自外部刺激（数据）开始的加工。主体通过对刺激的一系列连续的加工而达到对感觉刺激的解释。自下而上的加工这个术语是从计算机科学引来的，与此相对的是自上而下的加工。

自主性节律（self rhythm）

指人类在缺乏外界时间信息条件下仍能继续保持原有的生理节律的特性。人的昼夜节律就明显表现出自主性节律的特点，飞行人员在昼间结束飞行后，往往会表现出不能很好入睡的情况，因此在对飞行机组排班时应注意此类问题带来的影响。

组织应激问卷（questionnaire on organizational stress）

亦称“构造性应激问卷”。人格调查工具，用于测量由组织因素造成的心理压力。R·S·拉扎勒斯认为，个体对环境的解释是心理压力产生与否的重要原因，而对环境的解释结果完全依赖个体的人格特征。M·弗里德曼与罗森曼提出了A型人格与B型人格理论，认为个性急躁、求成心切、有野心、好冒险、工作投入、竞争倾向强的A型人格者更易产生心理压力，并易得冠心病。同时，他们开发了问卷用于测量心理应激。

组织中毒性缺氧症（histotoxic hypoxia）

由于人体组织不能从血液中摄取所需要的氧气而引起的缺氧症类型。在此类缺氧症中，血液中有足够的氧气，但人体细胞却丧失了摄氧的能力。在飞行员群体中，这类缺氧症常发生于酒精或药物以及氰化物中毒时。

座舱工作负荷（cockpit workload）

亦称“飞行员工作负荷”。由座舱工作任务、飞行环境、条件引起的飞行员身、心压力。主要取决于① 需要完成的任务量及难度；② 不利的飞行环境和不良的身心状况，如座舱温度过高或过低、疲劳及训练不足等。在飞行的各个阶段中，随飞行任务的变化而变化。一般情况是滑行阶段工作负荷较小，起飞阶段迅速增大，巡航飞行阶段工作负荷下降，进近与着陆阶段飞行员的工作负荷达到最大值，着陆后的滑行阶段工作负荷又下降至较低水平。从飞行环境来说，复杂气象条件中飞行比简单气象条件飞行的工作负荷大，目视飞行比仪表飞行的工作负荷小、繁忙空域进近比非繁忙空域进近的工作负荷大。座舱工作负荷是引起飞行疲劳、诱发飞行事故或事件的重要因素之一，是飞机制造者和营运者以及科学研究者们共同关心的问题。

座舱设计（cockpit design）

根据飞行目的、任务及有关事项，按一定标准配置座舱的活动。分为准备、设计、实验改进、飞行试验、生产定型 5 个阶段。要求：① 高效，不需要特别费劲就能有效完成工作；② 安全，没有伤害操纵员的危险，在应急情况下能安全脱离座舱；③ 舒适，环境和必要的操纵动作不引起不舒适；④ 经济，尽量减少成本，降低使用者的维护费用。最重要的原则是考虑人的因素。

座舱噪声（cockpit noise）

飞机座舱中由不同振动和频率组成的无规律嘈杂声。其噪声源有 3 种：① 产生升力和高速推进所需的动力源产生的噪声，如发动机、传动系统；② 飞机与空气相互作用产生的噪声；③ 附属噪声源，如液压系统、座舱空气调节和调压系统、通信设备等。对飞行员的机体产生不良影响：① 对听觉器官的“特异性”效应，引起听力下降或合并有听觉器官的损伤；② 噪声作用引起的“非特异性”效应，即对全身系统，特别是中枢神经系统、心血管系统和内分泌系统及视觉的影响及心理学效应等。同时干扰通信联系，其干扰掩盖信号甚至使其失真。还会使飞行员烦恼，注意分散和疲劳增加，降低工作效率，甚至影响飞行安全。控制与防护应从降低噪声源、切断传播途径和个人防护着手，三者配合，以减弱和消除座舱噪声对飞行员的影响。

座舱资源管理训练（cockpit resource management training）

提高飞行员和飞行机组驾驶舱资源（硬件、软件、环境及人）管理能力的训练。目前的侧重点是飞行员对人力资源的管理能力。训练目的是提高机组的处境意识和决策技能，形成合理有效的个体间交流方式，提高领导艺术，形成“群体”概念，学会应付应激的方法。主要以全任务模拟机进行，贯穿于理论学习、模拟机训练以及面向航线飞行训练的始终。

作业疲劳（work fatigue）

指劳动者在作业过程中连续不断消耗能量，产生一系列生理和心理变化而引起作业能力下降的现象。不论从事何种作业，随着劳动时间延长，均会出现疲劳，表现为作业能力下降、感觉疲劳、对工作感到厌倦等。通常可划分为体力疲劳和心理疲劳。飞行疲劳是一种特殊类型的作业疲劳。

自主运动错觉（auto-kinesis）

空虚视野中的单个或数目不多的固定物体，如黑暗天空中的星星或白色背景中的黑点（飞机）等，注视它几十秒之后，便诱导出似乎在运动的错觉，即所谓视觉幻动。这种错觉常常成为天文观测、卫星观测和编队飞行时对长机运动情况判断的误差的一个原因。在夜航中，有时还会由于这种错觉而把一个固定不动的星光视作正在运动中的飞机。空间飞行中，可能由于这种错觉而影响飞船的空中会合、空中搜索和目视天文导航等工作的准确度。

Ⅰ型空间定向障碍（Ⅰ-type spatial disorientation）

飞行员未意识到发生错觉但已实际发生的空间定向障碍。与飞行员处境意识丧失或缺失有关，对飞行安全危害较大。飞行员若依据错误知觉操纵飞机，一旦进入危险状态而来不及修正，即可发生严重事故，在由定向障碍导致的飞行事故中占大多数。

Ⅱ型空间定向障碍（Ⅱ-type spatial disorientation）

飞行员意识到已发生错觉的空间定向障碍。主要表现为自身感觉与仪表指示发生冲突和矛盾。一般情况下，飞行员只要坚信仪表所提供的信息是正确的，就能很快从这种冲突中解脱出来，但若坚信身体提供的信息，就会持续处于冲突之中，与Ⅰ型空间定向障碍相比，危害较小，只在少数人中导致严重飞行事故。

参考文献

[1] ANDREW J DUBRIN. 职业心理学——平衡你的工作与生活[M]. 7版. 姚翔，陆昌勤，等译. 北京：中国轻工业出版社，2009.

[2] ANNE R ISSAC, BERT RUITENBERG. Air traffic control: human performance factor [M]. Ashgate Publishing Ltd, 1999.

[3] B B MURDOCK, JR. The serial position effect of free recall [J]. Journal of Experimental Psychology. 1962(64): 682-488.

[4] BARBARA G KANKI, ROBERT L HELMREICH, JOSE ANCA. Crew resource management [M]. Elsevier, 2010.

[5] 威肯斯，霍兰兹. 工程心理学与人的作业[M]. 朱祖祥，等译. 上海：华东师范大学出版社，2001.

[6] F H HAWKINS. Human factors in flight[M]. 2nd Ed. London: Gower House, 1993.

[7] FAA. Aviation instructor’s handbook (FAA-H-8083-9A) [S]. 2009.

[8] FLIN R, GOETERS K M, HORMANN H J, et al. A generic structure of non—technical skills for training and assessment [R]. Vienna: The 23rd Conference of the European Association for Aviation Psychology, 1998.

[9] GEOFFREY, DHENIN. Aviation medicine [M]. London: Willian Clowes & Sons Limited, 1978.

[10] HARRY W ORLADY, LINDA M ORLADY. 多机组飞行运行中的人为因素[M]. 黄为，等译. 北京：中国民航出版社，2009.

[11] ICAO. Fatigue risk management systems manual for regulators [S]. Doc9966, 2011.

[12] JOHN B BEST. 认知心理学[M]. 黄希庭，译. 北京：中国轻工业出版社，2000.

[13] LUBNER, etc. Aviation accidents, incidents and violations psychological predictors among U.S. Pilot [M], New York: Columbia university, 1995.

[14] 艾森克，基恩. 认知心理学[M]. 4 版. 高定国，肖晓云，译. 上海：华东师范大学出版社，2002.

[15] MARIANNE MISERANDINO. 人格心理学[M]. 黄子岚，何昊，译. 上海：上海社会科学院出版社，2015.

[16] MASSEY UNIVERSITY SCHOOL OF AVIATION. Crew resources management (Study Guide Three) [M]. Richard Macfarlane, 1995.

[17] OXFORD AIR TRAINING SCHOOL. Human performance and limitations [M]. New York, published by CSE Aviation ltd, 1993.

[18] R Peters. Practical intelligence [M]. London: Harper & Row, 1987.

[19] R R BLAKE, J S MOUTON. Cockpit resource management [M]. Scientific Methods, Inc and Command/Leader/Resource Management Steering Committee and Working Groups United Airlines. Austin, Texas, 1989.

[20] R S JENSEN. Aviation psychology [M]. New York: Gower publishing company limited, 1989.

[21] R TELFER. The psychology of flight training [M]. London: Iowa state university press, Ames, 1988.

[22] S R TROLLIP，R S JENSEN. Human factors for general aviation [M]. Jeppesen Sanderson，Inc., 1991.

[23] T THORM. The air pilot's manual 6, human factors and pilot performance [M]. London: Gower publishing company limited, 1995.

[24] Γ·T 别列戈沃伊. 航空航天实验心理学[M]. 薛胜，等译. 北京：人民军医出版社，1986.

[25] 北京师范大学等四院校编. 人体解剖生理学[M]. 北京：高等教育出版社，1987.

[26] 高扬，刘汉辉，等. 中国民航的安全文化建设（之二）[J]. 中国安全科学学报，2002，12（2）：10-13.

[27] 贺弋，贺堃. 生物节律与人类工效关系的探讨[J]. 人类工效学，2000（1）：50-53.

[28] 胡兆丰. 人机系统和飞行品质[M]. 北京：北京航空航天大学出版社，1994.

[29] 皇甫恩. 航空心理学[M]. 西安：陕西科学技术出版社，1989.

[30] 黄希庭. 心理学导论[M]. 北京：人民教育出版社，1991.

[31] 冀晓东. 标准仪表飞行程序可操作性评估研究[J]. 中国民航大学学报，2012，30（3）：47-50.

[32] 井西学，刘隆祺. 医学心理学[M]. 科学出版社，2007.

[33] 康继鼎. 系统工程学基础[M]. 重庆：西南师范大学出版社，1988.

[34] 兰迪·拉森，戴维·巴斯. 人格心理学——人性的科学探索[M]. 2版. 郭永玉，等译. 人民邮电出版社，2011.

[35] 李伯黍，燕国材. 教育心理学[M]. 3版. 上海：华东师范大学出版社，2011.

[36] 李镜流. 教育心理学新论[M]. 北京：光明日报出版社，1987.

[37] 刘汉辉，高扬，等. 中国民航的安全文化建设（之三）[J]. 中国安全科学学报，2002，12（3）：9-14.

[38] 刘汉辉，高扬，等. 中国民航的安全文化建设（之一）[J]. 中国安全科学学报，2002，12（1）：19-22.

[39] 刘齐清，等. 航空医学[M]. 2版. 成都：西南交通大学出版社，2007.

[40] 刘铁汉. 航空生物动力学[M]. 西安：陕西科学技术出版社，1989.

[41] 罗晓利，王一帆，李立民. 机组资源管理[M]. 成都：西南交通大学出版社，2012.

[42] 罗晓利. 飞行中人的因素[M]. 成都：西南交通大学出版社，2002.

[43] 罗晓利. 飞行员行为特征及引导方式课题技术报告[R]，2013. 9.
[44] 罗晓利. 国内外飞行人员心理选拔研究述评[J]. 国际航空，1995（2）：28-31.
[45] 罗晓利. 着陆阶段飞行事故的心理学分析[J]. 国际航空，1996（6）：58-60.
[46] 骆正. 情绪控制的理论与方法[M]. 北京：光明日报出版社，1989.
[47] 毛海峰. 我国通用航空作业量已达 13.9 万小时[DB/OL]. 新华网 http://news.xinhuanet.com/2011-10/13/c_122155045.htm, 2011.10.14.
[48] 卡萝尔. 韦德，卡萝尔. 塔佛瑞斯. 心理学的邀请[M]. 3 版. 白学军，译. 北京：北京大学出版社，2006.
[49] 牟海鹰. 飞行疲劳的表现、成因与应对[R]. 飞行技术与航空安全研究，四川科学技术出版社，2006.
[50] 南京医学院人体解剖学教研室. 人体解剖学图谱[M]. 北京：人民卫生出版社，1980.
[51] 诺曼. 麦克劳德. 构建航空安全体系——CRM 开发人员手册[M]. 王永刚，张秀艳，译. 北京：中国民航出版社，2009.
[52] 钱春弦，王卫平. 我国目前民航安全好于世界平均水平[DB/OL]. 新浪网，http://finance.sina.com.cn，2006.2.14
[53] 邵斌. 生物节律扰乱对民航飞行安全的影响及对策[J]. 中国民用航空，2010（1）：45-46
[54] 邵瑞珍，等. 教育心理学——学与教的原理[M]. 上海：上海教育出版社，1986.
[55] 深圳航空公司. 飞行教员理论手册[R]. 2006.
[56] 苏东水. 管理心理学[M]. 上海：复旦大学出版社，1997.
[57] 文兴忠，周长春. 民航安全文化概论[M]. 中国民航出版社，2013.
[58] 沃特. 谢弗尔. 压力管理心理学[M]. 方双虎，译. 中国人民大学出版社，2009.
[59] 闫少华. 基于信息加工模型的管制员差错分类与分析[J]. 中国安

全科学学报，2009（8）：121-125.

[60] 杨家忠，陈俊，等. 文化对机组资源管理的影响[J]. 中国安全科学学报，2009，19（9）：167-171.

[61] 于晓伟. 澳大利亚关注其通用航空高事故率[DB/OL]. 搜狐网. http://roll.sohu.com/20110722/n314266572.shtml. 2011.7.22.

[62] 俞文钊. 管理心理学[M]. 兰州：甘肃人民出版社，1992.

[63] 张春兴著. 现代心理学——现代人研究自身问题的科学[M]. 2 版. 上海：上海人民出版社，2005.

[64] 张立藩. 航空生理学[M]. 西安：陕西科学技术出版社，1989.

[65] 曾先林. 飞行员心理健康测量表的编制[D]. 广汉：中国民用航空飞行学院，2014. 5.

[66] 中国民航报社. 美国通用航空安全监管的启示[N]. 中国民航报，2008，2.

[67] 中国民航局编译. BRIEFINGS——航空从业人员人为因素培训教程[M]. IFSA DEDALE EUROPE，2000.

[68] 中国民用航空局. 机组标准操作程序（AC-121-22）[S]. 2007.

[69] 中国民用航空局. 机组资源管理训练（AC-121-FS-2011-41）[S]. 2011.

[70] 中国民用航空局航空安全办公室、中国民航科学技术研究院. 中国民航安全信息统计分析报告[R]，1995.

[71] 朱祖祥. 工程心理学教程[M]. 北京：人民教育出版社，2003.

[72] 游旭群，刘宁，任建军，皇甫恩，王荣根，张建云，叶万钧. 飞行错觉水平评定方法的初步研究[J]. 心理科学，1994（03）：133-136+154+192.

[73] 葛志浩，徐浩军，刘琳，孟捷. 飞行事故概率模型与风险评估方法[J]. 中国安全科学学报，2008（2）：162-165+180.

[74] 张绿圃，曹小勇. 空军新毕业飞行员心理承受力与飞行焦虑相关性研究[J]. 空军医学杂志，2016，32（6）：427-428.

[75] 史晓静，罗渝川. 飞行决策模型的研究进展[J]. 人类工效学，2016，22（2）：67-72.

[76] 于立身. 飞行中空间定向障碍研究现状和未来[J]. 中华航空医学杂志，1994（1）：5-9.

[77] 胡文东，马进，韩文强. 飞行疲劳的预防和监测手段[J]. 中国临床康复，2004（3）：542-543.

[78] 祝筱姬，胡德忠，褚海波. 飞行应激对飞行员生理和心理的影响[J]. 航空航天医学杂志，2011，22（12）：1447-1449.

[79] 马振玲，杨仲乐. 感觉记忆信息的受控加工[J]. 中南民族大学学报（自然科学版），2002（3）：26-29.

[80] 中国成人血脂异常防治指南[J]. 中华心血管病杂志，2007，35（5）：390-419.

[81] 赵春国. 海恩法则和墨菲定律[J]. 安全、健康和环境，2009，9（1）：51.

[82] 王辉，武国城，刘保钢，贺青. 航空工效学研究进展[J]. 中华航空航天医学杂志，1998（3）：53-56.

[83] 黄发明. 基于“黑洞效应”的公路驾驶员视错觉改善方法实验研究[D]. 武汉：武汉理工大学，2014.

[84] 戴云飞，肖泽萍. 中国精神障碍分类与诊断标准第 3 版与国际疾病分类第 10 版的比较[J]. 临床精神医学杂志，2013，23（6）：426-427.

[85] 曹青林，谢满江. 高空减压病在航空医学中的防治新进展[J]. 心脏杂志，2020，32（1）：65-68.

[86] 彭慧平，卢晓欣. 高压氧医学的发展现状[J]. 海南医学，2013，24（19）：2890-2893.

[87] 甘旭升，崔浩林，吴亚荣. 基于功能共振事故模型的航空事故分析[J]. 中国安全科学学报，2013，23（7）：67-72.

[88] 沈汪兵，刘昌，施春华，袁媛. 创造性思维的性别差异[J]. 心理

科学进展，2015，23（8）：1380-1389.
[89] 孙瑞山，彭天池. 飞行认知能力的测量方案设计及模型研究[J]. 中国安全科学学报，2010，20（11）：47-51.
[90] 姬鸣，杨仕云，赵小军，鲍旭辉，游旭群. 风险容忍对飞行员驾驶安全行为的影响：风险知觉和危险态度的作用[J]. 心理学报，2011，43（11）：1308-1319.
[91] 张旭. 浅谈复杂天气条件下的空中交通管制指挥方法[J]. 科技创新与应用，2016（10）：296.
[92] 王云丰. 民航飞行员违章飞行人为因素研究[D]. 重庆：西南大学，2008.
[93] 黄宏. 浅谈年轻飞行员与机组交流的关系[J]. 教育教学论坛，2016（34）：67-68.
[94] 林崇德. 心理学大辞典[M]. 上海：上海教育出版社，2003.
[95] 赵坤、张林. 心理学导论[M]. 北京：中国传媒大学出版社，2009.
[96] 杨焕，燕西康，李东方，王忠，韩丽娟. 飞行疲劳的研究进展[J]. 中国现代医生，2012，50（29）：27-28.
[97] 闫群民，朱娟娟. 机载外部照明系统的设计与仿真研究[J]. 现代电子技术，2011，34（5）：164-166.
[98] 张金鹏. 机舱资源管理情景意识培养训练研究[D]. 大连：大连海事大学，2017.
[99] 陈功. 民航机上安保资源管理探讨[J]. 中国管理信息化，2015，18（14）：105.
[100] 丁秋萍. 基于脑电信号的模拟高空缺氧疲劳研究[D]. 杭州：浙江大学，2006.
[101] 苗雨. 多维疲劳量表中文版的修订及在军队基层医护人员中的应用研究[D]. 上海：第二军医大学，2008.
[102] 武慧新. 不同神经类型个体在 ATC 任务中技能习得特点研究[D]. 苏州：苏州大学，2016.

[103] 王刚. 管制习惯在空中管制中的重要作用[J]. 人力资源管理，2013（9）：136.

[104] 吕海波. 论中断起飞和继续起飞的决断[J]. 长沙航空职业技术学院学报，2010，10（3）：41-44.

[105] 薛霞，薛红，李洁，汪东军，王丽萍，刘启明. 体能训练对高性能战斗机飞行员+G_Z 耐力的影响[J]. 华南国防医学杂志,2018，32（3）：179-182.

[106] 黄康. 基于 PA44 的 MCC 训练模式研究[J]. 甘肃科技，2017，33（11）：48-49.

[107] 李星华. 浅析驾驶舱资源管理对飞行安全的重要性[J]. 科技资讯，2013（9）：244.

[108] 廖静. 空管中信息沟通障碍的预防与克服[J]. 科技传播，2016，8（9）：77-78.

[109] 黄宏. 浅谈年轻飞行员与机组交流的关系[J]. 教育教学论坛，2016（34）：67-68.

[110] 薛宇敬阳. 我国通用航空飞行事故原因研究[D]. 北京：中国矿业大学，2019.

[111] 谢溯江，于立身. 科里奥利错觉研究进展[J]. 中华航空航天医学杂志，2000（2）：63-66.

[112] 魏志强，庞西宁. 民用飞机客舱失压后供氧量计算[J]. 航天医学与医学工程，2019，32（5）：426-431.

[113] 强伟. 空管班组安全文化的建设探讨[J]. 科技资讯，2018，16（20）：128+130.

[114] 陈峘，王晓春. A320 飞机机组氧气系统[J]. 科技资讯，2012（27）：102+104.

[115] 张新龙. 安全文化与施工企业安全生产之我见[J]. 山西建筑，2014，40（17）：274-275.

[116] 李惠. 浅析空管安全文化建设[J]. 民航管理，2015（8）：12-14.

[117] 黄杰云. 工程测量技术应用浅析[J]. 测绘与空间地理信息，2021，44（3）：207-209.

[118] 唐宇，钟韵. 空中交通管制员情绪的有效管理[J]. 重庆与世界（学术版），2014，31（1）：18-19+28.

[119] 秦健. 空中交通管制安全风险预警决策模式[J]. 科技传播，2016，8（18）：169+208.

[120] 程洪书，赵保明，张福，赵高峰. 飞行错觉模拟训练系统的研究与开发[J]. 火力与指挥控制，2012，37（9）：201-204.

[121] 刘金魁. 人脸识别算法研究[J]. 漯河职业技术学院学报，2014，13（2）：47-48.

[122] 袁安府，金申健. 医疗团队成员多元化、团队冲突与团队绩效关系研究[J]. 中国卫生事业管理，2013，30（4）：247-250.

[123] 李钊. 空中交通管制员的情境意识与航空安全[J]. 中国科技信息，2013（24）：45-46.

[124] 杨煜. 职业生涯韧性和员工主动变革行为的关系——冒险倾向的中介作用[J]. 太原城市职业技术学院学报，2020（7）：32-36.

[125] 蔡顺驰. 培育弘扬工匠精神 加强安全文化建设[J]. 民航管理，2017（7）：86-88.

[126] TYLICKI JESSICA L, PHILLIPS TASHA R, BENPORATH YOSSEF S, SELLBOM MARTIN. Construct validity of Minnesota Multiphasic Personality Inventory-2-Restructured Form scale scores in correctional settings[J]. Personality and Mental Health, 2020, 14(4).

[127] 邱关军. 比较视野下的伍尔夫模仿学习观探究[J]. 外国教育研究，2015，42（1）：57-63.

[128] 高培新. 以国外航校飞行训练需求为导向的航空英语教学研究[J]. 中国民航飞行学院学报，2020，31（5）：50-53.

[129] 刘长发，李慧涌. 高等级飞行模拟机视景客观测试方法研究[J]. 系统仿真学报，2016，28（7）：1609-1614. 黄颀，刘电芝，张

剑心，卢凤. 内隐序列学习与中央执行功能的关系[J]. 心理科学，2018，41（6）：1366-1373.

[130] 王炜，解佳宁，路宗敏，朱坦. 天津市大气能见度与空气污染物关系分析及控制措施[J]. 环境污染与防治，2010，32（12）：48-53.

[131] 刘鹏，周轩伟，栗四海. 群体决策中 k-偏差规则的排序法[J]. 温州大学学报（自然科学版），2011，32（4）：1-4.

[132] 隋晓冰. 内隐/外显学习与偶然词汇习得[J]. 佳木斯大学社会科学学报，2011，29（1）：157-159.

[133] 高莉. 高校辅导员工作案例分析——以偏执型人格大学生的心理辅导为例[J]. 中国培训，2016（12）：209.

[134] 曹恩龙，孙希，姚丽君，周晓达. 基于人机工效的座舱显控软界面设计规约[J]. 飞机设计，2020，40（6）：26-28+39.

[135] 任和，罗瑞长. 运用“皮格马利翁效应”解决大学生教育中的“马太效应”[J]. 戏剧之家，2018（29）：141-143.

[136] 爱德华·李·桑代克. 卓有成效的学习方法：康奈尔大学最受欢迎的学习课[M]. 刘霞，译. 北京：中国商业出版社，2016.

[137] R·S 武德沃斯，H 施洛斯贝格. 实验心理学[M]. 曹日昌，译. 北京：科学出版社，1965.

[138] 蒋晨，万新娟，丁琳，等. 布林佐胺与噻吗洛尔滴眼液对新生血管性青光眼患者眼压及血清和房水 IL-6、PEDF 和 VEGF 水平的影响[J]. 现代生物医学进展，2018，18（19）：95-99.

[139] 郭庆光. 传播学原理[M]. 北京：中国人民大学出版社，1999.

[140] 于光远. 经济大辞典（上、下册）. 上海：上海辞书出版社，1992.

[141] JAMES REASON. Human error[M]. New York: Cambridge University Press, 1990.

[142] 刘妍晨. 加涅学习理论对教学的启示研究[J]. 文学教育（下），2020（10）.

[143] 张利. 城市人因工程学：一个学科交叉的新领域[J]. 世界建筑.

2021，(03)，8-9.
[144] 色盲色弱如何判断[J]. 中国眼镜科技杂志，2015，(18)：174-175.
[145] 刘楚群，方车彦. 老年人舌尖现象研究[J]. 辽宁师范大学学报（社会科学版），2020，43（1）：102-109.
[146] 杨治良，郝兴昌. 心理学词典[M]. 上海：上海辞书出版社，2016.
[147] 高觉敷，叶浩生. 西方教育心理学发展史[M]. 2 版. 福州：福建人民出版社，2005.
[148] BOEGE H L, BHATTI M Z, STONGE M P. Circadian rhythms and meal timing:impact on energy balance and body weight[J].Curr Opin Biotechnol, 2020, 70: 1-6.
[149] 尹华站，黄希庭，李丹. 时间知觉的脑机制研究[J]. 西南师范大学学报：人文社会科学版，2006，32（4）：1-4.
[150] 熊萍，金丹. 桑代克“试误说”与大学数学反例教学法[J]. 科技经济导刊，2020，701（3）：127-128.
[151] 高明泉. 飞行与体液沸腾[J]. 航空知识，1997，11.
[152] 林崇德. 心理学大辞典（下卷）[M]. 上海：上海教育出版社，2003.
[153] 杜醒. 飞行运行中的威胁与差错管理及其对飞行员教学的启示[J]. 佳木斯教育学院学报，2013（4）：79+92.
[154] 万畅. 航空公司地面运行管理系统分析与设计[J]. 计算机光盘软件与应用，2014，17（5）：67-68.
[155] 魏安康. 基于仿生学的植物气孔高效扩散效应的研究[D]. 合肥：安徽农业大学，2014.
[156] 王云丰. 民航飞行员违章飞行人为因素研究[D]. 重庆：西南大学，2008.
[157] 周新献. 论教育与学习方式的变革[J]. 创新科技，2004（11）：59.
[158] 高鉴. 敦化市高中生学习压力源及其应对方式的调查研究[D]. 长春：东北师范大学，2011.

[159] 张翼. 学习化学概念的基本方法与策略[J]. 中学化学教学参考，2013（8）：35-37.

[160] 沈怀兴.《语言学名词》解释“联绵词”问题[J]. 宁波大学学报（人文科学版），2014，27（3）：1-8.

[161] 杜祖国. 飞行中人的错误浅析[J]. 科技风，2011（9）：210.

[162] 罗新民，余杰，李刚，王红，曹程. 陆航直升机飞行员飞行错觉特点[J]. 航空军医，2004（6）：254-255.

[163] 卢金增，王军. 2012考研试题泄密案[J]. 检察风云，2013（1）：54-55.

[164] 高峰. 职场自我调节压力有妙招[J]. 青春期健康，2011（5）：46-49.

[165] 潘永全. 五个手指英语怎么说[J]. 小学教学设计，2013（30）：7.

[166] 常逢锦. 大一新生生活事件的应对方式、心境对其身心健康的影响[D]. 长春：东北师范大学，2003.

[167] 朱登燕. 应用行为分析方法矫正自闭症儿童偏食[J]. 社会福利，2013（7）：41-42.

[168] 张锦芬. 通过QQ开展中学个别心理辅导的探究[J]. 中小学心理健康教育，2013（16）：35-36.

[169] 郑晓惠，王颉. 无人机事故中人的因素[J]. 中华航空航天医学杂志，2012（2）：144-150.

[170] 沈昂. 2011年考研英语完型填空冲刺攻略[J]. 新东方英语（大学版），2011（1）：4-6.

[171] 马力. 高职教师职业压力从何而来[J]. 教育与职业，2011（04）：42-43.

[172] 赵超，祝筱姬，张定益，张春梅，任婧婧，郭思润. 多飞行因素对飞行员外周血细胞计数的影响[J]. 中国疗养医学，2012，21（1）：8-10.

[173] 宋东清. 大学生生态化学习策略的理论探索与实证研究[D]. 苏州：苏州大学，2017.

[174] 刘敦晓. 体操技术教学中反馈时机与反馈效果的实验研究[D]. 成都：成都体育学院，2015.

[175] 卜晓敏. 航空人为因素事故/事件分析模型研究[D]. 天津：中国民航大学，2008.

[176] 贾萌，杨英宝，冯绍红，等. 民航飞行员职业价值观维度结构研究[J]. 人类工效学，2018，24（5）：53-59.

[177] 张航. 钙通道激动剂 Bay K8644 在兔肺缺血再灌注损伤中的保护作用[D]. 长沙：中南大学，2010

[178] 阮焕英. 根据遗忘规律，构建英语单词有效记忆方式[J]. 中学课程辅导：教学研究，2017，11（4）：61-63.

[179] 罗运春，蔡莹露. 记忆策略在外语学习基础教育阶段的运用——从遗忘理论及其规律的角度分析[J]. 经济与社会发展，2006，4（9）：225-227.

[180] 周维. 决策偏误认知控制模型研究及其应用[D]. 武汉：华中科技大学.

[181] 王英名. “四关”为主电针治疗肝郁化火型失眠的临床对照研究[D]. 广州：广州中医药大学，2011.

[182] 潘黎. 基于人体生理参数的清醒和睡眠状态的热舒适研究[D]. 上海：上海交通大学，2012.

[183] 杨菊清，阿曼吐尔·阿黑哈提，张海兰，等. 绵羊应激反应的危害与预防措施[J]. 农村科技，2020（4）.

[184] 贺诗雨. 青少年足球运动员运动攻击的干预研究[D]. 成都：四川师范大学，2020.

[185] 牟海鹰. 空地交流中语言障碍的成因与应对措施[C]//中国民航第一届 CRM 研讨会，2003.

[186] 万海际.《第 4 节：噪声的危害和控制》教学设计[J]. 读写算：

教育教学研究，2015，051：74-75.

[187] 张东升．“噪声的危害和控制”考点精讲[J]．中学生数理化（八年级物理）（配合人教社教材），2011，8：28-30.

[188] 于雯宇．飞行员行为及心理因素对航空安全影响的研究[D]．哈尔滨：哈尔滨理工大学，2018.

[189] 丁磊．国家形象及其对国家间行为的影响[D]．天津：南开大学，2010.

[190] 张孟婷．中注协年报约谈对审计师决策的影响研究[D]．石家庄：河北经贸大学.

[191] 吴向阳．关于航空决策的分析和实施模型[J]．中国化工贸易，2018，13：242，244.

[192] 黄文杏．疲劳相关术语的概念及沿革的文献研究[D]．北京：北京中医药大学，2005.

[193] 曹冰，杨建涛．飞行员飞行疲劳的研究分析[J]．中国疗养医学，2010，19（10）：920-922.

[194] 罗晓利．疲劳、睡眠缺失以及人体昼夜生物节律扰乱与飞行安全[J]．西南民族大学学报（人文社科版），2003.

[195] 杨焕，燕西康，李东方，等．飞行疲劳的研究进展[J]．中国现代医生，2012（29）：33-34.

[196] 尹伟．借助演示实验帮助学生提升科学探究水平的研究[D]．杭州：杭州师范大学，2015.

[197] 余剑虹，吴近昕．英语阅读教学优化学生“四维”注意品质初探[J]．景德镇高专学报，2011，26（1）：120-122.

[198] 陈汉．飞行学员进近阶段易犯错误分析[J]．科技资讯，2012，15：218-218，220.

[199] 名敏，高浩然．空中交通管制自动化及其中人的因素浅析[J]．黑龙江科技信息，2009，36：82-82.

[200] 杨元果，林玛，徐峰．自恋者的自我概念国外研究进展[J]．心理

医生月刊，2012（3）：522-522.

[201] 敏霞. 大学生情绪调节方式、自我概念与人际交往困扰的关系研究[D]. 兰州：西北师范大学，2008.

[202] 钱瑾. 应用语音特征诊断疲劳驾驶的研究[D]. 北京：北京交通大学，2012.

[203] 姚施琪. 动效设计对HMDs界面认知负荷的影响研究[D]. 南京：东南大学，2018.